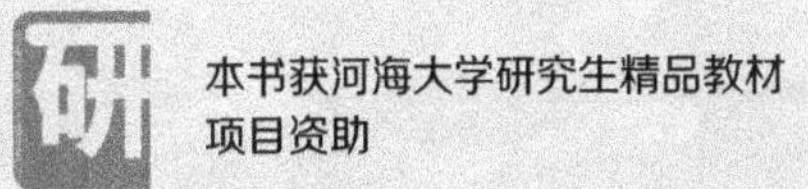

环境水力学反问题

刘晓东◎著

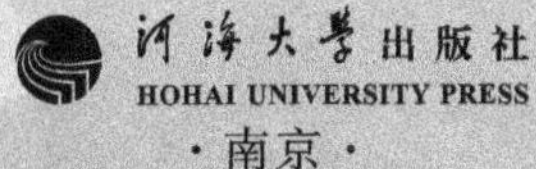

内容简介

环境水力学反问题作为数学物理反问题与环境水力学的交叉研究分支，在水环境领域具有广泛而重要的应用前景。本书以地表水环境系统为研究对象，从参数反问题、源项反问题、边界条件反问题、初始条件反问题和形状反问题等五个方面进行了探讨，其中边界条件反问题与源项反问题合并为源项反问题研究，全书共五章内容。第一章基于反问题理念提出环境水力学反问题的内涵和分类体系，分析评述环境水力学反问题的研究现状和未来展望。第二章至第五章系统介绍了各类反问题的提法、求解方法、影响因素与应用案例等。

本书适用于环境、水利、市政等领域的科研人员、大学教师，也可作为高等院校环境类专业的研究生与高年级本科生教材，亦可供从事河湖水环境保护工作的工程技术人员、管理人员参考。

图书在版编目(CIP)数据

环境水力学反问题 / 刘晓东著. -- 南京 : 河海大学出版社，2024.5

ISBN 978-7-5630-8982-6

Ⅰ. ①环… Ⅱ. ①刘… Ⅲ. ①环境水力学 Ⅳ. ①X52

中国国家版本馆 CIP 数据核字(2024)第 100648 号

书　　名　环境水力学反问题
HUANJING SHUILIXUE FANWENTI

书　　号　ISBN 978-7-5630-8982-6

责任编辑　周　贤

特约校对　吕才娟

封面设计　徐娟娟

出版发行　河海大学出版社

地　　址　南京市西康路 1 号(邮编:210098)

电　　话　(025)83737852(总编室)　(025)83722833(营销部)

经　　销　江苏省新华发行集团有限公司

排　　版　南京布克文化发展有限公司

印　　刷　广东虎彩云印刷有限公司

开　　本　787 毫米×1092 毫米　1/16

印　　张　19.25

字　　数　335 千字

版　　次　2024 年 5 月第 1 版

印　　次　2024 年 5 月第 1 次印刷

定　　价　76.00 元

前言

PREFACE

反问题，也称为逆问题，是一种数学问题，它与正问题相对。正问题通常是指由给定的原因（输入）和过程（模型）来探求结果（输出）的问题，而反问题则是由结果（输出）出发，探求导致该结果的原因（输入）或过程（模型）。简而言之，正问题是由因求果，反问题就是执果索因。反问题并不神秘，在现实生活中广泛存在。例如，警察侦查犯罪案件时，会根据犯罪现场留下的证据，来还原犯罪过程；医生看病时，会根据病人的症状和各种检查数据，来推求病因。这些都是反问题的例子。

尽管一些对经典反问题的研究可以追溯到很早，反问题这一学科的兴起却是近几十年来的事情。自 20 世纪 60 年代以来，在地球物理、生命科学、材料科学、遥感技术、模式识别、信号（图像）处理、工业控制乃至经济决策等众多的科学领域中，都提出了各自领域的反问题。反问题的数学理论和技术成为近年来应用数学和系统科学领域发展最快的方向之一，这主要是因为其他学科和众多工程技术领域对反问题的迫切需求，以及计算技术的进步为其提供了重要的支持。

在水环境领域，反问题同样广泛存在。例如，如何根据水质观测数据来溯源？如何识别水质模型的参数？如何根据确定的水质目标来控制污染源和上游来水水质，从而科学制定水环境治理方案？如何根据取水口的水质要求，科学划定水源保护区的范围？在污水处理系统中，如何根据出水水质要求对处理设施进行优化设计？这些问题都可以归入环境水力学反问题的范畴。通过环境水力学反问题研究可以实现对水流及伴随水流系统的污染物质迁移、输运过程的识别和控制，使得水环境系统能真正受益于生态文明建设的战略目标并真正受到有效保护。

当前，环境水力学反问题研究内容逐渐丰富，其重要性日渐突出。本书在前人工作的基础上，总结与归纳了笔者近 20 年来在水质模型参数估计、源项反问题等方面的研究成果，特别是笔者的博士论文以及所指导研究生学位论文(吴偲、吴磊、王珏等)的科研成果。全书以地表水环境系统为研究对象，从参数反问题、源项反问题、边界条件反问题、初始条件反问题和形状反问题等五个方面开展系统研究，其中边界条件反问题与源项反问题合并为源项反问题研究，本书共五章。第一章基于反问题理念提出环境水力学反问题的内涵和分类体系，从参数反问题、源项反问题等五个方面分析评述环境水力学反问题的研究现状和未来展望。第二章在对地表水体和正演模型分类的基础上，建立环境水力学参数反问题求解的优化反演法，针对一维水质模型、二维水质模型与河网模型进行参数识别，重点探讨观测噪声、舍入误差、观测位置、观测时间等因素对反演结果的影响，最后开展反演结果综合评价。第三章针对水污染溯源开展研究，将水体类型分为一维河流、二维河流、浅水湖泊及河网，水流环境分为稳态和非稳态，污染源排放方式分为连续源、瞬时源和间断源，分别建立污染源反演模型或替代模型进行单源、多源识别，探讨污染源排放方式、观测数据的不确定对反演结果的影响。第四章首先讨论了环境水力学初始条件反问题的不适定性，其次利用梯度正则化方法对瞬时源一维、二维水质模型的初始条件进行了数值反演，讨论了正则化参数选取对计算精度的影响。第五章以饮用水水源二级保护区中水质过渡区长度确定、沉淀池结构优化为例，开展环境水力学形状控制反问题研究，发展了单向非恒定和感潮河流水质过渡区长度的计算方法，构建了沉淀池结构优化反演模型，获得了最佳挡板位置。

本书的研究工作部分得到了国家自然科学基金长江水科学研究联合基金项目(U2040209)、国家自然科学基金面上项目(51479064)、国家自然科学基金重点项目(51739002)等项目的资助，本书的出版还得到了河海大学研究生精品教材建设项目的资助，在此一并表示感谢。

目前环境水力学已有研究成果大多集中于正问题，反问题研究相对较少。尽管近十年来环境水力学反问题研究得到了快速发展，特别是溯源等源项反问题研究得到了广泛的关注，但与正问题研究相比，反问题研究尚处于起步阶段，研究成果尚不够系统深入，尚未形成完整的内涵及理论体系，难以支撑其在水环境领域的广泛应用需求。本书力求系统介绍环境水力学反问题的概念、分类、求解方法及应用案例，初步构建环境水力学反问题的理论框架，以期对我国方兴未艾的河湖水环境治理工作有所助益，对推动环境水力学学科方向发展起到“抛砖引玉”的作用。本书编写过程中得到了华祖林教授、王鹏副教授、褚克坚副教授的支持，余亮博士、吴林霏硕士参与了校订工作。由于作者水平所限，书中疏漏和不足之处在所难免，敬请各界读者批评指正。

作　者

2024 年 3 月于南京清凉山山麓

目录

CONTENTS

第一章
绪论

1.1 研究背景

反问题是相对正问题而言的，通常把由因求果，称为正问题；由果求因，则称为反问题[1]。也有学者认为，研究得相对比较充分或完备的问题称为正问题，与此相对应的另一个问题称为反问题[2]。传统的数学物理方程的定解问题（通常称为正问题）是由给定的数理方程和相应的定解条件来求定解问题的解，数学物理反问题则是由解的部分已知信息来求定解问题中的某些未知量，如微分方程中的系数、定解问题的区域或者某些定解条件[3,4]。用系统论的语言来讲，正问题对应于给定系统在已知输入条件下求输出结果的问题，这些输出结果当然包含了系统的某些信息。而反问题则是由输出结果的部分信息来反求系统的某些结构特征。

环境水力学反问题作为数学物理反问题的一个分支，其反问题也是相对于其正问题而言的。环境水力学是研究污染物质在水体中混合输移规律的学科，其正问题是指在确定的环境系统控制方程（数学模型及参数）、边界条件和初始条件下求解污染物在空间分布和随时间演化的规律。与此相对应，环境水力学反问题可以定义为已知污染物时空分布的部分信息及相应的水环境系统控制方程（数学模型）的形式，反求模型参数、边界条件、初始条件、源项等未知信息。

对于人类赖以生存的地表水环境系统和地下水环境系统，反问题广泛存在。从反问题的角度，要实现水环境保护的目标，实际上要解决这样一个多目标、多条件、多控制的宏观系统反问题，即伴随着社会经济的发展，如何采取各种有效的控制措施及手段，使得系统在满足各种环境容量条件下，取得最好的社会、经济等综合效益。上述宏观系统反问题具体地表现为很多子问题，如水质模型参数估计问题、污染事故溯源问题、废水排放污染源控制问题、废热排放控制问题、污染物总量控制及分配问题、废水出流系统的最优控制问题、水功能区范围的确定、地下水污染控制问题、地下水渗透系数反演问题，等等。这些问题都可以归结为环境水力学反问题。研究环境水力学反问题，可以实现对水流及伴随水流系统的污染物质迁移、输运过程的识别和控制，使得水环境系统能真正受益于生态文明发展的战略目标并真正受到有效的保护。

本书在对地表水体进行分类综合的基础上，从参数反问题、源项反问题、边界条件反问题、初始条件反问题和形状反问题等五个方面开展系统研究，其中源项反问题与边界条件反问题合并研究，重点围绕水环境模型参数识别、污染源识别与控制、饮用水水源保护区内水质过渡区长度计算、污水处理系统优化控制等几个典型反问题开展研究。研发单一河道、大江大河、湖泊和感潮河网等不同水体类型的水环境系统正演和反演模型，提出了一维河流水源二级保护区内水质过渡区长度计算方法，针对初始条件反问题的不适定性提出了相应的梯度正则化方法，最终形成适用于地表水环境系统的环境水力学反问题求解的初步理论体系。研究成果可为水源保护区划分的可行性分析、优化调整和科学管理，水环境模型计算精度提高，水污染事故溯源与预警，水污染物排放总量控制方案制定提供科学依据和关键技术支持。该项研究不仅在学术上具有重要意义和理论价值，而且在现实中也是水环境综合整治、水资源优化配置和有效保护迫切需要解决的实际问题。

1.2 环境水力学反问题的分类

反问题在不同的文献中有不同的分类方法，Marchuk[5]将反问题分为两类：“第一类是确定过程的过去状态；第二类是借助于解的某些泛函去识别具有已知结构的算子系数。”Simonian 以工程的术语将反问题分为四大类：综合、控制、识别与连接输入、系统参数识别。黄光远等[6]根据已知讯号的来源将反问题分为辨识问题、设计问题和控制问题。金忠青等[7,9]将偏微分方程控制的系统反问题大致分为参数控制反问题、源项控制反问题、边界条件控制反问题和形状控制反问题等四类。

以上分类方法是基于不同角度对反问题进行分类，但均不够全面。Marchuk 的分类只提到初始条件反问题和参数反问题；Simonian 分类方法的依据是求解反问题所能实现的部分功能，未涉及反问题的实质；黄光远等的分类中设计和控制问题的本质是一致的，可以合并；金忠青等的分类忽略了识别反问题和初始条件反问题。本书结合前人的研究成果，对环境水力学反问题从不同的角度进行了重新分类。

环境水力学反问题按求解目的可以分为两大类：识别问题和控制问题。根据环境系统控制方程又可将环境水力学反问题分为偏微分方程控制系统反问题、常微分方程控制系统反问题和代数方程控制系统反问题。复杂的环境水力学反问题均属于偏微分方程控制系统反问题，可以用统一的数学语言来描述。设有边界 Γ 围成的区域 Ω，则水环境系统控制方程可提为

$$\begin{cases} L(\Phi)=0 & \text{在 }\Omega\text{ 内} \\ B(\Phi)=0 & \text{在 }\Gamma\text{ 上} \\ I(\Phi)=0 & t=0\text{ 时} \end{cases} \tag{1.2-1}$$

式中，Φ 为因变量(如浓度)，t 为时间，L、B、I 分别为控制方程的微分算子、边界条件算子和初始条件算子。按照式(1.2-1)中反问题求解内容的不同，又可将偏微分方程控制系统反问题细分为参数反问题、源项反问题、边界条件反问题、初始条件反问题和形状反问题。本书采用的环境水力学反问题分类体系见图 1.2.1-1。

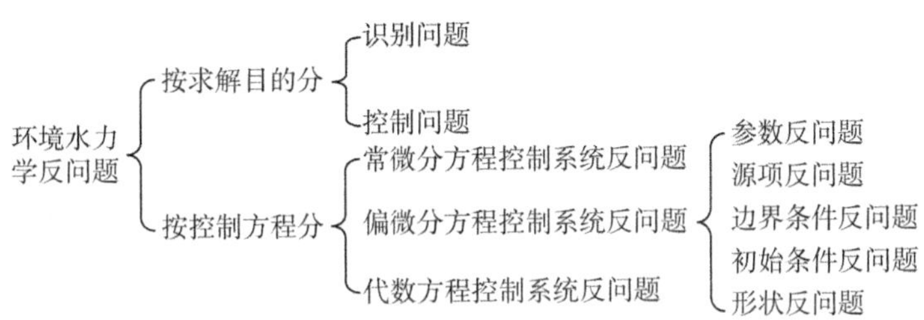

图 1.2.1-1 环境水力学反问题分类

1.3 反问题研究概况

1.3.1 反问题研究的总体回顾

在科学史上有一个著名的“盲人听鼓”的问题，是由丹麦物理学家 Lorentz

在1910年提出的一个数学问题[8]。在已知鼓的形状的条件下，来确定鼓的发声规律，这在数学物理研究中是早已十分成熟的课题。反之，仅仅通过鼓的声音能否判断出鼓的形状呢？生活经验告诉人们，“以耳代目”具有一定的可能性。这个问题在1992年得到了解答，Goden等人构造出了两个同声鼓，它们的形状不同但却有着相同的声调，单凭耳朵无法鉴别。在实际生产、生活中，类似的数学问题经常可以看到。由此，在数学中派生出一个新兴的分支学科——数学物理反问题。

与正问题相比，数学物理反问题的发展历史相对较短，一直到20世纪60年代中期，才成为一个真正的研究领域，引起数学家和应用科学家的广泛重视和深入研究[3]。这种现象的原因来源于反问题大多具有不适定(ill-posed)的特点。从数学的角度看，自然科学和工程技术领域提出的反问题在Hadamard意义下是不适定的。自从著名数学家Hadamard在1923年引进“问题适定性”的概念并提出“只有适定的问题才是有物理意义的”这一断言以来，不适定问题在很长一段时间内没有引起人们的广泛兴趣[9]。

对反问题研究的关注，大约是发端于自然科学和工程技术各领域中待定未知参数的需要，关于反问题的早期的文献大多集中研究这一课题。待定的未知参数通常是空间变量和时间变量的函数，确定这些参数的最直接的方法显然是直接量测这些参数在若干离散的空间点、离散时刻的数值。但这种直接量测往往价格昂贵(如资源勘测)，或者因介质处于不易甚至不可能到达的空间(如不可破坏体的内部、高空、海底、地下、生物体内等)而难以实现。这时，人们不得不转而量测与待定参数有一定联系的其他物理量在边界或易达区域的数值或者其他可获得的信息，根据系统的控制方程所规定各物理量之间的本质联系去推求未知的参数，从而提出了确定未知参数的反问题。解决这一类问题的迫切需要成为推动反问题研究的触发点，使反问题引起人们的关注。

自20世纪60年代以来，在地球物理、生命科学、材料科学、遥感技术、模式识别、信号(图像)处理、工业控制乃至经济决策等众多的科学领域中，都提出了各自领域的反问题。由于此类问题具有广泛而重要的应用背景，其理论又具有鲜明的新颖性与挑战性，因而吸引了国内外许多学者从事该项研究[10-17]。尤其是在地球物理学中提出的解释观测数据的反问题具有巨大的经济效益和社会效益，且具有较大的难度，引起了大量地学家、物理学家和数学家的注意，成为反问题研究中最活跃的分支。

起初，各学科领域提出反问题的方式不同，获得数据的手段各异，因而求解反问题的方法也各具特色。苏联学者对反问题的研究做出了重要贡献。M. M. Лавреитьев 等人研究了多种类型的反问题，给出了解存在与唯一性的条件及求解的具体方法[9,16]。例如，根据函数在某一区域中曲线族上的积分值确定该函数的问题，即“积分几何”问题，现已成为风靡中外的 CT(Computerized Topography)技术理论的基础[6,8]。此外，他们还对波动方程、热传导方程、椭圆形方程的古典不适定问题做了比较系统的研究。Г. М. Марчук 在《数值计算方法》一书中写了“反问题的数值方法”一章，介绍了反问题与不适定问题的关系；应用 Fourier 级数展开法研究了扩散方程逆时间过程的反问题，即已知过程的当前状态反求初始状态的问题；提出了用摄动法识别具有已知结构的线性算子。他提出的将解的某类泛函数作为附加条件的数值方法是解决不同类型反问题的重要手段。Tikhonov 及其同事和学生们较系统地研究了不适定问题的求解方法，证明了只要在不适定问题的允许解类上加以适当的附加限制，就可使不适定问题具有相对于扰动数据稳定的解，从而转化为条件适定问题。据此，Tikhonov 提出了求解不适定问题的正则化(Regularization)方法：在数据具有误差时构造带有正则参数的适定问题族，当正则参数趋于其极限时，该适定问题的解趋于条件适定问题的解[17]。

越来越多的科学领域提出和研究了不同领域中的反问题，不少学科领域的权威专家把反问题列为本学科的发展方向和学术前沿。1987 年，以“反问题、反演方法和数据反演计算”为主要内容的专题杂志 Inverse Problems 创刊，标志着反问题的研究走向独立和成熟。国际 Internet 网上开设了有关反问题的专栏 IPNET；美国建立了工程反问题组织(AGIPE)；世界上每年都举行各种形式的反问题研讨会，得到了数学、物理、工程技术等多方面专家的响应。需要指出的是，在国外，对反问题研究的资助不仅来自科研和工业部门，还得到了国防部门的有力支持。不同学科相互渗透，通过反问题研究的国际学术会议相互交流，使反问题研究的理论和算法发展到新的阶段。

我国著名计算数学先驱、已故的中国科学院院士冯康教授早在 20 世纪 80 年代初就大力提倡开展反问题数值解法研究，对我国数学物理反问题的研究和应用产生了深远的影响。目前，国内高校(如北京大学、复旦大学、吉林大学、东南大学等)也都从不同的角度、不同的层次开设了相关课程，在实际问题的推动下，反问题研究在中国科学院、哈尔滨工业大学、山东大学、南京大学、东南大学等著名高校和石油等工业部门多家单位取得了相当数量的理论和实践应用成果。国家自然科学基金委员会也在2003年、2004年连续两年把数学物理反问题作为重点项目的选题之一，鼓励开展对该问题的深入的基础研究。值得一提的是，我国学者金忠青、周志芳的专著《工程水力学反问题》系统地阐述了工程水力学反问题的理论、解法和工程应用实例，是一本理论和实践都很有价值的著作[9]。2023年9月15—18日，第二届全国动力学设计与反问题研讨会在南京顺利召开，与会代表深入交流和探讨了动力学设计与反问题领域的最新进展、发展趋势和亟须关注的科学问题，进一步指明了动力学设计与反问题所面对的新机遇、新挑战及发展方向。但是，应该承认，反问题作为一个新的研究方向，在绝大多数学科领域尚处于起步阶段。由于反问题的非适定性、非线性，其求解较正问题困难得多，有很多问题需要解决。如果说正问题的实质是实现对系统的预测，那么，反问题的实质是实现对系统的识别和控制。反问题的研究，内涵丰富，前景广阔，正在并将继续受到日益广泛的重视。

1.3.2 反问题的应用概况

反问题的应用研究已经遍及自然科学的各个领域，简单的概括不足以说明问题，下面具体介绍反问题应用的几个主要方面。

(1) 地震勘探

目前，主要的一种石油勘探方法是地震勘探。由于石油通常埋在几千米深的地下，无法直接观察油田的位置和储量，靠试打井的办法探测不但费用昂贵(一口井的代价要千万元以上)，而且效率极低(只能探测到井附近的局部信息)。一个可行的办法是采用地震勘探，其机理是地面爆炸产生的震波向下传播并反射到地面，通过分析被传感器接收到的振动数据来判断地下介质的分布状况，据此可以对地下的油储及其分布做出科学的判断。

类似的探测方法可以应用于许多方面，如农田土壤分析、地下水勘查，甚至在考古发现上也有应用。例如，位于三峡库区的重庆市云阳县故陵镇有一个大土包，相传为楚国古墓，但是历经三千余年的变迁，已经难以确认。科技工作者在地表利用地震波法、高精度磁法、电场岩性法和地化方法四种手段进行探测，不但确认了古墓的存在，而且得到了关于古墓的埋藏深度、形状、大小等准确信息，为抢救和保护文物做出了贡献[8]。

(2) 扫描成像

与反问题密切相关的一个现代重要成果是计算机层析成像(CT)技术，该问题源于工程师 A. M. Cormack 试图帮助医生不经手术就能了解人体内有关器官的大小和组织结构变异的努力[18]。该问题简化的数学描述如下：假设在平面上有一个密度不均匀的物体，用 X 射线沿不同的方向照射此物体，再测量出射线沿每个方向由于介质吸收而造成的能量衰减，据此数据来恢复介质的二维密度图像。由于该成果重大的理论价值和在医学诊断上的广泛应用，获得了 1979 年的诺贝尔生理学或医学奖。其数学本质就是由函数线积分的值来重建函数本身，核心算法为二维 Radon 变换[19]。继之而起的是基于三维 Radon 变换的核磁共振成像（MRI），在诊断效果和无伤害性方面更为优越。采用类似的方法借助于声波、光波、电磁波在无损探伤、雷达侦察、环境监测等方面也有着广泛的应用。

（3）定向设计

工业生产离不开产品设计，当代工业产品的极大丰富为反问题的研究提供了广阔的用武之地。许多工业设计问题相当困难，需要用到复杂的数学手段。例如，某光学仪器厂家提出：能否设计出一种光栅，利用非线性衍射效应产生出高能量的单色光射线。这就是一个定向设计问题，要求科技工作者利用推导和计算手段构造出所需要的曲面（光栅）形状[8]。

（4）资源开发

在通过地震勘探确定了地下资源（石油、地下水与天然气等）的存在区域，如何进一步弄清楚资源在地下的准确分布状态，以确定开采方案，称之为资源开发问题。这通常可以通过转化为扩散系统中的反问题来解决，利用钻井等实际测量手段获得测量信息，据此反演地下水等资源的分布状态[6]。

（5）逆时反演及其他

在科学研究中，我们经常遇到这样的问题：知道了某个事物的现在状态，希望了解其过去状态，这往往被提为逆时反问题。当然，数学物理反问题研究不同于历史学，其研究对象一般要满足于某种类型的演化方程或数学模式。例如，通过远程测得的某次爆炸产生的辐射波，如何确定爆炸的位置和初始能量[8]？这是波动方程的逆时反问题。又如，根据近来的温度变化，如何确定过去某个时间的温度状态？这称为热传导方程的逆时反问题[6]。

1.3.3 反问题研究的难点

反问题研究的难度通常比相应的正问题要大，这是因为反问题的求解往往违背了物理过程的自然顺序，从而使正问题中的许多良好性质不再满足，数学计算也相应地比较困难。这些困难主要体现在以下几个方面。

(1) 不适定性问题

数学物理问题可以分为两大类:适定与不适定问题。问题的适定性的概念是由数学家 Hadamard 在 1923 年首先针对偏微分方程定解问题提出的[8]。如果一个偏微分方程定解问题同时满足如下三个条件:

①问题的解存在(存在性),

②问题的解只有一个(唯一性),

③解连续依赖于数据(稳定性),

则称这个问题是适定的。

这个概念很容易推广到一般算子方程的情况。下面介绍一般性的适定性概念。已知两个度量空间 U 和 F,$A:F\rightarrow U$ 是 F 到 U 的算子,元素间的距离分别为 $\rho_U(u_1,u_2)$,$(u_1,u_2\in U)$;$\rho_F(z_1,z_2)$,$(z_1,z_2\in F)$。由度量空间 U 的元素 u 来确定度量空间 F 上的问题如果满足下列条件:

①(存在性)对所有元素 $u\in U$ 均存在空间 F 的解 z,

②(唯一性)解 $z=R(u)$是唯一被确定的,

③(稳定性)如果对任一个数 $\varepsilon>0$,都存在 $\delta(\varepsilon)>0$,若有不等式 $\rho_U(u_1,u_2)<\delta(\varepsilon)$ 就有 $\rho_F(z_1,z_2)<\varepsilon$ 存在,

则称该问题在度量空间对(F,U)上是适定的。把不满足上述三个条件之一的问题通称为不适定问题。

长期以来,人们都认为,从实际问题归结出的数学问题总是适定的。这一观念把人们的注意力牢固地局限于具有适定性的一类问题之中,并且人们认为实际问题都一定是适定的,因而研究不适定问题也就没有任何意义。直到 20 世纪 50 年代,不适定问题才开始引起人们的重视,特别是 80 年代以来,由于各类自然科学与工程技术的迅速发展,把对不适定问题的研究和应用提到了崭新的阶段。

在不适定问题中,人们一般关心的是不满足稳定性条件的一类不适定问题。因此,粗略地讲,凡是解不连续地依赖于数据的一切数学问题都称为不适定问题。对不适定问题的研究,苏联学者 Tikhonov 和 Arsenin 从观念、理论、方法上开拓了一个新的领域。他们的专著《不适定问题的解法》是这一领域中第一部著名的著作。

反问题的不适定性主要体现在[20-22]:

反问题的解可能是不存在的(不存在性)。两个方面的原因会导致反问

题的精确解不存在:其一,我们对于正演模型的认知往往不够精确;其二,观测噪声导致没有与观测结果精确匹配的解。从数学的角度讲,解的存在性可通过扩大解空间得到解决,如微分方程广义解就是一例。

反问题的解可能不唯一(不唯一性)。导致这个问题的主要原因是由于所掌握的已知信息不足。如果一个问题有一个以上的解,那是由于缺少模型的有关信息,因为反问题往往是根据一些局部量求解全局量。这种情况可以通过构造模型的附加信息得到解决。

大部分反问题的求解过程都是不稳定的(不稳定性)。造成这种情况的原因主要是解对于可观测量是不连续依赖的,即观测结果的一个很小变化可以引起相应解一个很大的变化,即结果对初始条件的极端敏感性,这种现象在数值上表现为求解矩阵的大条件数。这也是我们需要解决的工程中不适定问题的重点与难点。

因而,反问题一般都是不适定的,所以一般而言,反问题很难得到精确解。

(2) 非线性问题

反问题的研究和应用还经常面临非线性的困扰,即使正问题是线性的,它的反问题也往往表现为非线性。在若干理想化的假设下,正问题都是解线性方程;而反问题求解,由于信息的不完整,且求解的值域受限,本质上都是解非线性问题,比求解线性正问题要困难得多。当前,正问题的研究尽管早已进入非线性领域,而对线性正问题的反演,至今尚未形成体系[6]。

反问题的非线性和不适定性是反问题研究的根本困难,其余问题往往是由其衍生而来的。例如,由于反问题的非线性,通常需要进行多次正反演迭代,在高维情况下将导致十分巨大的计算量问题[6,8]。因而,计算量问题也是反问题研究的难点之一。

1.4 环境水力学反问题研究进展

随着反问题研究的逐步深入和拓展,越来越多的科学技术领域正在提出和研究各自领域的反问题,在环境水力学领域也不例外。根据本书对环境水力学反问题的分类,从参数反问题、边界条件反问题、源项反问题、初始条件反问题和形状反问题五个方面评述研究进展。

1.4.1 参数反问题

（1）地下水水质模型参数识别

由于水质参数的客观性，此类反问题多数是参数识别问题，又称为参数估计或参数反演。参数估计问题是最经典的一类反问题，研究得相对比较充分。环境模型参数估计早期研究以水文模型、地下水模型等的研究文献为主，如地下水含水层渗透系数的确定。最初通常采用试错法来确定，由于试错法经验性强、效率低，且精度不高，远远不能满足工程实践的需要。从20世纪70年代起，人们利用一些常规的优化方法（如线性优化法、准线性优化法等）数值求解非均值渗透系数[7]。这些方法的原理是将若干点处的水头值作为附加条件建立目标泛函，采用不同的优化方法不断修正渗透系数使得计算得到的水头值在测点处与量测值得到最佳拟合。这类方法的缺点是：需要大量不同时刻、不同空间位置处的水头值作为附加信息；随着求解域尺度增大和维数的增高，难以搜索到全局最优解，寻优过程趋于困难；非恒定问题计算量较大；如何保证求解的唯一性和稳定性，至今未能圆满解决。针对常规优化方类解法存在的问题，金忠青等[23]、王佳鹤等[24]分别应用脉冲谱法和计算机辅助优化法求解了二维承压含水层的非均值渗透系数识别问题。遗传算法[25]等一些智能优化算法也被较早地应用于地下水模型参数估计。

（2）一维河流水质模型参数估计

一维河流水质模型中纵向离散系数的确定是典型的参数反演问题。目前，天然河流纵向离散系数的确定方法主要有理论公式法[26-31]、经验公式法[32-38]和示踪试验法。前两种方法属于正问题的求解方法，而示踪试验法根据示踪试验的实测数据反推离散系数，属于反问题求解方法。示踪试验法的模型基础是一维纵向离散方程在瞬时源条件下的解析解。根据对解析解的分析提出不同的方法，先后发展了矩量法、拟合法、演算法、优化法等方法。

Einstein首先提出了矩量法，该方法中用到的空间浓度过程线不易测量，因此Fischer等利用“冻结云团假设”得出基于时间浓度过程线的矩量法[39]。矩量法通过计算时间浓度分布的方差计算离散系数，然而天然河道示踪试验得到的浓度分布往往有一个“长尾巴”，所以很难得到一个有意义的方差，这使得矩量法的误差较大。为此，众多学者通过对解析解的分析，提出了各种拟合逼近方法[40-43]，如直线图解法[40]、相关系数极值法[41]、抛物方程近似拟和法[42]、非线性逼近法[43]等。拟合方法可以较好地克服矩量法需要求方差的缺点,但仍然基于理论上不严密的"冻结云团假设",且不能克服初始段的影响。

为了克服初始段的影响,Fischer 等[39]把上游断面的浓度过程线视作下游断面的连续源投放过程,用试算的方法求出最适当的纵向离散系数,这种方法因类似于洪水演进算法,被称为演算法。该方法不需要计算浓度过程线的方差,消除了矩量法的缺点,成果较为可靠。但其假定仍采用了"冻结云团假设"。周克钊[43]通过严格的公式推导,发现演算法中将上游断面浓度视作源是有问题的,提出了改进演算法。顾莉等[46]将演算法与优化法相结合提出了演算优化法,摒弃了"冻结云团假设",该方法比传统演算法更快捷、更精确可靠。Deng 等[44-45]人提出分数阶离散方程,该方程离散项的阶数 F 不同于传统 FICK 模型等于 2,F 是分数阶离散方程的控制性变量,变化范围在 1.4~2 之间。该模型可以较好地拟合出浓度时间分布的尾迹,但是模型中纵向离散系数不同于传统 FICK 模型,量纲为[距离]^F/[时间]。

由于反问题原则上可以转化为系统优化问题,因而优化算法成为环境模型参数估计的主流算法,文献[47]进行了较详细的综述。传统优化方法具有搜索快、计算量相对较小等优点,但存在对函数要求高、初值依赖性高、常收敛于局部最优解的缺点。近年来,模拟退火算法[48-49]、遗传算法[51-52]和禁忌搜索算法等一些现代智能优化算法也逐渐被应用到参数反演中来。优化算法不仅可以进行纵向离散系数反演,而且也适用于河流水质耦合模型的多参数联合反演。刘毅等[50]比较了复合形法等 4 种算法应用于环境模型参数优化的结果和计算效率。闫欣荣等[51]采用遗传算法对河流水质耦合模型中的多个参数同时进行反演辨识。朱嵩等[52]进行了基于混合遗传算法的河流水质模型多参数估计。这些现代优化算法有较好的全局搜索性能、适应性强,具有普适性,但往往收敛速度较慢,在解决大型实际问题时存在困难。针对一个具体问题,能否利用这些算法求解,关键问题在于算法的设计和参数的选取。鉴于现代优化算法和传统优化方法具有不同的优缺点,混合算法已发展成为提高算法搜索性能的有效途径,在水文模型、地下水模型和大气模型中已有一些应用。

20 余年来,脉冲谱法、正则化法等典型数学物理反问题求解方法开始应用到环境水力学领域,取得了初步成果。脉冲谱技术是由美籍华人学者 Y. M. Chen(陈永明)于 20 世纪 70 年代在解决流体力学理想速度反问题时引入的[53],其基本思想是输入信息是在时间域中给出,而未知量确定是在复频域中进行。李兰[54-55]利用脉冲谱技术提出一维水质模型参数反问题的时域算法和频域算法，并给出应用计算实例。脉冲谱技术是一种理论比较严密的半解析方法，其优点主要有：可以克服参数反问题的不唯一性缺憾、需要的附加信息较少、求解效率高，但其在求解积分方程过程中需要求解 Green 函数，对于一般的微分算子和一般的边界条件，往往得不到 Green 函数的解析解，而数值求解需要相当大的工作量，因而目前尚不能成功地应用于复杂的工程实践当中，在环境水力学反问题领域应用研究尚有待进一步深入。

正则化方法是目前求解数学物理反问题最具普适性、在理论上最完备而且行之有效的方法，由 Tikhonov 于 20 世纪 60 年代初以第一类算子方程为基本数学框架创造性地提出[56]，后来得到深入发展[2]。正则化方法应用到环境水力学反问题求解研究目前尚处于探索阶段，闵涛等[57]把 Tikhonov 正则化方法应用于河流水质纵向弥散系数的反演中。栗苏文等[58]提出基于 Dobbins BOD-DO 耦合模型的导数-正则化（Frechet-Regular Method，简称 FR）参数辨识方法，为水环境参数估计提供了新的方法和思路。

近年来，针对水环境系统中含有许多不确定性因素，一些学者发展了基于概率论的统计反演方法。如朱嵩[59]、严齐斌[60]等利用基于贝叶斯（Bayes）推理的蒙特卡洛法对河流水质模型中离散系数、降解系数、流速等多参数反演。统计反演方法考虑了环境水力学反问题求解中的不确定性问题，可以获得模型参数的后验分布，不再是一组单一的最优参数，在一定程度上避免了由于“最优”参数失真而带来的决策风险。但是，由于参数的产生是随机的，当参数较多时，计算量随参数的增多呈指数增长，在实际中很难推广应用，这些统计方法只适合参数个数较少的情况[61]。

（3）河流二维水质模型参数估计

对于二维问题，相对于一维水质模型参数估计，参数增加了横向扩散系数，目前多维参数估计的方法主要有经验公式法、理论公式法和示踪试验法。示踪试验法的模型基础是稳态二维对流-扩散方程在瞬时源条件下的解析解。郝醒华等[62]对这三种方法求算黑龙江水体二维弥散系数计算结果进行了比较，认为示踪试验法相对较优。正则化方法、统计反演法等反问题数值方法也被应用于求解二维对流-扩散方程的参数估计。如闵涛等[63]应用基于正则化方法的迭代法对二维稳态对流-扩散方程参数反演问题进行了研究，取得了满意的结果。朱嵩等[64]利用贝叶斯推理估计二维含源对流扩散方程水质参数。河流二维水质模型参数估计目前研究成果多集中于稳态水流条件，对于非稳态水流条件的参数估计研究较少。赖锡军等[65]应用最优控制理论自动率定二维浅水方程的糙率参数，但未见有自动率定二维水质方程水质参数的文献。

(4) 河网水质模型的参数估计

对于复杂的平原河网非稳态水质模型的参数估计，通常采用手工调试的试错法，工作量巨大且带有较大的任意性。由于曼宁糙率 n 在河网水力计算中占有重要地位，计算中准确给出河道的 n 值，直接关系到河道及相关设施设计、运行中的安全性和经济性。河道糙率难以直接获得，因此常通过河道的实测水文资料调试河道糙率，而河道流动情况改变(如发生洪水)之后，河道糙率也会随之变化，需要经常更新。为此，一些学者尝试从反问题的角度研究河网水力模型的参数估计。早在 20 世纪 70 年代，国外的一些学者开始探讨采用优化方法反求河道糙率，Becker 等[66]应用影响系数算法和改进的单纯形法，采用最小化误差平方和或最小化最大误差绝对值准则来反演河道糙率；Wasantha[67]将奇异值分解运用到河网糙率反演中，Rahman[68]发表了一系列文章，探讨了准则函数在不同噪声水平中的特性和样本量对计算结果可靠性的影响。国内学者对于河网水量模型的参数反演则开始于 20 世纪 90 年代，金忠青等[69]采用复合形法进行河道糙率的直接优化；董文军等[70]利用最小二乘逼近思想建立了关于一维圣维南方程中曼宁糙率的辨识模型，利用 Frechet 微分的概念构造协态方程确定了目标泛函的下降方向，并采用拟牛顿法优化河道的糙率；李光炽等[71]提出了利用卡尔曼滤波来求解河道糙率；韩龙喜等[72]根据糙率的物理意义，从反问题的角度，将河网参数率定问题提为参数反问题，并用复合形法求解，将该方法运用于江苏南通河网，有效地节省了工作量；张潮等[73]引进 BP 神经网络优化 Bayesian 方法中似然函数的计算，得到一种反演河网中各河段糙率的 BP-Bayesian 方法，通过一个 9 河段组成的河网算例，得到各河段糙率的后验分布和估计值，最大误差不超过 3%，但对于河网水质模型中纵向离散系数等水质参数估计的研究成果很少。

1.4.2 边界条件反问题

在环境水力学领域，已知环境系统控制方程结构、参数、初始条件以及 $\Phi(x,t)$的部分信息，推求边界条件的类型或参数，即为边界条件反问题。例如，根据下游环境功能的要求推求上游边界的限制浓度，作为来水水质标准确定的重要依据，即为典型的环境水力学边界反问题。金忠青、陈夕庆[74]应用脉冲谱-优化法求解了一维对流-扩散方程边界条件控制反问题，基本解决了恒定水体中上游污染控制问题。金忠青、陈金杭[75]应用 Green 函数法求解了二维对流-扩散方程边界条件控制反问题。韩龙喜等[76]首次给出水网地区无约束的水质边界浓度反问题的提法，并采用局部基本解展开算法进行稳态条件下边界浓度反演。应当指出的是，从物理角度出发，边界条件及源项是两个不同的概念，但在水质模型中，当污染源位于边界时，边界条件反问题与源项反问题常可相互转换，两者从数学角度看处理方法是一致的。

1.4.3 源项反问题

在环境水力学领域，已知环境系统控制方程部分结构（源项未知）、参数、初始条件、边界条件以及 $\Phi(x,t)$ 的部分信息，推求控制方程中的源项（外界过程），即为源项反问题。源项反问题包括污染源识别和污染源控制两类反问题。

1.4.3.1 污染源识别反问题（溯源）

污染源识别又称溯源，可以根据已有的调查或监测数据，对污染源的位置、源强、排放过程等进行识别，为地表水污染源信息获取提供了新的手段和思路。近年来，中国突发水环境污染事件发生的频率呈现逐年上升趋势，由于突发污染事故具有不确定性（如船舶运输化学品的泄露），在事故发生初期往往无法确定污染源的发生位置、排放源强等基本参数，给事故的预警预报和处置处理工作带来困难[77-78]。因此，科学、准确、快速地识别污染源信息对于水污染事故预警及应急处置是极其重要的[79]。由于地表水污染识别具有水动力条件复杂和影响因素众多的特点，受到了众多学者的关注，地表水污染源识别的理论和方法成为近年的研究热点和难点。

污染源识别早期研究围绕着地下水环境系统展开，对于地下水污染问题，污染源的主要信息（位置、强度及持续时间等）往往是不知道的，实际中常常通过现场勘测进行地下水污染源调查，工作量大、经验性强且观测的数据往往不足以确定污染源的位置以及污染源的分布范围。因此，造成了地下水污染修复的困难，而反演方法具有更高的精度和可靠性，成为地下水污染研究的重要途径[80]。Neuman[81]最早将反问题求解理论引入水文水资源领域。王景瑞等[82]综述了地下水污染源识别数学方法的研究进展。随着国家对地表水污染防治的高度重视，反演理论被引入地表水环境系统，地表水污染源识别反问题的研究发展迅速，成为环境水力学反问题研究中最活跃的分支。

1. 地表水污染源识别方法

在地表水污染源识别研究之初，地下水污染源识别的研究已开展了几十年，因此许多地下水污染源识别的方法也逐渐被借鉴用来解决地表水污染源识别问题。不同的学者对地下水污染源识别方法的分类有不同的见解。Atmadja 等[83]将地下水污染源识别的数学方法归纳为四类：优化方法、解析方法、直接法、随机理论和地质统计学方法。Sun 等[84]将地下水污染源识别方法归纳为三类：优化方法、随机理论方法、逆时求解对应弥散方程。Milnes 等[85]将地下水污染物溯源的方法主要分为两类：地球化学足迹和数学模拟法。王景瑞等[82]将地下水污染源识别研究的数学方法分为两大类：一类为直接方法，包括反向追踪法和基于正则化的方法；另一类为间接方法，包括基于优化的方法和基于概率统计的方法。杨海东等[86]将突发性水污染溯源方法分为确定性方法和概率方法。本章借鉴 Milnes 等[85]的分类方法，将地表水污染源识别方法分为两类：数学模拟法和足迹分析法。

1）数学模拟法

数学模拟法假定污染物的传质过程可以由对流扩散方程描述，利用污染物输运模拟推求污染源，包括直接求解法和间接求解方法。间接求解法又包括模拟优化法（确定性方法）和概率统计法（非确定性方法）以及耦合算法。

（1）直接求解法

直接求解法包括解析法和正则化方法。

① 解析法

解析法是反问题求解最早使用的方法。解析法将源项作为待求变量，针对特定的反问题用特定的数学方法直接求解，具有计算成本低、结果精确等优点[87]。例如，在地下水问题的求解中，Sidauruk 等[88]用解析法求解了污染物迁移的反问题，通过已知的浓度分布，估计出弥散系数、污染物的量、流速、初始位置和初始时间等相关信息。尽管解析法具有理论严密、结果准确等优点，但是由于在实际问题中，控制方程、定解条件往往比解析解所依据的假设条件要复杂得多，而且只有少数一部分的方程可以构造出解析解，有着很明显的局限性。因此，在地表水的研究中，很少采用此方法来进行污染源识别。解析方法的计算效率较高，但基于解析法存在限制条件，更适宜在水文地形条件及污染物迁移过程简单的情况下使用。

② 正则化方法

当反演模型的精确解难以得到的情况下，常常采用近似解代替解析解，正则化方法就是求解反问题常用的近似解法之一，由 Tikhonov 于 20 世纪 60 年代初以第一类算子方程为基本数学框架创造性地提出，后来又得到深入发展[89]。正则化方法用一组与原问题相邻近的适定问题的解去逼近原问题的解，将不适定问题转化为条件适定问题，从而可以对反问题进行直接求解。正则化方法研究成果主要集中在数学物理反问题领域，一些学者尝试将其应用到扩散方程点源识别[90]。Hamdi[91]将污染源反问题转化为最优化问题，并通过经典的最小二乘法的正则化法求解了二维污染源识别问题。Wei 等[92]设计了一种基于最佳摄动量正则化的耦合方法对多点源分数阶扩散方程进行溯源分析。殷凤兰等[90]在已知点源位置及其个数的前提下，根据出流端的浓度观测数据，应用最佳摄动量正则化算法对源强度反问题进行了数值反演，同时还讨论了正则参数的选取对反演结果的影响。

正则化方法是目前求解数学物理反问题最具普适性、在理论上最完备而且行之有效的方法，但是此类方法对水流的要求非常高，所以在应用上往往是以牺牲解的精度为前提的，而且正则参数的选择具有较强的主观性，对计算结果影响较大。权重过小时，正则化的稳定作用失效；而权重过大时，反问题的解本质上是被人工平滑了。

(2) 间接求解法

① 模拟优化法

最优化方法是反问题求解的主流算法，其基本原理是将污染源识别问题转化成优化问题，即寻求污染源的位置、浓度等变量或它们的组合，使模拟模型的输出结果逼近观测数据。此方法常将正向的地表水流与污染物迁移数学模型与优化算法耦合在一起，形成模拟-优化耦合模型。在优化过程中，正向的水质模型被反复调用，各次模拟的结果将与观测数据进行比较，优化模型则用于寻找使模拟结果最接近观测数据的解(污染源的位置、浓度等变量)。

a. 优化算法的类型

优化算法分为启发式算法和非启发式算法。

非启发式算法即传统的优化算法，已被广泛应用于非线性模型的优化问题。非线性优化算法可以分为两类：间接类方法和直接类方法。间接类方法需要计算目标函数的导数，又称导数类方法，包括梯度法、牛顿迭代法、变尺度法(拟牛顿法)、共轭梯度法等。如韩龙喜等[93]采用梯度法求解河网地区带约束条件的污染源控制反问题。刘晓东[94]采用变尺度法进行了多参数反演研究。由于导数类方法需要用到目标函数的导数，但实际问题中有时目标函数十分复杂，导数表达式更加复杂甚至难以求得，此时可采用直接类方法。直接类方法主要有单纯形法、方向加速法（Powell 法）和步长加速法等。常文婷等[95]根据潮汐河流的水动力及污染物输运特征，在平面二维水动力、水质数学模型的基础上，采用单纯形法对河流污染源控制反问题进行了求解。刘晓东等[96]则针对非恒定水流条件，将单纯形法与河流水质模型 FDM 计算方法相结合，实现了对污染源和水质参数的联合反演。

非启发式优化算法对参数初值选取依赖性较高，当非线性模型同时为非凸模型时，如果待估参数的初值选择不当，非启发式优化算法非常容易陷入局部极小值，而无法求得最小值，因此，被认为是局部优化算法。启发式算法是相对于局部优化算法提出的，不依赖于问题的数学性能，对初值的要求不严格、不敏感，在合理的时间内寻找到全局最优值或者接近最优的值，可以处理复杂的优化问题，在地下水污染源识别领域应用非常广泛。当前，应用于地表水污染源识别的启发式算法主要包括遗传算法[97-100]、微分进化算法[77,94,101]、蚁群算法[102]、粒子群算法[103]等。研究结果表明，由于正问题一般是适定的，模拟优化法作为一种间接方法，相比较于直接求解方法适应性更广，可以克服直接求解反问题的不适定性。

b. 优化算法需调用的水质正演模型

水质正演模型即通常的水质预测数学模型，按照解法的不同可以分为解析解模型和数值解模型。由于多次调用数值解模型计算工作量较大，目前的研究大多对污染源识别问题进行了简化，采用解析解模型。但复杂问题离不开调用水质正演数值解模型，选择合适的数值解模型是问题求解的关键，而如何选择需要考虑水体是河流、河网还是湖泊，研究对象是零维、一维、二维还是三维水体，水流运动是稳态或是非稳态，污染物是连续排放还是瞬时排放等相关信息。

c. 提高计算效率的方法

在实际情况中，由于河流的水流情况复杂，往往需要采用复杂的模拟模型，计算速度较慢。正演模型与优化模型相耦合，每迭代一次需要调用一次正演模型，计算量非常大。有学者提出可以提高计算效率的方法，主要有并行计算法、替代模型法和响应矩阵法，都是通过改变污染物的迁移模型从而达到提高计算效率的目的。

并行计算是一次可执行多个指令的算法，即通过扩大问题求解规模，解决大型而复杂的问题。目前，在地下水污染源识别问题上有学者采用此类方法，计算效率可以提高100倍以上。而在地表水的污染源识别中，尚未发现并行计算方法的应用成果。

响应矩阵法首先运用模拟模型来确定系统的输出（污染物浓度）对输入（污染源负荷）的响应关系，即单位脉冲响应函数，并形成函数值的集合——响应矩阵。这种输入输出的函数对应关系反映了具体表现为系统的状态变量（污染物浓度）和决策变量（污染源负荷）间的数量关系。运用响应矩阵法可以显著减少优化模型中决策变量和约束方程的个数，从而提高模型的计算效率。当模拟模型中偏微分方程是线性偏微分方程时，只需计算一次响应矩阵，而当偏微分方程为非线性时，则每次迭代都需计算一次响应矩阵。因此，在实际应用中，要求边界条件必须是线性齐次条件[104]。

相比于并行计算和响应矩阵法，替代模型的使用更加广泛。替代模型法是指利用没有物理意义的数据驱动模型取代污染物输移模型过程进行污染源识别的方法，通过观测数据或模拟生成的数据对替代模型进行训练，使其在一定程度上具有污染物输移模型等效的功能。由于替代模型的计算量远小于污染物输移数值解模型，因此，替代模型法能够大幅度减少数值模型所带来的计算负荷，从而提高污染源识别的效率。常用的替代模型有人工神经网络、支持向量机、克里格方法等。如马梦蝶等[105]运用小波神经网络建立了研究区非点源污染模型的替代模型，研究结果表明，小波神经网络模型可以很好地代替非点源污染模拟模型，从而大幅减少计算时间。

② 概率统计法

概率统计法是基于特定事件发生概率的评估，如知道发生污染事故的大致时间和大概位置，将其写成概率密度函数的形式，通过已知的污染源信息得到最优估计值，即可得到反问题的解。概率统计法包括贝叶斯方法、逆向概率法等。

贝叶斯推理及马尔科夫链蒙特卡罗法是应用最为广泛的统计类方法。该方法将先验信息转化为后验信息，再通过构造似然函数获得后验概率分布。如曹小群等[106]采用马尔科夫链蒙特卡罗法成功地识别了一维多点污染源。姜继平等[107]开展了基于河流示踪剂实验的贝叶斯污染溯源研究。Wei等[108]以南水北调工程为例，结合贝叶斯推理和马尔科夫链蒙特卡罗算法对源项参数进行了反演。

逆向概率法是基于正向概率而得到的，正向概率法即某一源释放物质，由于物质扩散运动的随机性，理论上可传播到下游任意位置；物质从源传播到下游的某一点的概率则为正向概率。而逆向概率则是从观测点的角度出发，在观测点测量到的物质可能来自任意位置，而从哪个位置传播过来的概率就定义为逆向概率[109]。Ghane 等[110]在河流突发意外泄漏事故时，引入了逆向概率法，利用此方法识别了污染源的位置及释放时间等相关信息。Cheng 等[111]提出了一种能够识别地表水点源位置的后向定位概率密度函数方法，并通过对真实案例的研究，成功确定污染源的位置。

概率统计法作为不确定性问题的求解方法，将不适定问题认为是扩展随机空间上的适定问题，可以解决由观测噪声带来的非唯一性的问题。但这类方法需要预先假设未知参数的先验分布，需要充分的样本来进行概率分析才能获得相对准确的统计结果，因此，对样本数的要求较高。

③ 耦合算法

不同的反演算法各有优点和缺点，一些学者尝试将两种或两种以上的优化算法进行耦合，取长补短，提高污染源识别的精度与速率。如曹宏桂等[112]基于粒子群算法较好的全局搜索能力，而微分进化算法具有较强的局部搜索能力，于是将两种优化算法结合起来，先通过粒子群算法找到最优解的大概位置，再用微分进化算法找到最优解。亦有学者将优化类方法与统计类方法进行耦合，如杨海东等[86,113]基于确定性方法难以充分考虑河渠突发水污染事件的不确定性以及同时兼顾计算效率及精度，而不确定性方法得到的结果具有较强的随机性，且抽样计算比较耗时，于是将贝叶斯-蒙特卡罗方法与微分进化算法相结合，应用于二维瞬时河道突发水污染溯源中，结果表明，该方法相比于 Bayesian-MCMC(Markov Chain Monte Carlo)方法可以有效地减少迭代次数，而且精度更高、稳定性更好。王家彪等[79,114]依据正向浓度概率密度与逆向位置概率密度的耦合关系，构建了污染源识别的优化模型，采用引入梯度概念的微分进化算法求解，实际案例验证了该方法的适用性，提高了计算效率。耦合算法弥补了单一算法的一些不足，不仅使计算效率得到了提高，而且反演的精度更高，具有更高的应用价值。

2) 足迹分析法

足迹分析法避开污染物输运过程模拟，直接通过对长期监测数据的统计分析来识别可能的污染源及其贡献。主要有微生物溯源法、同位素法、水纹识别等方法。如卢杰等[115]利用微生物溯源技术快速、高效地识别了水体中的粪便污染源。He 等[116]分别采用 5 种微生物以及 4 种线粒体 DNA 标记的方法进行水体中粪便污染物的识别，并且对这几种标记法进行了评估。Somnark 等[117]将基于 DNA 的微生物源追踪测定法成功地应用于泰国的湄南河流域，解决了该流域的污染问题。袁丽君等[118]运用了氮氧同位素对滆湖区域的硝态氮污染源进行溯源，给滆湖硝态氮污染的治理提供了科学依据。张东等[119]用硫和氧同位素示踪黄河小浪底水库干流和支流硫酸盐的来源，结果表明，硫酸盐主要来源于大气降水、土壤硫酸盐溶解以及石膏溶解。随着污染预警溯源仪的发明，水质指纹技术受到了广泛的关注。吕清等[120]利用基于水纹的污染溯源技术开展溯源研究，通过污染预警溯源仪在线监测捕捉到未知类型的水纹水体，根据水纹峰型及峰强度的变化初步判断污染物的入侵过程，再将水体水纹与污染源的水纹进行对比来实现溯源过程。单独使用足迹分析法只能定性分析可能的污染源及其贡献，难以得到污染源的位置、源强以及污染物释放的时间过程等源项定量信息。

2. 污染源识别的不确定性分析

地表水污染源识别过程存在诸多不确定性因素，这些不确定性因素对污染源识别结果有较大影响，通过不确定性分析，可以提高识别结果的精度与可靠性。

(1) 污染源信息的不确定性

污染源信息包括污染源的数量、位置、排放方式、排放量、排放时间。当实际水污染事故突然发生时，污染源的信息几乎是空白的。在进行污染源识别时，污染源信息的不确定性是导致反问题不适定性的主要因素之一。污染源信息的不确定性往往决定了识别参数的数量，从而影响污染源识别的难度。为减轻污染源识别过程中的不确定性，常常假定关于污染源的某些信息是确定的，如假定污染源排放方式、排放位置为确定的；在突发污染事故污染源识别时常常设定为瞬时排放，如胡煜等[121]通过数值实验对源项反演方法进行验证时，设计污染源为瞬时点源排放。但实际案例中，污染源排放方式也可能是连续排放、间断排放，污染源排放位置也可能是未知的，需要开展相关研究工作。

(2) 观测数据的不确定性

观测数据对于水污染源的识别来说至关重要，其精度决定了污染源反演的准确性。观测数据的不确定性影响因素众多，包括取样过程的不确定性和测试过程的不确定性。取样过程的不确定性的影响因素包括取样断面位置、取样时间、取样数量等。测试过程的不确定性主要是测试方法、测试仪器精度等带来的测试误差。已有学者取得了初步成果，Wang 等[79]在对突发性水污染事故溯源中，考虑了观测误差对结果的影响，通过对假定案例的研究，表明观测误差是识别过程中一个重要但不敏感的因素。陈媛华等[122]在用相关系数优化法对污染源进行反演时，考察了采样噪声和监测时间间隔对计算结果的综合影响，当采样噪声超过5%时，取样时间间隔对反演结果会产生较大的影响。

（3）地表水模型的不确定性

在大多数污染源识别方法中，需要建立地表水水质正演模型，假定模型模拟结果完全准确，但实际中地表水模型存在大量的不确定性，包括模型结构、模型参数等的不确定性，这些不确定性的存在对污染源识别形成严重干扰。Zhang等[123]对伊春河流域SWAT模型进行了基于方差的敏感性分析，揭示了各参数的个体效应及其与其他参数的相互作用对模型性能的影响。Cardwell等[124]同时考虑了模型的不确定性和参数的不确定性，对多点源情形下的污染负荷问题进行了研究。模型参数的准确性对污染源识别结果有较大的影响，减小参数不确定性带来的误差是识别过程中的一个关键问题。

（4）水动力条件的不确定性

水动力条件对污染物输运扩散有着较大影响，水动力模拟是水质模拟的基础。现有污染源识别研究中大多基于理想水流条件开展，如假定水流恒定均匀，但实际中水动力条件存在大量的不确定性，也是影响污染源识别效果的重要因素。陶亚等[125]对深圳河污染物浓度的研究结果表明，在突发水污染条件下，深圳河内污染物浓度变化主要受陆地径流的影响。陈媛华[126]在瞬时排放污染源源项识别过程中，分析了流速的影响，她比较了流速已知和未知的情况，并得知流速已知的反演结果比未知时略差。而对于其他的水动力学条件，目前的相关研究还比较欠缺。

（5）污染物性质的不确定性

水体中的污染物主要来自工业废水、农业废水、生活废水、医疗废水等。造成水体的污染物种类繁多，包括无机污染物、有机污染物、重金属、微生物、放射性污染物等。不同的污染物性质会影响污染物输移扩散的过程，从而给污染源识别形成干扰。现有研究大多针对保守型污染物，只考虑了污染物在地表水体中对流扩散等物理过程，从而降低了污染源识别的难度。如龙岩等[127]研究了南水北调中线总干渠在污染物瞬时投放下，在无侧向排水的相邻两明渠中可溶性保守物质浓度分布规律的数值模拟研究。而对非保守型污染物质，目前仅考虑污染物的一级生化降解。由于突发水污染事故的发生具有随机性和偶然性，致使污染物的类型、理化性质等均具有不确定性。即使通过现场取样等措施获得了事发水域的基本信息，但是排放的污染物类型也会因为发现的滞后性而难以被确定，而这些信息恰好是求解追踪溯源模型所需要的基本数据[128]。

3. 污染源识别研究小结

(1) 污染源识别方法众多，研究成果较丰富，主要分为数学模拟法和足迹分析法。数学模拟法又包括直接法、模拟优化法、概率统计法，每种方法都有各自的优点与局限性。耦合算法可以综合两种或多种方法的优点，有效提高计算精度，但是如何选择合适的算法进行耦合，以及如何进行耦合，都是需要进一步思考的问题。目前，耦合算法主要是将不同优化算法或者优化算法与概率统计方法进行耦合，将数学模拟法与足迹分析法相结合将是地表水污染源识别方法研究的重点。

(2) 污染源识别过程中存在着很多不确定性因素，如观测数据的不确定性、污染源信息的不确定性、模型本身的不确定性等。目前，对于观测数据、模型参数的不确定性方面有一定的研究成果，而对污染源信息(如排放方式、排放位置)、水动力条件(如潮汐水域)、污染物性质的不确定性(如有机污染物)方面研究成果缺乏。现有研究多集中于简单的理想算例，如污染源排放为瞬时点源排放、水动力条件为恒定均匀流、污染物为保守型溶解性污染物等，尽管取得了较好的效果，但却难以满足实际工程的需要。污染源识别过程的不确定性已成为影响识别精度、制约实际应用的关键难点问题，是未来极具挑战性的重点研究方向。

(3) 突发水污染事故发生后，快速准确地识别污染源是后续污染治理的基础。地表水污染物输移较地下水污染物输移要快得多，需要在较短的时间内获得污染源识别结果。然而，在实际工程中，污染物浓度的采样和分析测试均需要花费一定的时间，污染源识别过程亦需要一定时间成本。因此，污染源识别的时效性在污染源识别过程中非常重要，这也是制约污染源识别方法应用价值的另一关键因素。污染源识别效率的提高，一方面依赖于污染物快速检测技术的发展和在线监测网络的优化完善，环境监测和物联网技术的发展将使得地表水污染监测数据的实时获取、分析成为可能；另一方面，依赖于污染源识别方法效率的提高，如何提高反演模型计算效率将是未来研究的关键。

(4) 目前，对于污染源识别研究的污染物主要为保守型污染物，少数考虑了污染物一级生化降解。然而实际污染物进入地表水体后，除了做随流迁移、分散稀释和衰减等运动外，同时因污染物的不同属性而存在挥发、吸附、沉淀、水解或光解等物理、生物、化学转化过程。因而，不同种类的污染物在河流中的存在与分布形式以及输运规律有着很大的差异。因此，研究污染物的性质并根据污染物的性质采取合适的溯源方法是未来研究的重要方向。

1.4.3.2　污染源控制反问题

污染源控制反问题在环境水力学中广泛存在，如为使水体某处或若干处的浓度不超过水质标准，应如何规划污染源位置和限制其排放量。水环境容量、污染物总量控制及分配、排污口优化、排污混合区的控制、地下水污染控制[129-130]等问题均为典型的源项控制反问题。可见，污染源控制问题研究在环境水力学反问题研究中占据着重要地位，具有广阔的应用前景。传统解法主要有解析解法、尝试法（试错法）和优化方法等，如将优化方法应用于水环境规划，这一类成果较多，可参看相关文献。如金忠青等[74]应用脉冲谱-优化法求解了一维对流-扩散方程源项控制反问题，基本解决了一维恒定水体中多个污染源控制问题。金忠青等[75]应用脉冲谱-优化法求解了二维对流-扩散方程的多源项控制反问题。韩龙喜[97]从反问题角度出发，以污水处理费用最小为目标函数，构造了一维水质模拟带约束条件的污染物排放量控制反问题，并采用遗传算法求解。闵涛等[99]给出了利用遗传算法求解对流-扩散方程源项识别反问题的一种新方法，从多个初始点开始寻优，并借助交叉、变异算子来获得全局最优解。李兰[131]提出了一维对流-扩散方程逆边界逆动态混合控制精确算法——数值积分法。韩龙喜等[93]从反问题的角度，首次尝试构造了河网地区带约束条件的污染源控制反问题，并采用约束最优化算法中的简约梯度法成功求解。

国外对于水污染源控制问题，多数研究者都是借助系统优化原理将水体允许排污负荷计算与污染负荷分配统一在一个过程中，在研究水域允许排污量的同时，实现了排污口（或源）之间污染负荷的优化分配。在研究初期，Ecker[132]，Liebman 等[133]、Loucks 等[134]都将流量等参量作为确定性变量处理，然后由线性规划方法计算治理投资最低情况下的水体允许排污水平。Revelle[135]、Thomann 等[136]在将目标函数（即污水处理费用）线性化后，也用优化模型计算了确定性条件下各污染源的允许排放量和削减量。显然，这些确定性模型及其求解技术未考虑河流水文水质随时间变化的特性。随着随机理论研究领域和应用范围的不断扩展，又出现了随机优化理论模型。Fujiwara 等[137]、Lohani 等[138]就是以区域污水处理费用之和最小为目标函数，运用概率约束模型对给定水质超标风险条件下河道排污负荷分配问题进行了研究。Donald 等[139]基于水文、气象和污染负荷等不确定性因子的多重组合情况，提出了河流允许污染负荷计算及分配模式。Li 等[140]考虑了河流断面横向混合不均匀性基础上运用优化模型确定各排污口在给定水质标准下的允许排放量。Ellis[141]则采用嵌入概率约束条件的方式构建了一个新的随机水质优化模型。在该模型中，不仅河水流量是随机变量的，河段起始断面 BOD 和 DO、废水排放量、废水中的 BOD 和 DO、耗氧系数、复氧系数等也均被视为随机变量，这是和以往水质优化模型的最大区别。Donald 等[142]考虑了水质现象等的随机波动性，并用一阶不确定分析方法将随机变量转化为等价的确定性变量，通过所构建的优化模型，计算排污口允许排放量。Cardwell 等[143]还从模型不确定性角度，对多点源情形下污染负荷分配问题进行了研究。Joshi 等[144]则运用试探法对多河段污染负荷分配进行了研究。Rossman[145]根据河水流量随季节变化的特点，提出了等效风险季节性污染负荷分配模式。Hutcheson[146]还从保护水生生物的角度研究了污染源负荷分配问题。此外，Hosseinipour 等[147]也对污染负荷分配问题进行了研究。

1.4.4 初始条件反问题

在环境水力学领域，已知环境系统控制方程结构、参数、边界条件以及当前 $\Phi(x,t)$ 的部分信息，推求初始条件，称为初始条件反问题，即逆时反演问题。应当指出，初始条件反问题在环境水力学领域的研究成果很少。笔者认为，这主要有两方面的原因：一方面，初始条件反问题研究在水环境保护领域应用价值不显著；另一方面，其本身是一个严重不适定问题。目前的求解方法主要是通过正则化方法将其转化为条件适定问题再求解。Andreas[148]在 1996 年给出了一维扩散方程逆过程反问题的稳定性分析，并得到了误差估计，但没有给出具体的求解方法。潘军峰等[149]沿用 Andreas 的思想，利用 Fourier 分析理论研究了对流-扩散方程逆过程反问题，得到了在空间 L2 中的稳定性定理，利用 Tikhonov 正则化方法给出了一种反演算法。李兰[150]根据逆边界逆过程控制理论，将求解热传导逆过程的基函数方法推广应用于洛河河段的水污染控制问题，建立了对流扩散逆边界逆过程混合控制的精确计算公式。

1.4.5 形状反问题

在环境水力学领域，已知环境系统控制方程结构、参数、初始条件以及 $\Phi(x,t)$ 在部分区域 Ω 和边界 Γ 的部分信息，推求区域 Ω 和边界 Γ 未知的另外一部分信息，称为形状反问题，又称几何反问题。在环境水力学领域，环境工程构筑物的设计问题就是典型的形状控制反问题，但目前的研究方法很少从反问题的角度来研究。传统的求解形状控制反问题的方法是试错法，在一组可行的形状中通过求解正问题寻求最优的形状。后来，优化方法逐渐被应用于水力设计问题，如金忠青等[151]提出了求解形状控制反问题的边界元-优化解法，成功应用于过溢流堰的水流控制问题。在环境水力学领域，沉淀池等环境工程构筑物的设计问题就是典型的形状控制反问题，传统的方法是试错比较法，即在一组可行的形状中通过试验结果比较寻求相对最优的形状[152]，很少从反问题的角度通过求解形状反问题来进行优化设计。

此外，在环境水力学领域，区域边界位置的确定亦可归属形状反问题，如水源保护区范围的确定[153]、水功能区的划分等。但目前这些问题的研究较少采用反问题理论来研究，亟须开展相关研究工作。

1.4.6 环境水力学反问题研究展望

（1）环境水力学反问题是近些年发展起来的、与许多科技领域密切相关的新的交叉边缘研究方向。当前关于环境水力学反问题概念及其内涵多基于经验性，尚未形成完整的概念体系及理论框架，对于系统研究环境水力学反问题的求解方法及其相关支撑理论，建立环境水力学反问题的理论框架，完善其概念及内涵已迫在眉睫。

（2）反问题作为一个较新的研究方向，在环境水力学领域尚处于起步阶段，研究成果尚不够系统深入。从已有成果看，参数反问题研究得相对比较充分，但通常反演参数较少，对于参数众多时大型实际问题的求解，目前方法还存在困难；在源项、边界条件、初始条件和形状反问题等领域研究成果相对较少，研究的水质模型相对简单，单一恒定流河道模型反问题研究较多，而复杂的非恒定河口、感潮河网模型反问题研究较少。

（3）反问题广泛存在于环境水力学的各个研究领域，如废水排放污染源控制问题、废热排放控制问题、水环境容量计算问题、污染物总量控制及分配问题、水功能区范围确定、废水出流系统的最优设计问题、地下水污染控制问题、地下水渗透系数反演问题等，环境水力学反问题研究具有广泛而重要的应用背景。但限于人们对反问题研究意义认识的不足和反问题的非线性和不适定性所造成的求解困难，遇到这些问题时往往仍然从正问题角度来研究，而较少采从反问题角度来考虑。如何将环境水力学中的典型问题概化成数学物理反问题，建立起环境水力学和反问题之间的桥梁，尚需大量的研究工作。

(4) 环境水力学反问题与数学物理反问题关系密切，数学物理反问题研究经过半个多世纪的发展，其求解方法已得到了长足进展，其中有些方法已经相对比较成熟，如脉冲谱技术、摄动法、非线性优化法以及近年来发展起来的正则化方法、现代智能优化算法和蒙特卡洛法等。如何将这些方法成功移植至环境水力学反问题研究领域，尚需大量的研究工作。目前，环境水力学反问题求解方法繁多，各具特色但缺乏通用性。如何结合数学物理反问题研究的最新成果，寻求具有高性能、高效率、高稳定、高通用性的环境水力学反问题求解方法是今后重点研究的课题之一。

纵观环境水力学反问题研究的进展情况，可看出环境水力学反问题研究内涵丰富、前景广阔，必将继续受到人们日益广泛的重视。通过环境水力学反问题研究可以实现对水流及伴随水流运动的污染物质迁移、输运过程的识别和控制，使得水环境系统能真正达到可持续发展的战略目标并真正受到有效的保护。未来环境水力学反问题领域的研究将是理论与实践相结合，采用多学科交叉融合，多方位、多层次、新技术的科学研究和技术手段，促进人口、社会经济和资源环境的可持续发展。

参考文献

[1] 肖庭延，于慎根，王彦飞. 反问题的数值解法[M]. 北京：科学出版社，2003.

[2] KELLER J B. Inverse problems[J]. American Mathematical Monthly,1976(83):107-118.

[3] 刘继军. 不适定问题的正则化方法及应用[M]. 北京：科学出版社，2005.

[4] KRISCH A. An introduction to the mathematical theory of inverse problems[M]. New York: Springer, 1999.

[5] MARCHUK G I. Methods of numerical mathematics[M]. New York: Springer-Verlag, Berlin: Herdelberg, 1982.

[6] 黄光远,刘小军. 数学物理反问题[M]. 济南:山东科学技术出版社, 1993.

[7] 李炜. 环境水力学进展[M]. 武汉:武汉水利电力大学出版社, 1999.

[8] 张关泉,张宇. 漫谈反问题:从"盲人听鼓"说起[J]. 科学中国人,1997(1):36-41.

[9] 金忠青,周志芳. 工程水力学反问题[M]. 南京:河海大学出版社,1997.

[10] 邓绍更,闻建龙,王军峰,等. 流体力学反问题的类型及其应用[J]. 排灌机械, 2001,19(4):41-43.

[11] BAUMEISTER J. Stable solution of inverse problem[M]. Brauschweig:View-Verlag,1987.

[12] ENGL H W. Regularization methods for the stable solution of inverse problems[J]. Surveys on Mathematics for Industry, 1993,3: 71-143.

[13] ENGL H W,HANKE M, NEUBAUER A. Regularization of inverse problems[M]. Dordrecht: Kluwer,1996.

[14] GROESCH C W. Inverse problems in the mathematical science[M]. Braunschweig: Wiesbaden Vieweg,1993.

[15] LANSETH A T. Source and applications of integral equations[J]. SIAM Review,1977,19(2):241-278.

[16] 苏超伟. 偏微分方程逆问题的数值方法及其应用[M]. 西安:西北工业大学出版社, 1995.

[17] TIKHONOV A N. Ill-posed problems in natural sciences[C]// Proceedings of the International Conference Held in Moscow, 1991:19-25.

[18] 王元明. 数学是什么[M]. 南京:东南大学出版社, 2003.

[19] KRISCH A. An introduction to the mathematical theory of inverse prolems[M]. New York:Springer-Verlag, 1996.

[20] ISAKOV V. Inverse problems for partial differential equations[M]. New York:Springer,2010.

[21] DENISOV A M. Elements of the theory of inverse problems[M]. Utreche:VSP BV, 1999.

[22] HADAMARD J. Lectures on the Cauchy's problems in linear partial

differential equations[M]. New Haven:Yale University Press, 1923.

[23] 金忠青,陈夕庆. 用脉冲谱法确定承压含水层非均值导水系数[J]. 河海大学学报,1991,19(3):53-63.

[24] 王佳鹤,金忠青. 流体力学参数控制反问题的控制论求解方法[J]. 水科学进展,1997,8(3):247-252.

[25] MCKINNEY D C ,LIN M. Genetic algorithm solution of groundwater management models[J]. Water Resources Research, 1994, 30(6): 1897-1906.

[26] SOOKY A A. Longitudinal dispersion in open channels[J]. Journal of Hydraulic Engineering, 1969, 95(4): 1327-1346.

[27] BOGLE G V. Stream velocity profiles and longitudinal dispersion[J]. Journal of Hydraulic Engineering, 1997, 123(9): 816-820.

[28] DENG Z Q, SINGH V P, BENGTSSON L. Longitudinal dispersion coefficient in straight rivers[J]. Journal of Hydraulic Engineering, 2001, 127(11): 919-927.

[29] II WON SEO, KYONG OH BAEK. Estimation of the longitudinal dispersion coefficient using the velocity profile in natural streams[J]. Journal of Hydraulic Engineering, 2004, 130(3):227-236.

[30] 邓志强,褚君达. 河流纵向分散系数研究[J]. 水科学进展, 2001, 12(2):137-142.

[31] 陈永灿,朱德军. 梯形断面明渠中纵向离散系数研究[J]. 水科学进展,2005,16(4):511-517.

[32] MCQUIVEY R S, KEEFER T . Simple method for predicting dispersion in stream [J]. Journal of the Environmental Engineering Division, 1974, 100(4):997-1011.

[33] LIU H. Predicting dispersion coefficient of stream[J]. Journal of the Environmental Engineering Division, 1977, 103(1):59-69.

[34] IWASA Y, AYA S. Predicting Longitudinal Dispersion Coefficient in Open-Channel Flows[C] // Proc. , Int. Symp. On Envir. Hydr. , Hong Kong, 1991:505-510.

[35] II WON SEO, TAE SUNG CHEONG. Predicting longitudinal dispersion coefficient in natural streams[J]. Journal of Hydraulic Engi-

neering, 1998, 124(1):25-31.

[36] KOUSSIS A D, RODRIGUEZ-MIRASOL J. Hydraulic estimation of dispersion coefficient for streams[J]. Journal of Hydraulic Engineering, 1998, 124(3):317-320.

[37] 李锦秀,黄真理,吕平毓. 三峡库区江段纵向离散系数研究[J]. 水利学报,2000(8):84-87.

[38] KASHEFIPOUR S M, FALCONER R A. Longitudinal dispersion coefficients in natural channels[J]. Water Research, 2002, 36:1596-1608.

[39] FISCHER H B, LIST E J, KOHR C Y, et al. Mixing in inland and coastal waters[M]. New York: Academic Press, 1979.

[40] 郭建青, 温季. 示踪试验确定河流纵向弥散系数的直线图解法[J]. 环境科学,1990,11(2):24-27.

[41] 郭建青, 王洪胜, 李云峰. 确定河流纵向离散系数的相关系数极值法[J]. 水科学进展,2000,11(4):387-391.

[42] 郭建青,李彦,王洪胜,等. 确定河流水质参数的抛物方程近似拟和法[J]. 水利水电科技进展, 2005,25 (2):11-13.

[43] 周克钊. 天然河流纵向离散系数确定方法的研究[D]. 北京:清华大学,1985.

[44] DENG Z Q, SINGH V P, BENGTSSON L. Numerical solution of fractional advection-dispersion equation[J]. Journal of Hydraulic Engineering, 2004, 130(5):422-431.

[45] DENG Z Q, BENGTSSON L, SINGH V P. Parameter estimation for fractional dispersion model for rivers[J]. Environmental Fluid Mechanics, 2006, 6(5):451-475.

[46] 顾莉,华祖林,何伟,等. 河流污染物纵向离散系数确定的演算优化法[J]. 水利学报, 2007, 38(12):1421-1425.

[47] 王建平, 程声通, 贾海峰. 环境模型参数识别方法研究综述[J]. 水科学进展,2006,17(4):574-580.

[48] 郭建青,李彦,王洪胜,等. 利用改进 SA 算法估计河流水质参数的仿真实验[J]. 系统仿真学报, 2003,15 (12):1750-1762.

[49] 张娟娟,万伟锋. 确定河流纵向离散系数的快速 SA 法[J]. 地下水,

2005,27(5) :396-398.

[50] 刘毅，陈吉宁，杜鹏飞. 环境模型参数优化方法的比较[J]. 环境科学，2002,23(2):1-6.

[51] 闫欣荣，史忠科. 反演-遗传算法在河流水质 BOD-DO 耦合模型参数识别中的应用[J]. 水资源与水工程学报,2007,18(2):41-43.

[52] 朱嵩,毛根海，刘国华. 基于 FVM-HGA 的河流水质模型多参数识别[J]. 水力发电学报,2007, 26(6):91-95.

[53] TSIEN D S, CHEN Y M. A numerical method for nonlinear inverse problems in fluid dynamics[C] //Proc. Int. Conf. Comput. Methods in Nonlinear Mechs. Austin:Univ. of Taxas Press, 1974:935-943.

[54] 李兰. 水质反问题模型的时域频域算法[J]. 水科学进展,1998,9(3):218-223.

[55] 李兰. BOD_5 - DO 参数反问题偶合模型的研究[J]. 水科学进展,2000,11(3):255-259.

[56] TIKHONOV A N. On solving incorrectly posed problems and method of regularization[J]. Doklady Akademii Nauk Sssr, 1963,151(3).

[57] 闵涛，周孝德. 河流水质纵向弥散系数反问题的迭代算法[J]. 水动力学研究与进展(A 辑),2003,18(5):547-552.

[58] 栗苏文，李兰，李志永. Dobbins 模型参数识别反问题的导数-正则化方法[J]. 水利学报,2004(7):104-108.

[59] 朱嵩,毛根海,程伟平，等. 基于贝叶斯推理的水环境系统参数识别[J]. 江苏大学学报(自然科学版),2007,28(3):237-240.

[60] 严齐斌. 河流水质参数估计的蒙特卡罗方法[J]. 水利水电技术,2006,37(10):14-16.

[61] OMLIN M, REICHERT P. A comparison of techniques for the estimation of model prediction uncertainty [J]. Ecological Modelling, 1999,115:45-59.

[62] 郝醒华,温青,李景风. 黑龙江水体二维弥散系数计算方法初探[J]. 环境科学与技术,1994,64(1):13-16.

[63] 闵涛，刘相国，张海燕，等. 二维稳态对流-扩散方程参数反演的迭代算法[J]. 水动力学研究与进展(A 辑),2007,22(6):744-752.

[64] 朱嵩,刘国华,毛根海,等. 利用贝叶斯推理估计二维含源对流扩散方

程参数[J]. 四川大学学报(工程科学版),2008,40(2):1-6.
[65] 赖锡军，姜加虎，黄群. 应用最优控制理论自动率定二维浅水方程的糙率参数[J]. 水科学进展，2008，18(3):383-388.
[66] BECKER L，YEH W G. Identification of parameters in unsteady open-channel flows[J]. Water Resources Research，1972，8 (4) ：956-965.
[67] WASANTHA LAL A M. Calibration of riverbed roughness[J]. Journal of Hydraulic Engineering，1995，121(9) :664-671.
[68] KHATIBI R H. Sample size determinaltion in open-channel inverse problems[J]. Journal of Hydraulic Engineering,2001 ,8 :678-688.
[69] 金忠青,韩龙喜,张健. 复杂河网的水力计算及参数反问题[J]. 水动力学研究与进展(A辑),1998,13(3):280-285.
[70] 董文军，杨则燊. 一维圣维南方程的反问题研究与计算方法[J]. 水利学报，2002(9)：61-65.
[71] 李光炽，周晶晏，张贵寿. 用卡尔曼滤波求解河道糙率参数反问题[J]. 河海大学学报(自然科学版),2003，31 (5) ：490-493.
[72] 韩龙喜,金忠青. 三角联解法水力水质模型的糙率反演及面污染源计算[J]. 水利学报,1998(7):30-34.
[73] 张潮，毛根海，张土乔,等. 基于 BP-Bayesian 方法的河网糙率反演[J]. 江苏大学学报(自然科学版),2008,29(1):47-51.
[74] 金忠青,陈夕庆. 用脉冲谱-优化法求解对流-扩散方程边界条件控制反问题[J]. 河海大学学报,1991,20(2):1-8.
[75] 金忠青,陈金杭. 二维对流-扩散方程反问题的求解[J]. 河海大学学报,1993,21(5):1-10.
[76] 韩龙喜,蒋莉华,朱党生. 组合单元水质模型中的边界条件及污染源项反问题[J]. 河海大学学报,2001,29(5):23-26.
[77] 吴一亚，金文龙，吴云波，等. 宽浅河道瞬时源源项反问题及反演精度主要影响因子分析[J]. 水资源保护,2015,31(5):58-61.
[78] 陈正侠，丁一，毛旭辉，等. 基于水环境模型和数据库的潮汐河网突发水污染事件溯源[J]. 清华大学学报(自然科学版),2017,57(11):1170-1178.
[79] WANG J B，ZHAO J S，LEI X H，et al. New approach for point Pollution source identification in rivers based on the backward probability

method[J]. Environmental Pollution, 2018, 241: 759-774.

[80] AYVAZ M T. A hybrid simulation-optimization approach for solving the areal groundwater pollution source identification problems[J]. Journal of Hydrology, 2016, 538: 161-176.

[81] NEUMAN S P. Calibration of distributed parameter groundwater flow models viewed as a multiple-objective decision process under uncertainty[J]. Water Resources Research, 1973, 9(4): 1006-1021.

[82] 王景瑞，胡立堂. 地下水污染源识别的数学方法研究进展[J]. 水科学进展，2017，28(6)：943-952.

[83] ATMADJA J, BAGTZOGLOU A C. State of the art report on mathematical methods for groundwater pollution source identification[J]. Environmental Forensics, 2001, 2(3): 205-214.

[84] SUN A Y, PAINTER S L, WITTMEYER G W. A constrained robust least squares approach for contaminant release history identification[J]. Water Resources Research, 2006, 42(4): W04414.

[85] MILNES E, PERROCHET P. Simultaneous identification of a single pollution point-source location and contamination time under known flow field conditions[J]. Advances in Water Resources, 2007, 30(12): 2439-2446.

[86] 杨海东，肖宜，王卓民，等. 突发性水污染事件溯源方法[J]. 水科学进展，2014，25(1)：122-129.

[87] 曹阳，杨耀栋，申月芳. 地下水污染源解析研究进展[J]. 中国水运，2018，18(9)：114-116.

[88] SIDAURUK P, CHENG H D, OUAZAR D. Ground water contaminant source and transport parameter identification by correlation coefficient optimization[J]. Ground Water, 1998, 36(2): 208-214.

[89] 肖庭延，于慎根，王彦飞. 反问题的数值解法[M]. 北京：科学出版社，2003：1-2.

[90] 殷凤兰，李功胜，贾现正. 一个多点源扩散方程的源强识别反问题[J]. 山东理工大学学报(自然科学版)，2011，25(2)：1-5.

[91] HAMDI A. Identification of point sources in two-dimensional advection-diffusion-reaction equation: application to pollution sources in a

river. Stationary case[J]. Inverse Problems in Science and Engineering,2007, 15(8):855-870.

[92] WEI H, CHEN W, SUN H G, et al. A coupled method for inverse source problem of spatial fractional anomalous diffusion equations[J]. Inverse Problems in Science and Engineering,2010, 18(7):945-956.

[93] 韩龙喜，朱党生. 河网地区水环境规划中的污染源控制方法[J]. 水利学报，2001(10)：28-31.

[94] 刘晓东. 平原地区环境水力学反问题研究[D]. 南京:河海大学，2009.

[95] 常文婷,王冠,韩龙喜. 基于平面二维水质模型的潮汐河流污染源反演[J]. 水资源保护，2010,26(6):5-8.

[96] 刘晓东，陈立强，华祖林,等. 河道一维污染源识别反问题[J]. 水力发电学报，2014，33(6)：132-135.

[97] 韩龙喜. 河道一维污染源控制反问题[J]. 水科学进展，2001,12(1)：39-44.

[98] ZHANG S P, XIN X K. Pollutant source identification model for water pollution incidents in small straight rivers based on genetic algorithm[J]. Applied Water Science,2017, 7(4)：1955-1963.

[99] 闵涛，周孝德，张世梅，等. 对流-扩散方程源项识别反问题的遗传算法[J]. 水动力学研究与进展，2004,19(4)：520-524.

[100] JING L, KONG J, WANG Q, et al. An improved contaminant source identification method for sudden water pollution accident in coaster estuaries[J]. Journal of Coastal Research, 2018, 85：946-950.

[101] 牟行洋. 基于微分进化算法的污染物源项识别反问题研究[J]. 水动力学研究与进展(A辑)，2011，26(1)：24-30.

[102] 金紫薇. 基于分数阶反常扩散方程的污染源项反演研究[D]. 哈尔滨：哈尔滨工业大学，2014.

[103] 申莉. 粒子群优化与支持向量机在河流水质模拟预测中的应用[D]. 金华:浙江师范大学，2008.

[104] 肖传宁，卢文喜，安永凯，等. 基于两种耦合方法的模拟-优化模型在地下水污染源识别中的对比[J]. 中国环境科学，2015，35(8)：2393-2399.

[105] 马梦蝶，李传奇，崔佳伟，等. 基于替代模型的非点源污染模拟不确定性分析[J]. 人民黄河，2019(6)：66-70.

[106] 曹小群，宋君强，张卫民，等. 对流-扩散方程源项识别反问题的 MCMC 方法[J]. 水动力学研究与进展(A 辑)，2010，25(2)：127-136.

[107] 姜继平，董芙嘉，刘仁涛，等. 基于河流示踪实验的 Bayes 污染溯源：算法参数、影响因素及频率法对比[J]. 中国环境科学，2017，37(10)：3813-3825.

[108] WEI G Z，ZHANG C，LI Y，et al. Source identification of sudden contamination based on the parameter uncertainty analysis[J]. Journal of Hydroinformatics，2016，18(6)：919-927.

[109] 程伟平，廖锡健. 基于逆向概率密度函数的一维污染源排放重构[J]. 水动力学研究与进展，2011,26(4)：460-469.

[110] GHANE A，MAZAHERI M，MOHAMMAD V S J. Location and release time identification of pollution point source in river networks based on the Backward Probability Method[J]. Journal of Environmental Management，2016，180：164-171.

[111] CHENG W P，JIA Y. Identification of contaminant point source in surface waters based on backward location probability density function method[J]. Advances in Water Resources，2010，33(4)：397-410.

[112] 曹宏桂，贠卫国. 基于 PSO - DE 算法的突发水域污染溯源研究[J]. 中国环境科学，2017，37(10)：3807-3812.

[113] YANG H D，SHAO D G，LIU B Y，et al. Multi-point source identification of sudden water pollution accidents in surface waters based on differential evolution and Metropolis-Hastings-Markov Chain Monte Carlo[J]. Stochastic Environmental Research and Risk Assessment，2015，30(2)：507-522.

[114] 王家彪，雷晓辉，廖卫红，等. 基于耦合概率密度方法的河渠突发水污染溯源[J]. 水利学报，2015，46(11)：1280-1289.

[115] 卢杰，邢美燕，马小杰，等. 基于现代分子生物学法追溯水体中粪便污染源[J]. 环境科学与技术，2018，41(9)：176-182.

[116] HE X W，LIU P，ZHENG G L，et al. Evaluation of five microbial and four mitochondrial DNA markers for tracking human and pig fecal

pollution in freshwater[J]. Scientific Reports, 2016(6): 35311.

[117] SOMNARK P, CHYEROCHANA N, MONGKOLSUK S, et al. Performance evaluation of Bacteroidales genetic markers for human and animal microbial source tracking in tropical agricultural watersheds[J]. Environmental Pollution, 2018, 236: 100-110.

[118] 袁丽君，刘广，张泽洲，等. 滆湖氮污染双同位素溯源与清单统计法对比研究[J]. 土壤，2018，50(4)：738-745.

[119] 张东，黄兴宇，李成杰. 硫和氧同位素示踪黄河及支流河水硫酸盐来源[J]. 水科学进展，2013，24(3)：418-426.

[120] 吕清，徐诗琴，顾俊强，等. 基于水纹识别的水体污染溯源案例研究[J]. 光谱学与光谱分析，2016，36(8)：2590-2595.

[121] 胡煜，张文俊，任华堂，等. 污染物对流-扩散逆过程源项反演的伴随方法[J]. 水利水电科技进展，2019，39(2)：7-11.

[122] 陈媛华，王鹏，姜继平，等. 基于相关系数优化法的河流突发污染源项识别[J]. 中国环境科学，2011，31(11)：1802-1807.

[123] ZHANG C, CHU J, FU G. Sobol's sensitivity analysis for a distributed hydrological model of Yichun River Basin, China[J]. Journal of Hydrology,2013, 480: 58-68.

[124] CARDWELL H, ELLIS H. Stochastic dynamic programming models for water quality management [J]. Water Resources Research, 1993, 29(4): 803-813.

[125] 陶亚，雷坤，夏建新. 突发水污染事故中污染物输移主导水动力识别——以深圳湾为例[J]. 水科学进展，2017，28(6)：888-897.

[126] 陈媛华. 河流突发环境污染事件源项反演及程序设计[D]. 哈尔滨:哈尔滨工业大学，2011.

[127] 龙岩，徐国宾，马超，等. 南水北调中线突发水污染事件的快速预测[J]. 水科学进展，2016，27(6)：883-889.

[128] 杨海东. 河渠突发水污染追踪溯源理论与方法[D]. 武汉:武汉大学，2014.

[129] 李功胜，秦惠增，张瑞，等. 地下水及其污染研究的反问题方法[J]. 山东理工大学学报(自然科学版)，2005，19(3)：1-4.

[130] 李功胜，谭永基，王孝勤. 确定地下水污染强度的反问题方法[J]. 应用

数学，2005，18(1)：92-98.

[131] 李兰. 水环境逆边界逆动态混合控制精确算法[J]. 水科学进展，1999，10(1)：7-13.

[132] ECKER J G. A geometric programming model for optimal allocation of stream dissolved oxygen [J]. Management Science, 1975, 21(6): 658-668.

[133] LIEBMAN J C，LYNN W R. The optimal allocation of stream dissolved oxygen[J]. Water Resources Research, 1966, 2(3)：581-591.

[134] LOUCKS D P, REVELLE C S, LYNN W R. Management models for water quality contral [J]. Management Science, 1976，14(4)：166-181.

[135] REVELLE C S, LOUEKS D P, LYNN W R. Linear programming applied to water quality management[J]. Water Resources Research, 1968，4(1)：l-9.

[136] THOMANN R V, SOBEL M J. Estuarine water quality management and forecasting[J]. Journal of Sanitary Engineering Division，l964，90(5)：9-36.

[137] FUJIWARA O, GNANENDRAN S K, OHGAKI S. River quality management under stochastic streamflow [J]. Journal of Environmental Engineering，1986, 112(2)：185-198.

[138] LOHANI B N，THANH N C. Probabilistic water quality control polices[J]. Journal of Environmental Engineering Division, 1979, 105(EE4)：713-725.

[139] DONALD H B，BARBARA J L. Comparison of optimization formulations for waste-load allocations[J]. Journal of Environmental Engineering，1992，118(4)：597-612.

[140] LI S Y, MORIOKA T. Optimal allocation of waste loads in a river with probabilistic tributary flow under transverse mixing[J]. Water Environment Research，1999，71(2)：156-162.

[141] ELLIS J H. Stochastic water quality optimization using imbedded chance constrains [J]. Water Resources Research, 1987，23(12)：2227-2238.

[142] DONALD H B, EDWARD A M. Optimization modeling of water

quality in an uncertain environment [J]. Water Resources Research, 1987,21(7):934-940.

[143] CARDWELL H,ELLIS H. Stochastic dynamic programming models for water quality management [J]. Water Resources Research,1993, 29(4):803-813.

[144] JOSHI V,MODAK P. Heuristic algorithms for waste load allocation in a river basin[J]. Water Science and Technology,1989, 21(8-9):1057-1064.

[145] ROSSMAN L A. Risk equivalent seasonal waste load allocation[J]. Water Resources Research,1989, 25 (10):2083-2090.

[146] HUTCHESON M R. Waste load allocation for whole effluent toxicity to protect aquatic organisms[J]. Water Resources Research, 1992, 28 (11):2989-2992.

[147] HOSSEINIPOUR E Z, NEAL L A. Stream dissolved oxygen modeling and wasteload allocation [J]. Water Resources Engineering,1995 (1):516-520.

[148] ANDREAS K. An introduction to the mathematical theory of inverse problem [M]. New York: Springer-Verlag, 1996.

[149] 潘军峰,闵涛,周孝德,等. 对流-扩散方程逆过程反问题的稳定性及数值求解[J]. 武汉大学学报(工学版), 2005,38(1):10-13.

[150] 李兰. 对流扩散方程逆控制的基函数算法[J]. 水动力学研究与进展. 1999,14(3):286-293.

[151] JIN Z Q, XU W X, CHEN X Q. Numerical solution to shape-control problems of water flow using BEM-optimization method[J]. Journal of Hydrodynamics, 1993(1):98-105.

[152] 蔡金傍, 朱亮, 段祥宝. 平流式沉淀池优化设计研究[J]. 重庆建筑大学学报,2005, 27(6): 67-70.

[153] CHEVALIER S, BUES M A, TOURNEBIZE J, et al. Stochastic delineation of wellhead protection area in fractured aquifers and parametric sensitivity study[J]. Stochastic Enviormnental Research and Risk Assessment, 2001, 15 (3): 205-227.

第二章

环境水力学参数反问题

2.1 引言

环境数学模型要实现求解，确定其参数是重要的一步。模型中的参数或者通过试验得到，或者从文献参考上获得，或者根据经验值获得。但在环境水力学领域，由于水环境系统本身的复杂性，直接通过试验来确定，往往工作量大，效率较低，采用经验值又难以保证其普适性。参数反演法为参数的确定提供了新的手段，即根据环境系统的控制方程、边界条件和初始条件以及可测得的部分信息来确定系统方程中的部分或全部参数。参数反问题是最经典的一类反问题，研究得相对比较充分。目前，最常用的方法是进行参数率定，又称为参数调试，该方法类似于试错法，经验性强、效率低，且精度不高，而优化反演法是反问题求解的经典方法，可以较好地克服以上缺点。优化法应用于环境水力学参数估计已有一定的成果，但在地表水环境系统中的研究尚不够系统深入，尤其缺少参数估计影响因素的系统研究。同时，传统优化方法在进行参数反演时具有一些难以克服的局限性，主要表现在：对目标函数要求较高，一般要求函数连续可微，有的算法甚至要求高阶可微；全局搜索能力不足，常收敛于局部最优；单点运算方式限制了计算效率的提高，搜索速度随反演参数增多呈级数减慢等。在 20 世纪 70 年代前后，运筹学的发展出现了一个低谷期，这正是传统优化方法局限性的真实写照[1]。于是，新的智能优化方法不断出现，进化算法(Evolutionary Algorithm，简称 EA)就是其中最具代表性的一类算法。它是在达尔文“优胜劣汰、适者生存”的生物进化思想和孟德尔的基因理论启发下，产生的一种以自组织、自适应、并行性为特征的优化算法。

从进化算法的发展过程来看，进化算法最初具有三大分支——遗传算法[2]（GA）、演化规划[3]（EP）和演化策略[4]（ES）。20 世纪 90 年代初，在遗传算法的基础上又发展了一个分支——遗传程序设计[5]（GP）。虽然这些分支在算法实现方面具有一些差别，但它们所依据的基本思想具有共同特点，即都是基于生物界的自然遗传和自然选择等生物进化思想。总的来看，进化算法是以遗传算法为代表的一簇仿生随机算法。

进化算法与经典的优化算法相比较，它的主要特点在于进化算法从一个点集（称为初始种群）出发，每步迭代同时处理一个点集，不容易陷入局部最优；算法对函数的要求不高，虽然光滑、凸性、连续性都可以给问题的求解带来很大方便，但算法本身并不要求函数具有这些优良性质，甚至不要求有一个明确的解析式。

遗传算法是最早广为人知的一类进化算法，是由美国 Michigan 大学的 John Holland 教授及其学生于 20 世纪 60 年代末到 70 年代初提出的。在 1975 年出版的《自然与人工系统的自适应》一书中，Holland 系统地阐述了遗传算法的基本理论和方法，标志着遗传算法的正式诞生。后来 De Jong 和 Goldberg 等人做了大量的工作，使遗传算法更加完善。近年来，由于遗传算法求解复杂优化问题的巨大潜力及其在工业工程、人工智能、生物工程、自动控制等各个领域的成功应用，该算法得到了广泛应用。可以说，遗传算法是目前应用最广泛和最成功的进化算法。

微分进化算法（Differential Evolution Algorithm，DEA）是 1995 年 Rainer Storn 和 Kenneth Price 提出的一种求解连续变量全局优化问题的简单有效算法[6-7]，是进化算法产生以来在算法方面取得的巨大进展。1996 年，该算法参加了首届 ICEO 进化算法大赛（First International Contest on Evolutionary Computation，1st ICEO），在所有参赛算法中被证明是最快的，随后国外对 DEA 的研究一直相当活跃[8-10]。DEA 是模拟自然进化依概率演进的随机搜索方法，比起其他一些进化算法，它在许多问题上都有好的收敛表现。基于优胜劣汰自然选择的思想和简单的微分进化操作使得微分进化算法在一定程度上具有自组织、自适应、自学习等特点。DEA 采用实型编码，简单易用，以其稳健性和强大的全局寻优能力应用于很多领域，如机器人路径规划、头部电阻抗成像、智能人工控制等。并且有研究证明它在解决复杂的全局优化问题方面(诸如目标函数是多峰值的或者搜索空间不规则的优化问题)也非常有效。国内一些学者也开始将其应用到组合优化[11]、模型预测[12-14]、人工智能设计等领域[15-16]。目前,将遗传算法等智能优化算法应用于水环境模型参数估计已有一定的成果,但一般基于简单模型,估计参数较少,具体问题应用成功的关键在于算法的设计和算法参数的选取。

本章针对地表水体类型,建立不同水体类型、不同水动力特征和污染源条件下的正演模型和优化反演模型,将经典优化算法、微分进化算法和遗传算法应用到环境水力学参数反问题求解中,重点探讨观测噪声等不同因素对参数估计结果的影响,在此基础上进行参数反演灵敏度分析,对不同方法进行反演结果评价,希望能为水环境模型参数估计提供理论参考并借此起到抛砖引玉的作用。

2.2 地表水体及水环境正演模型分类

2.2.1 地表水体类型

在进行反问题研究前,首先从环境水力学角度对地表水体进行分类。从自然地理的角度看,地表水体是指地球表面被水覆盖的自然综合体,包括江河、湖泊、运河、水库、渠道、河口和海洋等。在环境科学领域中,水体不仅包括水,也包括水中悬浮物、污染物质及水中生物等。按照水体的污染物输运特征,对地表水体进行如下分类。

(1) 小湖库或小河段:水体单元可看作一个完全混合的反应器,污染物基本混合均匀,在任意方向上均不存在浓度梯度,可以用零维模型来描述。

(2) 单一河道:污染物浓度只在某一方向上存在显著差异,可用一维模型对其进行描述。

(3) 宽浅型大江大河:河流水深远小于河宽与河长,污染物在垂向混合均匀,但在纵向和横向均存在显著差异,需要用二维模型进行描述。

(4) 大型浅水湖泊:湖泊面积较大,水深较浅,污染物在垂向混合均匀,但在纵向和横向均存在浓度分布差异,需要用二维模型进行描述。

(5) 大型深水湖泊、水库及大江大河排污口近区:这类水域污染物垂向和平面分布差异明显,需要用三维模型来描述。

(6) 区域性河网:区域水系发达,河道纵横交错,水体间物质交换频繁,适合用河网模型进行描述。

2.2.2 水环境正演模型的分类

水环境正演模型即通常的水质预测数学模型，它是水体水质变化规律的数学描述，用于水体水质的模拟预测、污染及自净过程的分析及排污的影响等。绝大多数反演方法都需要进行正演计算，因而水环境正演模型是反演模型建立的基础。按照不同的标准可以将其分为不同的类型。

按水体对象不同，可分为河流模型、河网模型、河口模型、湖泊（水库）模型等。

按混合状况的不同概化可分为零维模型、一维模型、二维模型、三维模型。

按水流是否随时间变化可分为稳态模型、非稳态模型。

按污染源排放方式的不同可分为连续源模型、瞬时源模型、间断源模型等。

按水质模型的解法不同可分为解析解模型、半解析解模型、数值模型等。

按水质变化的随机特性可分为确定性模型和随机模型。

按几何形态的不同可分为顺直河道模型、弯曲河道模型、浅水湖泊模型、深水湖泊模型等。

对应不同的水体类型及水文条件可选择不同的正演模型，见表 2.2.2-1。

表 2.2.2-1 平原地区主要水体类型及正演模型

<table>
<tr><th>序号</th><th>水体类型</th><th>水力特征</th><th>正演模型</th></tr>
<tr><td>1</td><td>小湖库或小河段</td><td>完全混合</td><td>零维模型</td></tr>
<tr><td>2</td><td rowspan="2">单一河道</td><td>恒定流</td><td>河流一维稳态模型</td></tr>
<tr><td>3</td><td>非恒定流</td><td>河流一维非稳态模型</td></tr>
<tr><td>4</td><td rowspan="2">宽浅型大江大河</td><td>恒定流</td><td>河流二维稳态模型</td></tr>
<tr><td>5</td><td>非恒定流</td><td>河流二维非稳态模型</td></tr>
<tr><td>6</td><td>大型浅水湖泊</td><td>风生流及吞吐流</td><td>湖泊二维模型</td></tr>
<tr><td>7</td><td rowspan="2">区域性河网</td><td>恒定流</td><td>河网稳态模型</td></tr>
<tr><td>8</td><td>非恒定流</td><td>河网非稳态模型</td></tr>
<tr><td>9</td><td>大型深水湖泊或排污口近区</td><td>复杂</td><td>三维模型</td></tr>
</table>

2.3 环境水力学参数反问题的求解方法

2.3.1 优化反演法的基本原理

优化反演法是指将河流水质模型的参数反演问题转化为系统优化问题，通过引进代价函数 J 来度量模型结果与观测数据的差异，将原来的参数反演问题转化为求解受动力方程(这里为河流水质模型控制方程组)约束的最小化 J 获取最优参数的过程，最优参数对应的解也就是模型和观测拟合最好的最优解。一般地，J 被定义成二次泛函的形式：

$$J(C,E)=\int_0^T \frac{1}{2}\parallel C-C^* \parallel^2 \mathrm{d}t+\frac{1}{2}\alpha \parallel E-E_0 \parallel^2$$

式中，C^* 为对应状态变量(这里指浓度)的观测值；C 为计算值；E 为反演参数；E_0 为参数初始猜测值；α 为权系数；$\parallel \cdot \parallel$ 表示给定空间上的范数。代价函数第一项为观测项，表示模型计算和观测数据的差异，反映模拟状态和观测的拟合程度；第二项可称为背景项，亦称正则项，该项主要为了改善最优化问题的适定性。当观测数据稀少，最优化问题自由度很高时，可以适当增大 α 值，使最优化的结果尽量不远离给定的初始猜测值；或者给定的初始猜测值有较高的可信度时也可提高相应的权值；当观测数据充分且精度较高时，可以相应减小 α 值。

优化反演法进行模型参数识别的一般步骤如下。

(1) 首先引进代价函数，将参数识别问题转化为优化问题(极值问题)，确定优化目标和约束条件。

(2) 获取实际观测数据及测点位置等信息。

(3) 给定反演参数 E 的初值 E_0。

(4) 根据当前的 E 利用水质正演模型计算测点处的浓度值。

(5) 将计算值与观测值进行对比，判断距离(目标泛函)是否满足反演精度的要求。

(6) 如不满足，利用优化算法修改 E，使计算值与观测值之间的距离不断减小，转入第(5)步。

(7) 如此反复迭代，直到满足要求为止；或者设定最大迭代步数，达到该迭代步数后终止。

(8) 输出当前 E 值作为最终参数估计结果。

计算流程框图见图 2.3.1-1。

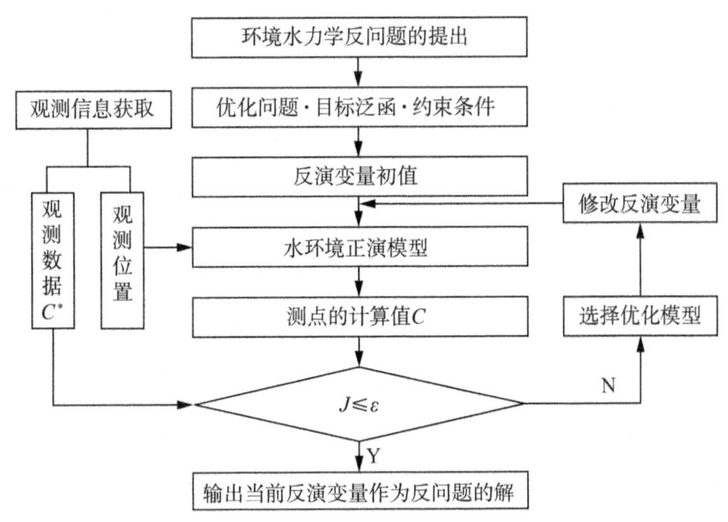

图 2.3.1-1 优化反演法计算流程

优化反演法计算流程中的关键步骤主要有两个：一是第 4 步中如何选择和建立合适的水环境正演模型，由于利用优化反演法求解环境水力学反问题需要多次调用正演模型，因而正演模型的计算精度和计算效率将直接影响反演计算的精度和效率；二是在第 6 步中如何自动修改反演变量，使计算值与观测值之间的距离不断减小。如何自动修改反演变量的问题实际上也是优化算法的选择问题，不同优化算法的处理方法也不一样，选择的正确与否同样会影响反演计算的精度和稳定性。下面根据水体类型、水动力特征和污染源条件建立相应的水环境正演模型，同时探讨单纯形法等传统优化算法和遗传算法等进化算法在进行参数反演时的性能。

2.3.2 传统优化算法

2.3.2.1 一维非线性优化算法

利用优化反演法进行单参数估计反问题求解时，由于目标泛函的非线性，需要采用一维非线性优化方法。传统的一维非线性优化方法有切线法（牛顿法）、割线法、黄金分割法等。其中，黄金分割法对目标函数的要求较低，无需求函数导数和输入初值，故这里选用黄金分割法进行单参数反演。黄金分割法又叫 0.618 法，其基本思想是通过比较 $f(t)$在$[a,b]$上的函数值，不断缩小搜索区间$[a,b]$的长度，找到包含在$[a,b]$上的局部极小点 t^*。此法只要求函数 $f(t)$在$[a,b]$上为下单峰函数，不要求函数可微，甚至不要求连续，适用范围很广。

2.3.2.2　多维非线性优化算法

根据优化反演方法求解环境水力学反问题的一般步骤，当反演变量有多个，需要采用多维非线性优化算法求解。传统的多维无约束非线性优化方法可以分为两类：导数类方法（间接类方法）和直接类方法。这里在导数类方法中选用变尺度法，在直接类方法中选用单纯形，分别进行多参数反演。

（1）变尺度法

在传统的非线性优化方法中，导数类方法主要有梯度法（最速下降法）、牛顿迭代法、共轭梯度法、变尺度法（拟牛顿法）等。梯度法直观、简单，但有锯齿现象，收敛慢；牛顿迭代法收敛快，但要计算 *Hesse* 矩阵，计算量和存储量大。而变尺度法兼有梯度法和牛顿法的优点，具有较快的收敛速度（超线性收敛），在一般情况下优于共轭梯度法，是目前求解具有导数的多元函数无约束非线性最优化问题的最有效算法之一，因而得到了广泛的应用[1]。

（2）单纯形法

单纯形法是一种直接类方法。由于导数类方法需要用到目标函数的导数，但实际问题中有时目标函数十分复杂，导数表达式更加复杂甚至难以求得，此时可采用直接类方法。直接类方法无须用到目标函数的导数而只用函数值，只要求目标函数连续，相比于导数类方法，适用范围更广泛，但收敛速度通常要慢一些。直接类方法主要有单纯形法、方向加速法（Powell 法）和步长加速法等。本节采用的是 Nelder-Mead 单纯形法（NMS）[17]，其优点是稳定性好、准备时间短、适用范围较广，在搜索开始阶段效率较高，但在试验点接近极小值时速度会变慢。对于问题的变量个数少、精度要求不高的情形，这个方法常常是最好的方法。

非线性优化的单纯形法与线性规划中的单纯形法虽然名称相同，但有本质区别，是利用对简单几何图形各顶点的目标函数值做相互比较，在连续改变几何图形过程中，逐步以目标函数值较小的顶点取代目标函数值最大的顶点，从而进行求优的一种方法。

2.3.3 遗传算法

2.3.3.1 遗传算法的基本原理

(1) 基本流程

遗传算法的基本思想是根据问题的目标函数构造一个适应值函数，对一个由多个解构成的种群进行评估、遗传运算、选择，经多代繁殖，获得适应值最好的个体作为问题的最优解。标准遗传算法(SGA)的基本流程如下：① 随机产生初始种群，具体的产生方法依赖于编码方法；② 构造适应值函数，计算种群中每个个体的适应值；③ 确定遗传策略，运用选择、交叉、变异算子作用于群体，形成新的下一代群体；④ 判断群体性能是否满足结束准则，若满足则结束计算，否则转②，或者修改遗传策略，再转②。

基本流程图见图 2.3.3-1。

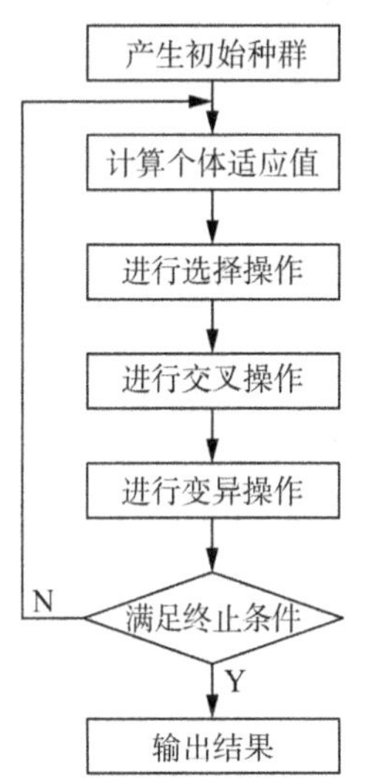

图 2.3.3-1 遗传算法基本流程

(2) 算法实现的构成要素

遗传算法的实现主要涉及五大要素。

① 编码(Encoding)和解码(Decoding)

编码是遗传算法的最基础工作。通过编码建立目标问题实际表示与遗传算法染色体位串结构之间的联系，算法的最后一个工作是通过解码得到问题的解。常规的遗传算法编码方法是二进制编码，它与人类的染色体成对结构类似，其优点有：a. 表示直观、简便，便于进行遗传算子构造；b. 符合最小字符集的编码原则；c. 便于用模式定理进行分析和预测。除了二进制编码外，还有一些与实际问题联系紧密的非二进制编码，如顺序编码、实数编码、树编码和自适应编码等。

② 种群规模(NP)的确定

种群是由染色体构成的，每个个体就是一个染色体，对应着问题的一个解。种群中个体的数量称为种群的大小或者种群规模(Population Size)。种群规模通常采用一个常数，一般来说，规模越大解的性能越好，但规模的增大也将导致计算时间的增大，实际应用中常取编码长度的一个线性倍数。

③ 适应值函数的构造

在 GA 中，使用适应值函数(Fitness Function)表征每个个体对其生存环境的适应能力，每个个体具有一个适应值，作为个体生存机会的唯一确定性指标，直接决定着群体的进化行为。适应值函数的构造依据优化的目标函数来确定，在遗传算法中，适应值常规定为非负。适应值函数的构造方法主要有简单适应函数、加速适应函数、排序适应函数等。这里建立如下的适应值函数与目标函数的映射关系。

$$Fit(X)=\begin{cases}J_{\max}-J(X), & 若\ J(X)<J_{\max}\\ 0, & 其他\end{cases} \tag{2.3-1}$$

式中，$J(X)=\left[\frac{1}{m}\sum_{k=1}^{m}(C_k-C_k^*)^2\right]^{\frac{1}{2}}$ 为目标函数，C_k 为正演计算值，C_k^* 为观测值，m 为观测数据个数；$J_{\max}$ 为最大可能值。

④ 遗传算子

标准遗传算法的操作算子一般有 3 个：选择（Selection）、交叉（Crossover）和变异（Mutation）。它们构成了遗传算法强大搜索能力的核心，是遗传算法的精髓。

a. 选择

选择是从当前种群中选择适应值高的个体以生成交配池（Mating Pool）的过程。选择过程体现了生物进化过程中“适者生存、优胜劣汰”的思想，并保证优良基因遗传给下一代个体。最常用的选择策略是正比选择策略，即每个个体被选中进行遗传运算的概率为该个体的适应值和群体中所有个体适应值之和的比例。除此之外，常用的选择策略还有排序选择、联赛选择、精英保留策略等。这里采用联赛选择策略。

b. 交叉

交叉被认为是最重要的遗传算子，它同时对两个父代个体进行操作，组合二者的特性产生新的后代。对于常规编码，最简单的交叉方法是在双亲的染色体上随机地选取一个断点，将断点的右段相互交换，从而形成两个新的后代，即单点交叉法。除了单点交叉法外，常用的交叉算子还有双点交叉、多点交叉、一致交叉等形式。这里采用单点交叉算子。

双亲的染色体是否进行交叉，由交叉概率进行控制。交叉率 P_c 定义为各代中交叉产生的后代数与种群规模之比。显然较高的交叉率将达到更大的解空间，从而减少停止在非最优解上的机会；但是交叉率过高，会因过多搜索不必要的解空间而耗费大量的计算时间。在实际应用中，交叉率一般取一个较大的数，如0.9。

c. 变异

变异是在种群中按照变异概率任选若干基因位改变其位值，对于0～1编码来说，就是反转位值。本章采用单点变异法。变异实际上是子代基因按照小概率扰动产生的变化，所以变异概率 P_m 一般设定为一个比较小的数，在0.1以下，这里取0.05。

⑤ 结束准则

经典的遗传算法结束准则是设定最大代数，达到后即结束。改进的方法是利用某种准则，判定种群是否已经成熟，并不再有进化趋势作为计算结束的条件。常用的方法是根据连续几代个体平均适应度变化很小作为结束准则。

2.3.3.2 标准遗传算法(SGA)的缺点及其原因

许多研究发现标准遗传算法(SGA)有如下缺陷：全局搜索能力极强而局部寻优能力较差；对搜索空间变化的适应能力差；易出现早熟收敛现象；算法在交叉、变异的进化过程中随机性较强，致使搜索效率低下。

这些缺点产生的主要原因在于：交叉和变异操作，既可能产生优于父代的个体，又可能产生劣于父代的个体。尽管选择操作保证了群体向适应度大的方向演化，但到了后期，这种随机性降低了在优良解附近进行有效搜索的能力，在选择操作时，对适应度大大高于群体平均适应度的个体，会使其后代中的数量急剧增加，以致支配整个群体，从而造成"早熟收敛"。

2.3.3.3 浮点遗传算法(FGA)及其改进策略

遗传算法的编码方式以及适应度函数和遗传算子的构造对算法的运行效率有很大影响，依据欲求解问题的特点，选择合适的算子是遗传算法应用过程中的关键步骤。依据环境水力学参数反问题特点，给出本章所采用的浮点遗传算法及改进策略。

(1) 编码方式

SGA的编码方式通常采用二进制编码，但二进制编码在求解优化问题时，当精度要求高时编码长度很长，不利于计算，同时存在"海明悬崖(Hamming Cliffs)"问题。因此，这里采用实数编码方式的遗传算法，称为浮点遗传算法(FGA)。FGA相对于SGA存在以下优点：编码长度等于参数向量的维数，达到同等精度的情况下，编码长度远小于二进制码；具备了利用连续变量函数具有的渐变性；消除了"海明悬崖"问题。

(2) 适应值函数

适应值函数是遗传操作的基础，合理的适应值函数能引导搜索朝最优化方向进行。这里 FGA 适应值函数构造同 SGA。

(3) 选择算子

FGA 采用联赛选择与排序选择相结合的方法。首先采用排序选择方式对于给定的规模为 n 的群体将个体按适应值由大到小排序 $P=\{a_1,a_2,\cdots,a_n\}$，第 j 个个体的选择概率为 $p_j=\frac{1}{n}\left(2-\frac{j-1}{n}\right)$，然后采用联赛选择方式，从当前群体中按选择概率选择一定数量的个体，保留其中适应值最大的个体到下一代，反复执行该操作，直到下一代个体数量达到预定群体规模。联赛规模取 2。

(4) 交叉算子

FGA 也可以使用类似于 SGA 单切点交叉、双切点交叉等简单交叉算子，但这种交叉方法容易导致解的不可行。故采用凸组合交叉算子，按照下面的公式产生两个新个体，式中 α 为 [0,1]之间的随机数。

$$\begin{aligned} X' &= \alpha \cdot X + (1-\alpha) \cdot Y \\ Y' &= (1-\alpha) \cdot X + \alpha \cdot Y \end{aligned} \tag{2.3-2}$$

(5) 变异算子

FGA 的变异算子采用单重非均匀变异算子。按均匀分布随机选择一个变元，按下式进行变异操作，

$$X'_i=\begin{cases} X_i+\Delta(t,b_i-X_i), \text{若 } rand=0 \\ X_i-\Delta(t,X_i-\mathrm{a}_i), \text{若 } rand=1 \end{cases} \tag{2.3-3}$$

其中，$\Delta(t,y)=y\cdot\alpha\cdot\left(1-\frac{t}{T}\right)^b$，$\alpha$ 为 [0,1]之间的随机数，T 是最大进化代数，b 是一个给定的参数，这里取 3；$rand$ 为二进制随机数。可以看出，进化初期，变异范围较大，有利于维持群体的多样性；进化后期，变异范围随着进化代数的增加而减小，加快了局部搜索速度。

(6) 精英替换策略

传统的 SGA 选择算子位于交叉算子、变异算子之前，即使后代不如子代，也无法纠正。为弥补这一不足，可在遗传操作后增加精英选择算子，如果下一代群体的最佳个体适应值小于当前群体中某些个体的适应值，则将当前

适应值大于下一代最佳个体适应值的多个个体复制到下一代,替代最差的下一代群体中的相应数量的个体。

2.3.3.4 基于FGA的参数估计方法

根据反演优化算法求解参数反问题的一般步骤,提出了基于浮点遗传算法的参数估计方法(简记为FGA)。其计算流程见图2.3.3-2。

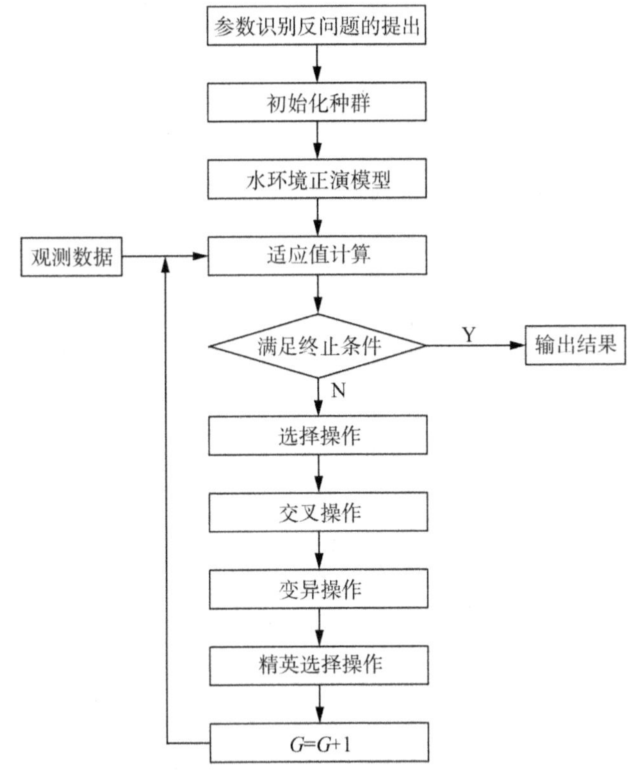

图2.3.3-2 FGA求解参数反问题的计算流程

2.3.4 微分进化算法

2.3.4.1 微分进化算法的基本原理

(1) 微分进化算法的基本思想

微分进化算法从某一随机产生的初始种群开始,按照一定的操作规则,如变异、交叉、选择等不断地迭代计算并根据每一个个体的适应值,保留优良个体,淘汰劣质个体,引导搜索过程向最优解逼近。

(2) 计算流程

微分进化算法的流程框架图见图 2.3.4-1。

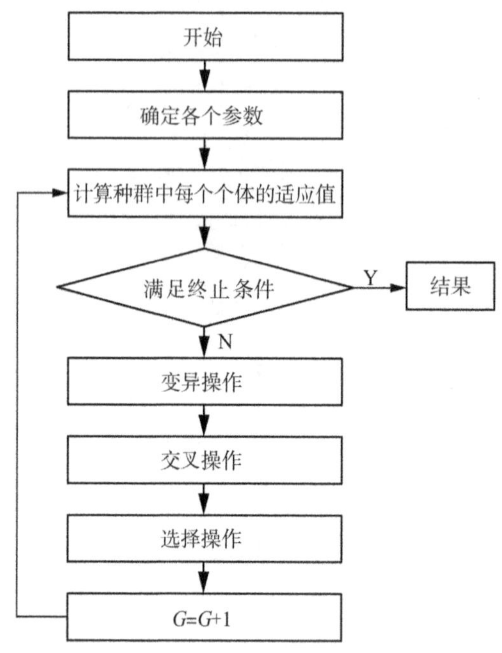

图 2.3.4-1 微分进化算法的运算流程图

(3) 算法特点

由于微分进化算法同样应用了“优胜劣汰、适者生存”的自然进化法则，所以也应当归属于进化算法。微分进化是一个较新的优化算法，同所有的进化算法一样，微分进化算法也是对候选解的种群进行操作，而不是针对一个单一解。DEA 利用实数值参数向量作为每一代的种群，它的自参考种群繁殖方案与其他优化算法不同。与传统的优化方法相比，微分进化算法具有以下特点：

① 算法不是从单个点，而是从一个种群开始搜索。

② 算法直接对变量本身进行操作，不存在对目标函数有存在导数和连续性的要求。

③ 算法具有内在的隐并行性和较好的全局寻优能力。

④ 算法采用概率转移准则，不需要确定性的规则。

这些特点使得微分进化算法在众多领域中得到越来越多的关注。该算法在许多优化问题中都超过了自适应模拟退火算法(Adaptive Simulated Annealing)和退火 Nelder&Meda 方法(Annealed Nelder&Meda Aporach)等。

2.3.4.2 微分进化算法的组成

构成算法的主要因素有:个体适应度评价、微分进化操作以及参数设置等。

(1) 适应度函数

在算法中,微分进化操作主要通过适应度函数的导向来实现。它是用来评估某一个体相对于整个群体的优劣的相对值的大小。DEA 的适应度函数构造与 FGA 相同,见式 2.3-1。

(2) 微分进化算法操作

微分进化算法操作包括变异、交叉和选择 3 种操作。

① 变异

DEA 的新参数向量是通过把种群中两个成员之间的加权差向量加到第三个成员上产生的,称为"变异"。变异操作是 DEA 和其他进化算法的主要区别。在变异时,设当前个体为 X_i^k,从当前代 k 的种群中随机选取 3 个与当前个体不同且三者互不相同的个体 $X_{r_1}^k, X_{r_2}^k, X_{r_3}^k$。以第一个被选择的个体作为基点,沿着后面两个个体作差形成的方向走一个步长 α,得到中间个体记为 Y_i,即 $Y_i = X_{r_1}^k + F \cdot (X_{r_2}^k - X_{r_3}^k), F \in [0,2]$。其中,$i=1,\cdots,P, r_1, r_2, r_3 \in \{1,2,\cdots,NP\}$ 且 r_1, r_2, r_3 与 i 互不相同。

② 交叉

将变异向量的参数与另外预先决定的目标向量的参数按照一定的规则混合起来产生所谓的试验向量,称为"交叉"。将变异得到的中间个体 $Y_i = (Y_{i,1}, Y_{i,2}, \cdots, Y_{i,n})$ 和当前个体 $X_i^k = (X_{i,1}^k, X_{i,2}^k, \cdots, X_{i,n}^k)$ 进行杂交,然后得到当前个体的候选个体 $Z_i = (Z_{i,1}, Z_{i,2}, \cdots, Z_{i,n})$。如下所示:

$$Z_{i,j} = \begin{cases} Y_{i,j}, rand_j \leqslant CR \vee j = k(i) \\ X_{i,j}^k, \text{其他} \end{cases}$$

其中,$i=1,\cdots,\mathrm{P}; j=1,\cdots,\mathrm{n}; k(i) \in (1,n)$ 是一个随机参数,保证 $Z_{i,j}$ 至少从 $Y_{i,j}$ 中取到一个分量值;$rand_j \in [0,n]$ 是一个均匀分布的随机数。杂交概率 $CR \in [0,1]$ 是 DE 算法的一个参数,它控制了选择变异个体分量值代替当前点分量值的概率。

③ 选择

如果试验向量的代价函数比目标函数的代价函数低,试验向量就在下一代中代替目标函数,这一操作称为“选择”。对新产生的个体 $Z_i=(Z_{i,1},Z_{i,2},\cdots Z_{i,n})$进行评价,求其函数值,而后根据以下准则决定是否选取新产生的个体 Z_i:

$$X_i^{k+1}=\begin{cases}Z_i, f(Z_i)\leqslant f(X_i^k)\\ X_i^k,\text{其他}\end{cases}$$

(3) 参数设置

算法中有以下 4 个运行参数需要提前设定:种群规模(NP)大小,即种群中所含个体的数目;终止迭代代数(MG);加权因子(F);交叉概率(CR)。这 4 个参数对算法性能有一定的影响,因此需要合理地设定这些参数以获得较好的结果。D 是优化问题的解空间维数。对于 NP,根据经验可选择在 $5D$ 和 $10D$ 之间,但 NP 必须大于 4,以确保能有足够的变异向量。NP、F 和 CR 在整个进化过程中是保持不变的。一般,F 和 CR 影响搜索过程的收敛速度和鲁棒性。NP 和 F 取值较大,可以得到较好的搜索,但算法的收敛速度会较慢;取值较小会使算法陷入局部最优。通常,可以通过采取不同的值做一些试验和调试,根据试验结果来选定合适的 F、CR 和 NP 值。最大进化代数 MG 是表示 DE 算法运行结束条件的一个参数,它表示 DE 算法运行到指定的进化代数之后就停止运行,并将当前种群中的最佳个体作为所求问题的最优解输出。一般取值范围为 100～200。另外,除了最大进化代数外,还可以通过其他准则来作为判定算法运行结束的条件,如可以通过当目标函数值小于一定阈值(VTR)时算法运行结束,VTR 一般取 10^{-6}。

(4) 终止条件

微分进化算法的终止采用最大进化代数和设定收敛条件的复合准则。当微分进化算法满足设定的收敛判断条件时,微分进化算法终止;若进化了指定的代数仍然没有满足设定的收敛判断条件,也令算法终止。

2.3.4.3 基于微分进化算法的参数反演算法

(1) 基本微分进化算法的变形与改进

基本微分进化算法只能求解连续变量优化问题,后来扩展到处理连续、离散和整数变量问题[18-19]。DE 算法主要有两种变形,即 DE/rand/1/bin、DE/best/2/bin 等。不同的变形以下面的标准区分:DE/x/y/z,其中:

· x 表示变异向量的基点的选择方式,因此 DE/rand/1/bin 是以随机的方式选择基点,相反 DE/best/2/bin 选择当前种群中最好的个体作为变异个体的基点。

• y 表示扰动向量的个数。

• z 表示产生候选个体的交叉机制。"bin"指交叉中每个分量的选取由一系列独立的二项试验决定。

本章采用 DE/rand/1/bin,F 取 0.8,CR 取 0.8。

(2) 基于 DEA 的参数估计方法

在进行参数估计问题时,如果根据先验知识给参数增加边界约束,则可提高收敛速度和反演精度。由于标准的微分进化算法只能求解无约束问题,在增加边界约束条件时需做处理。设参数 X_i 的变化范围为$[XL,XU]$,则在选择操作中增加如下操作:

$$Z_i=\begin{cases}Z_i, Z_i \in [XL,XU] \\ XI+rand\cdot(XU\text{-}XL),\text{其他}\end{cases}$$

式中,$rand$ 为$[0,1]$中的随机数,采用以上操作即可保证个体的可行性。根据优化反演法求解参数反问题的一般步骤,利用扩展的 DEA 进行参数估计的计算流程见图 2.3.4-2。

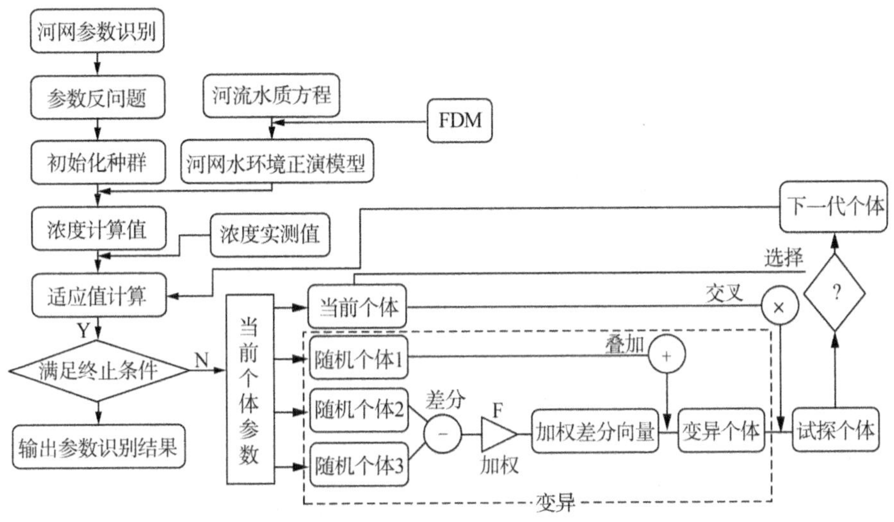

图 2.3.4-2 DEA 求解参数估计反问题的计算流程

2.3.5 算法检验

De Jong 函数 F2 是一个二维函数,具有一个全局极小点 $f_2(1.0,1.0)=$

0.0，该函数虽然为单峰值函数，但它却是变态的，在函数曲面上沿着曲线 $x_2=x_1^2$ 有一条较为狭窄的山谷，传统的优化方法搜索到山谷边缘时，往往会发生振荡，难以进行全局优化。而采用进化算法则可以有效地收敛于全局最优解。De Jong 函数 F2 的具体形式为

$$f_2(x_1,x_2)=100(x_1^2-x_2)^2+(1-x_1)^2, x_i\in[-5.12,5.12] \quad (i=1,2)$$

利用标准遗传算法(SGA)、改进后的浮点遗传算法(FGA)和微分进化算法(DEA)在不同种群规模和进化代数下的计算结果见表 2.3.5-1。

表 2.3.5-1　De Jong 函数 F2 的计算结果比较

算法	进化代数	种群规模(*NP*)	x_1	x_2	f_2
SGA	100	10	0.755 6	0.569 3	0.060 0
	1 000	100	0.965 3	0.931 6	0.001 2
FGA	100	10	1.001 7	1.003 5	0.000 0
	1 000	10	1.000 0	1.000 0	0.000 0
DEA	100	10	1.000 9	1.001 9	0.000 0
	200	10	1.000 0	1.000 0	0.000 0

由表 2.3.5-1 可以看出，当种群规模取 10 时，SGA 收敛于某一局部最优解，有明显的早熟收敛现象(见图 2.3.5-1)。为抑制早熟收敛现象，将种群规模增大到 100，相应的进化代数也增加到 1 000，早熟收敛现象得到抑制，得到近似解 0.965 3、0.931 6(见图 2.3.5-2)。采用 FGA，种群规模取 10 时，也能有效地抑制早熟收敛现象，并且收敛速度也大大提高，得到更好的近似解 1.001 7、1.003 5(见图 2.3.5-3)。采用微分进化算法(DEA)，进化到 200 代时即能得到精确解 1.000 0、1.000 0(见图 2.3.5-4)，精度与 FGA 相当，但收敛速度更快。

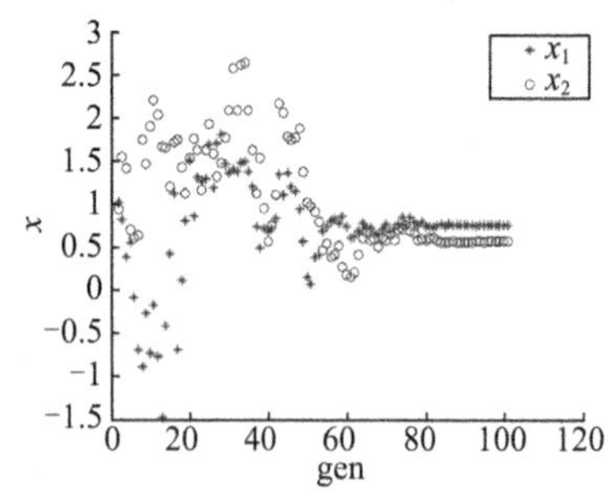

图 2.3.5-1　SGA 进化过程线(*NP*=10)

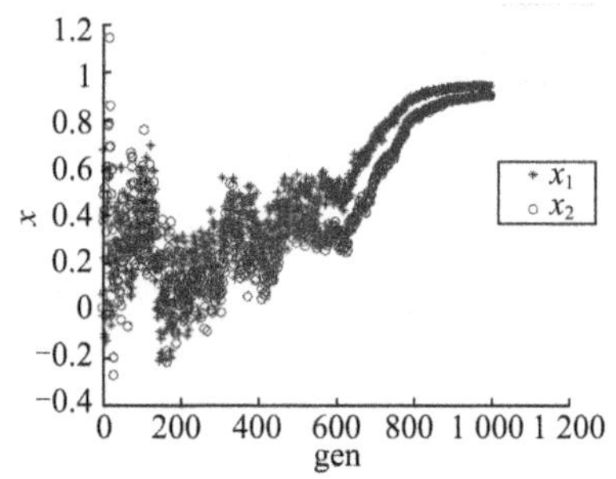

图 2.3.5-2　SGA 进化过程线(*NP*=100)

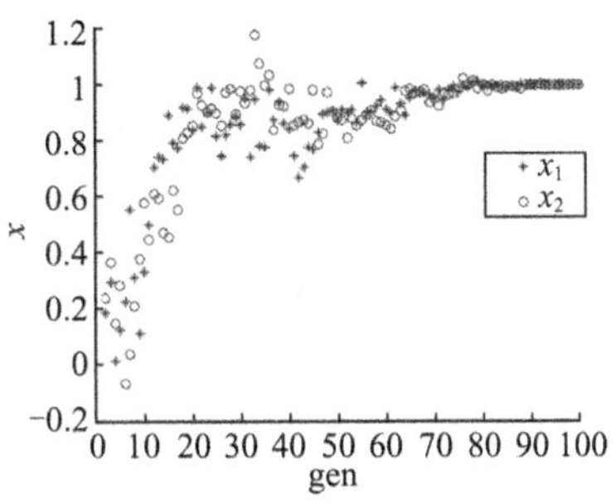

图 2.3.5-3 FGA 进化过程线

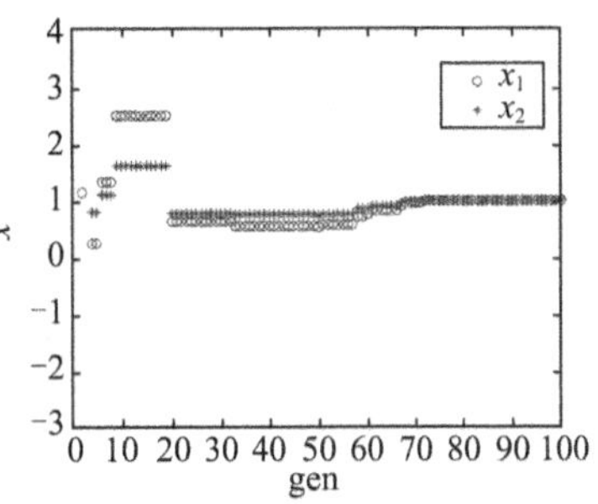

图 2.3.5-4 DEA 进化过程线

2.4 一维水质模型参数估计

2.4.1 恒定流

一维河流污染物对流扩散的基本方程为

$$\frac{\partial(AC)}{\partial t}+\frac{\partial(QC)}{\partial x}=\frac{\partial}{\partial x}\left(AE_x\frac{\partial C}{\partial x}\right)-KAC \tag{2.4-1}$$

式中,A 为过水断面面积;Q 为流量;C 为污染物质浓度;K 为污染物综合衰减系数;E_x 为纵向分散系数;x、t 分别为纵向距离和时间。

2.4.1.1 均匀流

1) 无污染源

在恒定均匀流态下,假设 E_x、A、K 沿河流纵向没有变化，则得一维恒定流的污染物对流扩散方程:

$$\frac{\mathrm{d}^2C}{\mathrm{d}x^2}-\frac{u}{E_x}\frac{\mathrm{d}C}{\mathrm{d}x}-\frac{KC}{E_x}=0 \tag{2.4-2}$$

这是二阶常系数齐次线性微分方程,根据高阶线性微分方程解的结构相关定理可知,$C=C_1\mathrm{e}^{r_1x}+C_2\mathrm{e}^{r_2x}$ 是二阶齐次线性微分方程(2.4-2)的通解。

设 C_u 为上游来水水质的污染物浓度,根据定解条件:当 $x=0$ 时,$C(0)=C_u$ 和 $C(\infty)=0$,即得一维恒定流的污染物对流扩散方程的解析解为[20-21]

$$C(x)=C_u\exp\left[\frac{ux}{2E_x}\left(1-\sqrt{1+\frac{4KE_x}{u^2}}\right)\right]\quad(u\neq 0) \tag{2.4-3}$$

一般在均匀河段上距排放点的距离大于以下计算值时，式(2.4-3)就具有较好的准确性。即，$x \geqslant \frac{1.8 \cdot B^2 \cdot u}{4 \cdot h \cdot u^*}$[20-21]，式中，$B$ 为平均河宽；h 为平均水深；u^* 为摩阻流速；其他符号意义同前。

若测得下游 $x=L$ 处水质浓度为 C_d，即 $C(L)=C_d$。根据式(2.4-3)，得到反推 E_x 的计算公式：

$$E_x = \frac{L^2 K + uL(\ln C_d - \ln C_u)}{(\ln C_d - \ln C_u)^2} \tag{2.4-4}$$

原则上，按照式(2.4-4)已知 K_1 即可反演得到参数 E_x，但实际应用时往往由于 $C_d \approx C_u$，监测值误差对 E_x 影响很大，这是一个不稳定问题，将在2.7.2章节中做进一步的分析，因而一般不采用式(2.4-4)计算 E_x，而是通过投放示踪剂的方法，利用污染源加大浓度梯度的方法估算参数 E_x。按照投放示踪剂的方式，可以分为瞬时源和连续源两种方式。

2）瞬时源

（1）正演解析解模型

设在流速为 u 的河流起始端($t=0$，$x=0$)瞬时投放质量为 M 的示踪剂，污染物的运移规律可以概化为如下定解问题，可通过解析法求解。

$$\begin{cases} \dfrac{\partial C}{\partial t} + u\dfrac{\partial C}{\partial x} = E_x \dfrac{\partial^2 C}{\partial x^2} - KC \\ C(x,0)=0 \\ C(0,t)=C_0\delta(t) \\ C(\infty,t)=0 \end{cases} \tag{2.4-5}$$

首先，对方程做 *Laplace* 变换 $\bar{C}(x,s)=\int_0^\infty C(x,t)e^{-st}\mathrm{d}t$，有

$$\begin{cases} s\bar{C} + u\dfrac{\partial \bar{C}}{\partial x} = E_x \dfrac{\partial^2 \bar{C}}{\partial x^2} - K\bar{C} \\ \bar{C}(0,s)=C_0 \\ \bar{C}(\infty,t)=0 \end{cases} \tag{2.4-6}$$

控制方程的通解为 $\bar{C}=C_1 e^{r_1 x}+C_2 e^{r_2 x}$，其中

$$r_{1,2}=\frac{u}{2E_x}\left(1\pm\frac{2\sqrt{E_x}}{u}\sqrt{\frac{u}{4E_x}+K+s}\right)$$

代入两个边界条件，得到系数 $C_1=0, C_2=C_0$。得到控制方程的特解为

$$\bar{C}(x,s)=C_0 e^{\frac{u}{2E_x}\left(1-\frac{2\sqrt{E_x}}{u}\sqrt{\frac{u}{4E_x}+K+s}\right)}$$

对该方程求 *Laplace* 逆变换，得到方程的解为[20]

$$C(x,t)=\frac{M}{A\sqrt{4E_x\pi t}}\exp\left(-\frac{(x-ut)^2}{4E_x t}\right)\exp(-Kt) \qquad (2.4\text{-}7)$$

(2) 单参数反演

在确定纵向离散系数的示踪云团试验中，采用的示踪剂往往是保守型示踪剂，即 $K=0$。若示踪剂投放质量、流速和断面面积均已知，需要反演的参数为纵向离散系数 E_x，是典型的单参数反演问题。其反问题可提为

$$\begin{cases}C(x,t)=\dfrac{M}{A\sqrt{4E_x\pi t}}\exp\left(-\dfrac{(x-ut)^2}{4E_x t}\right)\\ C(x,t)\mid_{x=x_i,t=t_j}=\tilde{C}(x_i,t_j)\end{cases} \qquad (2.4\text{-}8)$$

观测数据通常有两种方式：一是观测得到某一点在不同时刻的浓度数据 $\tilde{C}(x_0,t_j)$ 值，$j=1,2,\cdots,m$；二是观测得到同一时刻不同点上 $\tilde{C}(x_i,t_0)$ 值，$i=1,2,\cdots,n$。根据不同的观测方式，参数估计问题可以转化为相应的目标泛函的极值问题，通过最优化方法求解。对应的目标泛函分别为 $J=\min\|C(x_0,t_j)-\tilde{C}(x_0,t_j)\|$ 和 $J=\min\|C(x_i,t_0)-\tilde{C}(x_i,t_0)\|$。前一种方式监测取样相对容易，是更为常用的方法。

观测数据往往受观测噪声、观测断面布设、采样时间选取等因素的影响，从而影响到参数反演结果，下面做具体的分析。

① 无噪声条件下的参数反演

基于优化反演法求解参数反问题的一般步骤，利用 Matlab 语言分别编制了利用黄金分割法、FGA 和 DEA 进行一维水质模型单参数反演的程序 Golden1DSPEP. m、FGA1DSPEP. m 和 DEA1DSPEP. m。

原则上，反演计算中的观测数据应通过实际观测获得，但由于实际观测数据往往包含的影响因素众多，给理论分析和系统研究造成困难。在验证反演模型识别参数的性能时，为避免实际情况可能带来的其他影响因素，可

以采用所谓的孪生实验，即设定准确参数(即参数真值)，利用正演模型生成观测数据，再假设参数未知进行识别实验。这种借用正问题的解构造反问题算例来验证反演方法可靠性的方法已被国内外学者广泛应用[22-25]，成为反问题研究的基本方法，本书也采用了这种研究方法。需要特别说明的是，本书反问题算例中的观测数据并非实际采样分析所得，而是通过正问题计算并做一定的处理后得到，作为反演模型的输入数据，以下不再特别说明。

利用文献[20]的正问题构造一维稳态水流条件下瞬时源参数反问题算例进行模型验证。

【算例 2-1】 在某均匀河段上游投放 10 kg 惰性示踪剂，河流断面面积为 20 m^2，平均流速为 0.5 m/s，利用解析解模型计算得到下游 500 m 处的浓度数据取 4 位小数后如表 2.4.1-1 所示，作为参数估计所需要的“观测”数据。

表 2.4.1-1 瞬时源参数反问题所选用的浓度数据

t_j(min)	2	6	10	12	14
C_j(mg/L)	0.000 6	0.253 6	0.583 5	0.648 8	0.662 5
t_j(min)	16	20	24	36	40
C_j(mg/L)	0.642 5	0.552 3	0.444 3	0.197 0	0.146 7

以表 2.4.1-1 中的数据假设为观测值，采用黄金分割反演法得到的 E_x 的估计值为 50.001，与真解 50 非常接近。然而，实际观测数据的精度往往受测量仪器精度的影响，通过将精确解数据取不同小数位数模拟不同精度仪器下的舍入误差，利用黄金分割法反演参数结果如表 2.4.1-2 所示。

表 2.4.1-2 舍入误差对参数反演结果的影响

舍入误差	E_x	
	计算值(m^2/s)	相对误差(%)
4 位小数	50.001 0	0.002
3 位小数	49.980 3	0.039
2 位小数	49.787 9	0.424
1 位小数	46.137 3	7.725

由表 2.4.1-2 可见，仪器精度对单参数反演结果有一定的影响，但总体影响不大。在浓度数据只有 1 位小数的情况下，反演参数相对误差也只有 7.725%。

② 附加随机噪声的影响

在进行示踪剂观测试验时，无论采用多么精密的观测仪器，观测结果必然包含一定程度的观测噪声。为了更真实地模拟实际观测数据，给精确值叠加一定的随机噪声，可以模拟受随机扰动后的观测数据。观测噪声通常具有随机性，为了反映不同噪声水平对反演结果的影响，采用如下形式的含噪声的观测数据：$C_j^{\delta}=C_j^{*}(1+rand*\delta)$。式中，$C_j^{*}$ 为观测点的浓度真值；$rand$ 为[−1,1]之间的随机数；δ 表示噪声(扰动)水平。

由于噪声的随机性，因而每次试验的结果均不一样，共进行了500次的数值试验，参数反演的误差统计结果见表2.4.1-3。结果表明，黄金分割反演方法具有较好的抗噪性，当扰动水平达到30%时，相对误差仅为3.186，但标准差达到了8.923 2 m^2/s，表明有可能出现偏差较大的参数值。

表2.4.1-3 黄金分割法在不同噪声水平下的参数反演误差统计特征

扰动水平	E_x		
	均值(m^2/s)	相对误差(%)	标准差(m^2/s)
$\delta=1\%$	49.989 5	0.021	0.256 7
$\delta=5\%$	50.022 5	0.045	1.284 4
$\delta=10\%$	49.923 1	0.154	2.566
$\delta=30\%$	51.593 2	3.186	8.923 2

试验次数为500次，采用FGA和DEA两种反演方法下的误差统计结果，见表2.4.1-4。其中，FGA的计算参数：种群规模 NP 取10，交叉概率 P_c 取0.9，变异概率 P_m 取0.1，进化代数 MG 取500。DEA的计算参数：种群规模大小 NP 取10，加权因子 F 取0.8；交叉概率 CR 取0.8，进化代数 MG 取50。由表可见，两种方法的反演精度、抗噪性与黄金分割法大致相当，在一定的扰动水平下均取得了较好的反演结果。

表2.4.1-4 FGA和DEA在不同噪声水平下的反演参数结果 m^2/s

计算方法 扰动水平	FGA			DEA		
	均值	相对误差(%)	标准差	均值	相对误差(%)	标准差
$\delta=1\%$	49.978 5	0.043	0.250 2	50.007 2	0.014	0.270 0
$\delta=5\%$	49.985 7	0.029	1.340 1	49.988 6	0.023	1.295 2
$\delta=10\%$	50.019 5	0.039	2.627 1	49.970 4	0.059	2.577 1
$\delta=30\%$	51.456 3	2.913	8.734 3	51.569 2	3.138	8.552 6

③ 观测断面位置、采样时间对反演结果的影响分析

在进行示踪剂试验前，需要确定合理的观测位置和采样时间，前面选用的采样时间在断面 $x_0=500$ m 处的浓度数据获得了较好的反演结果，表明算例 2-1 中采样时间的选择是合理的。但在实际的示踪试验中，采样时间的选择往往具有主观随意性。假设仪器精度同为 4 位小数，观测时间仍同算例 2-1，但断面取不同位置，获得的观测数据如表 2.4.1-5 和图 2.4.1-1 所示。根据这一观测数据采用黄金分割法获得的参数反演结果见表 2.4.1-6。

表 2.4.1-5　构造反问题所采用的浓度数据

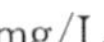

x_0	2	6	10	12	14	16	20	24	36	40
250	0.404 6	0.982 1	0.797 5	0.683 5	0.579 5	0.488 8	0.345 6	0.244 1	0.087 1	0.062 1
500	0.000 6	0.253 6	0.583 5	0.648 8	0.662 5	0.642 5	0.552 3	0.444 3	0.197 0	0.146 7
1 000	0.000 0	0.000 1	0.013 7	0.043 2	0.092 9	0.157 4	0.295 6	0.400 4	0.422 9	0.374 6
1 500	0.000 0	0.000 0	0.000 0	0.000 1	0.000 7	0.002 9	0.019 7	0.063 6	0.285 3	0.337 6
2 000	0.000 0	0.000 0	0.000 0	0.000 0	0.000 0	0.000 0	0.000 2	0.001 8	0.060 5	0.107 3

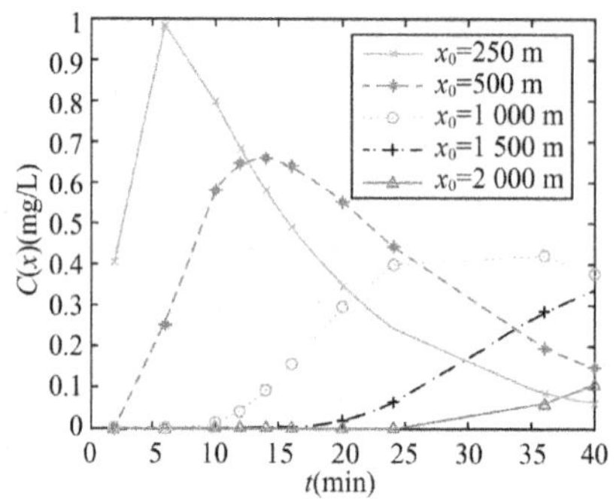

图 2.4.1-1　参数估计选用的浓度数据分布图

表 2.4.1-6　断面位置对参数反演结果的影响

断面位置 x_0(m)	E_x	
	计算值(m^2/s)	相对误差(%)
250	94.412 2	88.8
500	50.001	0.0
1 000	1 322	2 544.0
1 500	发散	—
2 000	发散	—

由表 2.4.1-6 可见，采样断面位置和采样时间的匹配对反演结果影响很大，前述的采样时间仅在断面 $x_0=500$ m 处获得了较准确的反演结果，但在其余断面效果均不理想。对于某一断面如何确定合适的采样时间才能保证较正确的反演结果是一个值得探讨的问题。在进行多次试验的基础上，提出了以下确定方法。

a. 确定采样数据的个数 n。一般采样数据越多，提供于参数反演的信息也越多，但耗费的时间、人力等采样成本也随之增多，并且在采样后期浓度越来越小，给精确测量带来了困难，过多的采样数据反而不一定能带来更高的反演精度。采样数据一般以 5～20 个为宜。

b. 捕捉浓度峰值。需要指出的是，该浓度过程曲线是一个偏态分布，浓度峰值并不出现在 $t=x_0/u$ 时刻，而是出现在 $t=(\sqrt{E_x^{\,2}+u^2\cdot x_0^{\,2}}-E_x)/u^2$ 时刻，将该时刻设定为中间取样频次 $mid=round(n/2)$ 的时间 T_{mid}，$round$ 为取整函数。

c. 确定污染云团的取样范围$[T_1,T_n]$。T_1 和 T_n 的确定原则是既能反映偏态曲线的范围，又能使得对应的浓度值可以测量。T_1 和 T_n 的确定可通过求解方程式 $C(x_0,t)=\dfrac{M}{A\sqrt{4E_x\pi t}}\exp\left(-\dfrac{(x_0-ut)^2}{4E_xt}\right)=\alpha\cdot C_{\max}$ 获得，方程的第 1 个根即为 T_1，第 2 个根即为 T_n。式中，α 为较小的系数，可取 0.1。

d. 在$[T_1,T_{mid}]$之间进行线性插值得到 $T_2,T_3,\cdots,T_{mid-1}$，在$[T_{mid},T_{\max}]$之间进行线性插值得到 $T_{mid+1},T_{mid+2},\cdots,T_{n-1}$，汇总得到 n 次采样的时刻为 T_1、$T_2,\cdots,T_n$。

假设计划取 10 次样，根据以上方法确定的不同断面位置对应的采样时间和反演结果见图 2.4.1-2 和表 2.4.1-7 所示。

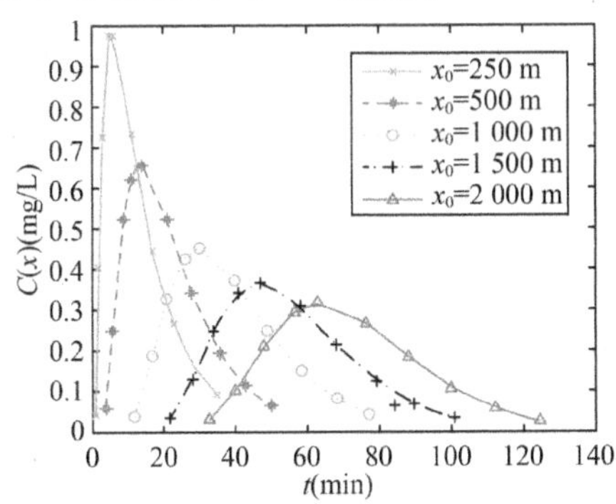

图 2.4.1-2　不同断面位置下采样数据分布示意图

表 2.4.1-7　不同断面位置下的反演结果

断面位置 x_0(m)	采样时间 (min)	E_x	
		计算值(m^2/s)	相对误差(%)
250	1,2,3,5,6,11,17,23,29,35	50.001 8	0.004
500	4,6,9,11,14,21,28,36,43,50	50.003 2	0.006
1 000	12,17,21,26,30,40,49,58,68,77	49.996 1	0.008
1 500	22,28,34,41,47,58,68,79,90,101	49.993 5	0.013
2 000	33,40,48,56,63,76,88,100,112,124	49.993 4	0.013

由表 2.4.1-7 可见，采用本章提出的方法确定的采样时间能够较好地反演参数，反演精度有了较大的提高。

(3) 多参数联合反演

对于非保守型示踪剂，水质参数除了纵向离散系数 E_x 外，还需要反演降解系数 K。河道的平均流速 u 和断面面积 A 的量测也需要大量的人力和物力，若能根据监测数据同时反演出 u 和 A，将大大节省了人力和物力，减少了参数反演的工作量。

基于优化反演法的计算流程，利用 Matlab 语言编制了变尺度法和单纯形法进行一维水质模型多参数估计的程序 BFGS1DMPEP.m 和 NMSim1DMPEP.m。为了检验程序计算的精度与稳定性，仍通过构造反问题算例来验证程序的性能。反问题构造选用的浓度数据同算例 2-1，将断面面积 A、河流平均流速 u、纵向离散系数 E_x 和降解系数 K 均变为未知变量，对以上 4 个参数进行反演，同时分析初值、测量精度、随机噪声对反演结果的影响。

① 初值选取对参数反演的影响

变尺度反演法和单纯形反演法均需要输入参数的初值，研究不同初值选取对反演结果的影响。采用变尺度法和单纯形法进行反演的结果分别见表 2.4.1-8 和表 2.4.1-9。

表 2.4.1-8　初值的选取对参数反演结果的影响(变尺度法)

选取依据	选取的初值	A(m^2)	u(m/s)	E_x(m^2/s)	K(d^{-1})
精确值 x^*	20,0.5,50,0.3	20.000 0	0.500 0	50.000 0	0.300 0
x^*(1+20%)	24,0.6,60,0.36	20.235 0	0.502 3	50.000 0	−0.711 7
x^*(1−20%)	18,0.4,40,0.24	19.926 0	0.499 3	50.000 0	0.620 0
x^*(1+50%)	30,0.75,75,0.45	20.767 9	0.507 5	49.999 8	−2.979 8

续表

选取依据	选取的初值	$A(m^2)$	$u(m/s)$	$E_x(m^2/s)$	$K(d^{-1})$
x*(1−50%)	10,0.25,25,0.15	10.126 4	0.032 8	25.043 3	0.177 8
x*(1±50%)	30,0.25,75,0.15	20.832 2	0.508 2	50.000 0	−3.251 1
x*(1+100%)	40,1,100,0.6	22.155 2	0.520 5	50.000 0	−8.723 0

表 2.4.1-9　初值的选取对参数反演结果的影响(单纯形法)

选取依据	初值的选取	$A(m^2)$	$u(m/s)$	$E_x(m^2/s)$	$K(d^{-1})$
精确值 x*	20,0.5,50,0.3	20.000 0	0.500 0	50.000 0	0.300 0
x*(1+20%)	24,0.6,60,0.36	19.961 2	0.499 6	50.000 0	0.467 7
x*(1−20%)	16,0.4,40,0.24	20.0198	0.5002	50.000 0	0.2145
x*(1+50%)	30,0.75,75,0.45	19.935 5	0.499 4	50.000 0	0.578 8
x*(1−50%)	10,0.25,25,0.15	20.096 3	0.501 0	50.000 0	−0.115 4
x*(1±50%)	30,0.25,75,0.15	20.031 4	0.500 3	50.000 0	0.164 6
x*(1+100%)	40,1,100,0.6	19.821 8	0.498 2	50.000 0	1.071 9

由表 2.4.1-8 和 2.4.1-9 可以看出,初值选取对反演结果有一定影响,对断面面积 A、河流平均流速 u、纵向离散系数 E_x 反演结果的影响较小,在偏差达到 50%的情况下,仍能够得到较满意的结果,对降解系数的影响较大,甚至出现了负值。但总体来看,单纯形法对初值选取的依赖性明显弱于变尺度法,计算稳定性相对较好。究其原因,单纯形法作为直接类优化算法,无须用到目标函数的导数而只用到函数值,因而稳定性较好。

② 测量精度的影响分析

反演参数 A、u、E_x、K 初始值取 18 m^2、0.4 m/s、40 m^2/s、0.24 d^{-1} 时,采用解析解数据取不同小数位数后的数值假设为不同舍入误差下的观测数据,两种方法的反演结果分别见表 2.4.1-10 和 2.4.1-11 所示。

表 2.4.1-10　舍入误差对参数反演结果的影响(变尺度法)

舍入误差	$A(m^2)$		$u(m/s)$		$E_x(m^2/s)$		$K(d^{-1})$	
	反演值	相对误差(%)	反演值	相对误差(%)	反演值	相对误差(%)	反演值	相对误差(%)
4 位小数	19.926 5	0.37	0.499 3	0.14	49.996 9	0.01	0.620 1	106.7
3 位小数	19.924 4	0.38	0.499	0.20	50.011 7	0.02	0.619 8	106.6
2 位小数	19.917 2	0.41	0.497 6	0.48	49.997	0.01	0.619 7	106.6
1 位小数	18.640 6	6.80	0.505 9	1.18	56.190 8	12.38	0.705 9	135.3

表 2.4.1-11 舍入误差对参数反演结果的影响(单纯形法)

舍入误差	A(m²)		u(m/s)		E_x(m²/s)		K(d⁻¹)	
	反演值	相对误差(%)	反演值	相对误差(%)	反演值	相对误差(%)	反演值	相对误差(%)
4 位小数	20.020 3	0.10	0.500 2	0.04	49.996 9	0.01	0.214 6	28.5
3 位小数	20.014 5	0.07	0.499 9	0.02	50.011 7	0.02	0.230 1	23.3
2 位小数	20.010 1	0.05	0.498 5	0.30	49.997	0.01	0.219 3	26.9
1 位小数	18.651 4	6.74	0.506 1	1.22	56.190 9	12.38	0.205 4	31.5

由表 2.4.1-10 和 2.4.1-11 可知，测量精度对参数反演结果有一定影响，测量精度越低(小数位数越少)，反演精度也越低，但总体影响不大，即使测量精度只有一位小数，反演参数除降解系数误差较大外，其余误差均在 20%以内。同等测量精度下，单纯形法的反演精度明显高于变尺度法，同时其对初值选取的依赖性明显低于变尺度法，具有较好的稳定性。因此，相对于变尺度法，Nelder-Mead 单纯形法是一种较优的参数反演算法。

③ 扰动条件下的多参数联合反演

a. 单纯形反演法

由于观测数据常含有一定的观测噪声，在解析解数据的基础上添加不同水平的噪声，采用 Nelder-Mead 单纯形法进行含随机噪声条件下的多参数联合反演。断面面积 A、河流平均流速 u、纵向离散系数 E_x 和降解系数 K 初值分别取 30 m²、0.25 m/s、75 m²/s、0.15 d⁻¹，试验次数为 500 次，反演统计结果见表 2.4.1-12。不同噪声水平下的参数反演结果表明，单纯形反演法具有较好的抗噪性。

表 2.4.1-12 单纯形法多参数联合反演结果

参数	扰动水平	均值	相对误差(%)	标准差
A(m²)	δ=1%	20.029 2	0.15	0.043 2
	δ=5%	20.049 0	0.24	0.215 3
	δ=10%	20.076 9	0.38	0.440 6
	δ=30%	20.206 0	1.03	1.393 6
u(m/s)	δ=1%	0.500 3	0.06	0.000 9
	δ=5%	0.500 6	0.12	0.004 8
	δ=10%	0.500 2	0.04	0.009 7
	δ=30%	0.502 8	0.56	0.029 0

续表

参数	扰动水平	均值	相对误差(%)	标准差
$E_x(m^2/s)$	δ=1%	49.995 0	0.01	0.243 7
	δ=5%	49.953 9	0.09	1.233 3
	δ=10%	49.959 7	0.08	2.627 5
	δ=30%	48.707 6	2.58	7.753 2
$K(d^{-1})$	δ=1%	0.163 8	45.40	0.002 4
	δ=5%	0.154 5	48.50	0.024 1
	δ=10%	0.136 9	54.37	0.048 5
	δ=30%	0.108 1	63.97	0.064 4

b. 进化算法

为了检验进化算法进行多参数反演的可靠性，利用 Matlab 语言分别编制了 FGA 和 DEA 进行多参数反演的程序 FGA1DMPEP. m 和 DEA1DMPEP. m。FGA 和 DEA 的进化代数 *MG* 均取 500，其余计算参数与单参数反演时相同。试验次数为 500 次，两种计算方法下的统计结果见表 2.4.1-13。由表可见，两种方法的反演精度大致相当，在一定的噪声水平下，除降解系数外其余参数均取得了较好的反演结果。各反演参数随进化代数的变化过程见图 2.4.1-3 和图 2.4.1-4。由图可见，DEA 的收敛速度普遍快于 FGA。

表 2.4.1-13 FGA 和 DEA 在不同噪声水平下的反演参数结果

反演参数	算法	FGA			DEA		
	扰动水平	均值	相对误差(%)	标准差	均值	相对误差(%)	标准差
$A(m^2)$	δ=1%	19.928 2	0.359	0.069 9	19.953 3	0.234	0.072 8
	δ=5%	19.929 9	0.351	0.170 8	19.980 8	0.096	0.211 4
	δ=10%	19.886 6	0.567	0.381 8	19.975 0	0.125	0.443 1
	δ=30%	20.099 1	0.496	1.300 8	20.067 2	0.336	1.287 7
$u(m/s)$	δ=1%	0.499 3	0.140	0.001 2	0.499 5	0.100	0.001 1
	δ=5%	0.499 7	0.060	0.004 9	0.499 7	0.060	0.004 6
	δ=10%	0.499 2	0.160	0.009 2	0.498 4	0.320	0.009 4
	δ=30%	0.498 3	0.340	0.028 4	0.502 1	0.420	0.028 2

续表

反演参数	算法	FGA			DEA		
	扰动水平	均值	相对误差(%)	标准差	均值	相对误差(%)	标准差
E_x(m^2/s)	δ=1%	50.008 7	0.017	0.251 9	49.991 3	0.017	0.257 3
	δ=5%	50.090 5	0.181	1.228 8	49.972 1	0.056	1.246 8
	δ=10%	50.109 1	0.218	2.486 6	50.023 7	0.047	2.336 5
	δ=30%	49.629 6	0.741	8.000 1	49.651 6	0.697	7.705 4
K(d^{-1})	δ=1%	0.616 7	105.57	0.305 6	0.518 4	72.80	0.239 4
	δ=5%	0.586 0	95.33	0.386 9	0.483 8	61.27	0.234 6
	δ=10%	0.579 1	93.03	0.419 6	0.501 3	67.10	0.231 8
	δ=30%	0.569 1	89.70	0.432 3	0.506 7	68.90	0.237 7

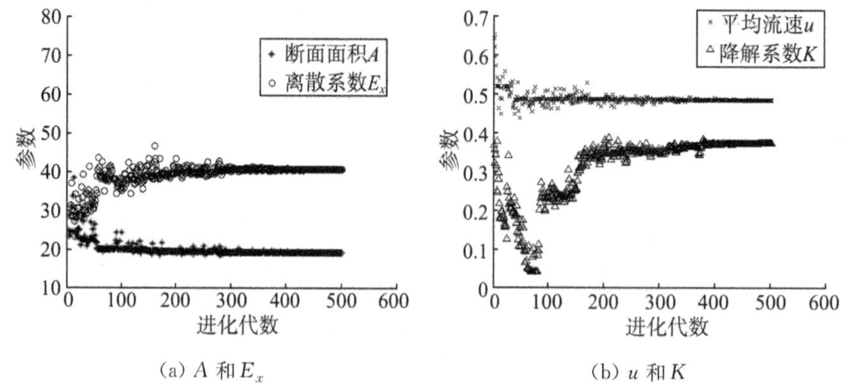

(a) A 和 E_x　　(b) u 和 K

图 2.4.1-3　FGA 反演参数进化过程

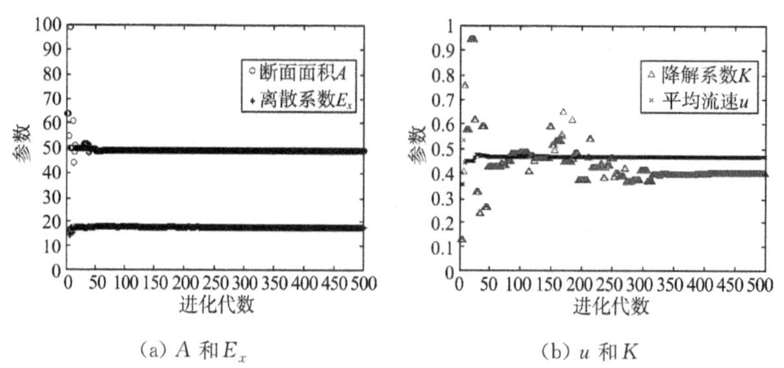

(a) A 和 E_x　　(b) u 和 K

图 2.4.1-4　DEA 反演参数进化过程

3）连续源

（1）连续源正演解析解模型

当污染源连续稳定排污或连续投放示踪剂时，污染源排放方式可以概化为连续源。假设在纵向流速为 u 的河流起始端（$t=0,x=0$）连续释放示踪剂，若不考虑混合过程段，则设在该断面处浓度为 C_0。污染物的输移扩散规律可以概化为如下定解问题：

$$\begin{cases}\dfrac{\partial C}{\partial t}+u\dfrac{\partial C}{\partial x}=E_x\dfrac{\partial^2 C}{\partial x^2}-KC\\ C(x,0)=0\\ C(0,t)=C_0\\ C(\infty,t)=0\end{cases}$$

首先，对方程做 *Laplace* 变换 $\bar{C}(x,s)=\int_0^\infty C(x,t)\mathrm{e}^{-st}\mathrm{d}t$，有

$$\begin{cases}s\bar{C}+u\dfrac{\partial \bar{C}}{\partial x}=E_x\dfrac{\partial^2 \bar{C}}{\partial x^2}-K\bar{C}\\ \bar{C}(0,s)=C_0/s\\ \bar{C}(\infty,t)=0\end{cases}$$

控制方程的通解为 $\bar{C}=C_1\mathrm{e}^{r_1x}+C_2\mathrm{e}^{r_2x}$，其中，

$$r_{1,2}=\frac{u}{2E_x}\left(1\pm\frac{2\sqrt{E_x}}{u}\sqrt{\frac{u^2}{4E_x}+K+s}\right)$$

代入两个边界条件，得到 $C_1=0,C_2=C_0/s$。得到控制方程的特解为

$$\bar{C}(x,s)=C_0/s*\mathrm{e}^{\frac{u}{2E_x}\left(1-\frac{2\sqrt{E_x}}{u}\sqrt{\frac{u^2}{4E_x}+K+s}\right)x}$$

对该方程求 *Laplace* 逆变换，得到方程的解为

$$C(x,t)=\frac{C_0}{2}erfc\left(\frac{x-\sqrt{u^2+4E_xK}\,t}{2\sqrt{E_xt}}\right)+\frac{C_0}{2}\exp\left(\frac{ux}{E_x}\right)\cdot erfc\left(\frac{x+\sqrt{u^2+4E_xK}\,t}{2\sqrt{E_xt}}\right)$$

经比较，式右端第二项远比第一项小，可略去该项。得到方程的近似解为

$$C(x,t)=\frac{C_0}{2}erfc\left(\frac{x-\sqrt{u^2+4E_xK}t}{2\sqrt{E_xt}}\right)$$

（2）单参数反演

示踪试验中采用的往往是保守型示踪剂，则 $K=0$，若示踪剂投放速率、流速和断面面积均已知，需要反演的参数仅为纵向离散系数 E_x，其反问题可提为

$$\begin{cases}C(x,t)=\dfrac{C_0}{2}erfc\left(\dfrac{x-ut}{2\sqrt{E_xt}}\right)+\dfrac{C_0}{2}\exp\left(\dfrac{ux}{E_x}\right)erfc\left(\dfrac{x+ut}{2\sqrt{E_xt}}\right)\\C(x,t)=C(x_i,t_j)\end{cases}$$

这里仍选用黄金分割法进行单参数反演的优化算法，选用下山单纯形法作为多参数反演的优化算法。基于优化反演法求解的基本步骤，利用 Matlab 语言编制了黄金分割法和单纯形法进行连续源一维水质模型参数估计的程序 Golden1DSPEP-CS. m 和 NMSim1DMPEP-CS. m。为了检验反演方法的可行性，仍然通过正问题的解构造连续源一维稳态水流环境下参数反问题算例来进行求解，以便验证反问题数值解的精度。

【算例 2-2】 设在某均匀流河段上游连续释放示踪剂，在河流起始断面浓度为 1.0 mg/L，河流断面面积为 20 m^2，设定如下的反演参数真值，平均流速为 0.5 m/s，纵向离散系数取 50 m^2/s。根据正演模型计算得到，下游 500 m 处的浓度值（取 4 位小数）如表 2.4.1-14 所示。

表 2.4.1-14　构造反问题选用的浓度数据

t_j(min)	2	6	10	12	14	16	20	24	30	40
C_j(mg/L)	0.000 1	0.071 0	0.288 1	0.401 1	0.502 7	0.590 2	0.724 6	0.815 8	0.898 9	0.962 1

① 无噪声条件下的参数反演

直接将表 2.4.1-14 中的浓度值作为观测数据 C_k^*，$k=1,2,\cdots,10$，采用 Golden1DSPEP-CS. m 进行纵向离散系数反演，得到 $E_x=50.000\ 0$，由于观测数据未添加噪声，与精确解非常接近。

② 附加噪声的影响

在数据 C_k^* 的基础上叠加随机扰动模拟含噪声的观测数据，在不同的噪声水平下，试验 500 次的反演参数结果见表 2.4.1-15。由表可见，当噪声水平 $\delta=30\%$，多次试验的均值误差较小，但标准偏差达到了 11.593。表明单次

反演的误差可能会较大，但通过多次反演计算取平均值可以减轻随机噪声的影响。

表 2.4.1-15 黄金分割法单参数反演结果

计算方法	黄金分割法		
噪声水平	均值	相对误差(%)	标准差
δ=1%	49.990 6	0.02	0.390 3
δ=5%	50.131 6	0.26	1.902 3
δ=10%	49.956 7	0.09	4.034 9
δ=30%	49.644 8	0.71	11.593

(3) 多参数反演

在算例 2-2 中，若示踪剂为非保守型示踪剂，纵向离散系数 E_x、降解系数 K 和平均流速 u 均未知，这就构成了一个连续源条件下的多参数反演问题，各参数真值分别取 50 m^2/s、0.3 d^{-1}、0.5 m/s，利用正演模型计算值构造多参数反演问题，采用单纯形多参数反演算法 NMSim1DMPEP-CS.m 进行参数反演。

① 不同初值的影响

选取不同初值，进行连续源条件下河流水质模型多参数反演结果见表 2.4.1-16。

表 2.4.1-16 初值的选取对参数反演结果的影响

选取依据	初值的选取	u(m/s)	E_x(m^2/s)	K(d^{-1})
精确值 x^*	0.5,50,0.3	0.500 0	50.000 0	0.300 0
x^*(1+20%)	0.6,60,0.36	0.500 0	50.000 0	0.300 0
x^*(1−20%)	0.4,40,0.24	0.500 0	50.000 0	0.300 0
x^*(1+50%)	0.75,75,0.45	0.500 0	50.000 0	0.300 0
x^*(1−50%)	0.25,25,0.15	0.500 0	50.000 0	0.300 0
x^*(1±50%)	0.25,75,0.15	0.500 0	50.000 1	0.300 0
x^*(1+100%)	1,100,0.6	0.500 0	50.000 0	0.300 0

由表 2.4.1-16 可见，采用单纯形反演算法进行连续源一维水质模型多参数反演时，初值选取对反演结果影响很小。

② 测量精度的影响

不同的测量仪器往往使观测结果具有不同的精度。在连续源条件下，初始值取 0.4、40、0.24 时，采用观测数据取不同小数位数后的数值来模拟不同测量精度下的观测数据，利用单纯形反演法计算结果如表 2.4.1-17 所示。由表可见。尽管 K 反演值与真值偏差较大，但利用反演参数得到观测断面浓度的计算值与精确解却吻合较好，表明时间较短时，K 对浓度的影响很小，或者说浓度数据对 K 不敏感，这是导致参数 K 反演偏差较大的本质原因。

表 2.4.1-17　测量精度对参数反演结果的影响

测量精度	u(m/s)		E_x(m^2/s)		K(d^{-1})	
	反演值	相对误差(%)	反演值	相对误差(%)	反演值	相对误差(%)
4 位小数	0.5	0.00	49.992 4	0.02	0.300 7	0.2
3 位小数	0.500 2	0.04	49.991 1	0.02	0.313 2	4.4
2 位小数	0.496 8	0.64	50.737 3	1.47	−0.083 6	127.9
1 位小数	0.444 3	11.14	65.557 1	31.11	−7.205	2 501.7

③ 观测数据随机噪声的影响

给观测数据添加一定水平的随机噪声，采用单纯形反演法进行扰动条件下的多参数联合反演。反演参数初值取 0.75、75、0.45，试验 500 次，试验结果见表 2.4.1-18。数值试验表明，当噪声水平超过 10%时，已无法得到最优解。

表 2.4.1-18　扰动条件下的多参数联合反演结果

参数	扰动水平	均值	相对误差(%)	标准差
u(m/s)	δ=1%	0.499 7	0.06	0.004 2
	δ=5%	0.499 0	0.20	0.022 2
	δ=10%	0.496 5	0.70	0.041 8
	δ=15%	发散		
E_x(m^2/s)	δ=1%	50.047 0	0.09	0.877 0
	δ=5%	50.334 9	0.67	4.696 9
	δ=10%	50.447 0	0.89	8.648 6
	δ=15%	发散		

续表

参数	扰动水平	均值	相对误差(%)	标准差
$K(\mathrm{d}^{-1})$	$\delta=1\%$	0.253 6	15.47	0.633 8
	$\delta=5\%$	0.204 9	31.70	3.187 5
	$\delta=10\%$	−0.309 2	203.07	6.338 3
	$\delta=15\%$	发散		

2.4.1.2 非均匀流

在恒定流态下,如果河流沿纵向横断面积有变化,则流速、水深和纵向分散系数均可能沿程变化。其水质正演模型不存在解析解,需要采用数值离散方法。目前,常用的离散方法主要有有限差分法(FDM)、有限体积法(FVM)、有限单元法(FEM)、边界单元法(BEM)、有限分析法(FAM)等。

(1) 恒定非均匀流水质正演模型

源汇项仅考虑污染物的降解,一维河流污染物质输运的控制方程为

$$A\frac{\partial C}{\partial t}+Q\frac{\partial C}{\partial x}=\frac{\partial}{\partial x}\left(AE_x\frac{\partial C}{\partial x}\right)-KAC \tag{2.4-9}$$

将河流研究范围进行空间离散,分成 n 个河段。用隐式迎风差分格式对其离散,式中每一项离散如下:

$$\begin{cases}\dfrac{\partial C}{\partial t}=\dfrac{C_i^{k+1}-C_i^k}{\Delta t}\\ \dfrac{\partial C}{\partial x}=\dfrac{C_i^{k+1}-C_{i-1}^{k+1}}{\Delta x_{i-1}}\\ \dfrac{\partial}{\partial x}\left(AE_x\dfrac{\partial C}{\partial x}\right)=\left[\dfrac{(AE_x)_i^{k+1}C_{i+1}^{k+1}-(AE_x)_i^{k+1}C_i^{k+1}}{\Delta x_i}-\right.\\ \left.\dfrac{(AE_x)_{i-1}^{k+1}C_i^{k+1}-(AE_x)_{i-1}^{k+1}C_{i-1}^{k+1}}{\Delta x_{i-1}}\right]\dfrac{1}{\Delta x_{i-1}}-KAC=\bar{K}_{i-1}^{k+1}(AC)_i^{k+1}\end{cases}$$

式中的时间项采用前差分,$\bar{K}$ 表示河段值,下角标 i 表示河段的末值($i=2, \cdots, N$),上角标 k 是时段的初值,$k+1$ 是时段末值($k=1, \cdots, M$。M 为计算的最后时段数)。经整理后得:$a_iC_{i-1}+b_iC_i+c_iC_{i+1}=z_i$。$a_i$、$b_i$、$c_i$ 是系数,其表达式详见文献[26]。加上上下游边界条件即可组成三对角方程组,可利用追赶法求解。

(2) 参数反演

基于优化反演法求解参数反问题的步骤，离散方法采用 FDM，优化方法采用 Nelder-Mead 单纯形法，利用 Matlab 语言编制了利用有限差分法结合 Nelder-Mead 单纯形法进行非均匀流一维水质模型多参数估计的程序 FDM-NMS1DMPEP. m。为了检验该反演模型的可靠性，仍利用正问题的数值解构造恒定非均匀流条件下一维水质模型参数识别算例来验证反演程序的精度。

【算例 2-3】 设某河道流量为 10 m^3/s，河长为 3 km，假设流速分布已知：$u=0.5+0.0001x$，x 为纵向空间坐标，根据河道几何特征将河道分为 3 个河段，各河段纵向离散系数真值分别为 60 m^2/s、85 m^2/s、110 m^2/s。上游起始端($x=0$)来水浓度为 1.0 mg/L，采用正演模型 FDM 计算各断面的浓度值见表 2.4.1-19。

表 2.4.1-19 水质模型 FDM 计算各断面的浓度值 mg/L

时间(min)	纵向距离(m)		
	1 000	2 000	3 000
5	0.106 4	0.006 9	0.000 6
10	0.207 5	0.026 6	0.004 6
15	0.302 7	0.057 2	0.014 0
20	0.391 6	0.097 1	0.030 0
25	0.474 0	0.144 2	0.053 0
30	0.549 7	0.196 9	0.082 9
35	0.618 6	0.253 5	0.119 1
40	0.681 0	0.312 5	0.160 8
45	0.736 8	0.372 6	0.207 1
50	0.786 4	0.432 6	0.256 8

① 数据无噪声条件下的参数反演

直接将表 2.4.1-19 中的数据假设为观测数据，各河段参数初始值分别为真值、与真值偏差+50%和-50%，利用 FDM-NMS 参数识别算法计算得到各河段的纵向离散系数见表 2.4.1-20。由表可见，由于浓度数据不含噪声，反演结果较理想。

表 2.4.1-20 无噪声条件下 FDM-NMS 法反演结果 m^2/s

断面	初始值	反演值
精确值 x*	60,85,110	60,85,110
x*(1+50%)	90,127.5,165	60.000 0,85.000 0,110.000 0
x*(1−50%)	30,42.5,55	60.000 0,85.000 0,110.000 0

② 叠加随机噪声的影响

在表 2.4.1-19 中数据的基础上叠加噪声水平为 10%的噪声，则反问题所采用的浓度数据见表 2.2.1-21。

表 2.4.1-21 构造反问题所采用的含噪声浓度数据 mg/L

时间(min)	纵向距离(m)		
	1 000	2 000	3 000
5	0.116 1	0.007 2	0.000 6
10	0.210 6	0.027 4	0.004 8
15	0.276 1	0.056 7	0.012 8
20	0.370 9	0.098 0	0.032 6
25	0.460 1	0.138 3	0.056 0
30	0.585 0	0.206 5	0.082 7
35	0.558 7	0.237 7	0.117 6
40	0.618 7	0.324 2	0.159 1
45	0.688 0	0.349 0	0.199 1
50	0.809 9	0.421 2	0.257 3

将表 2.4.1-21 中的数据作为反演模型的输入值，反演各河段的纵向离散系数，见表 2.4.1-22。由表可见，反演参数平均误差为 9.8%，略小于观测数据扰动水平 10%，表明 FDM-NMS 具有一定的抗噪性。

表 2.4.1-22 FDM-NMS 法反演结果 m^2/s

河段编号	1	2	3
真值	60	85	110
反演值	56.336 5	93.237 0	124.942 2
相对误差(%)	6.1	9.7	13.6

③ 离散河段数的影响

当离散的河段数 N 增多时，需要反演的参数也随之增加，有可能对参数的反演结果造成较大的影响。采用类似的方法，当 $N=6$ 时，假设各河段的纵向离散系数真值分别为 50 m^2/s、70 m^2/s、90 m^2/s、110 m^2/s、130 m^2/s、140 m^2/s，通过水质模型的数值解叠加噪声水平为 10%的随机噪声后作为反演所需要的浓度数据，仍采用有限差分-单纯形反演优化算法（FDM-NMS）进行计算，结果见表 2.4.1-23。反演参数平均误差为 8.25%。

表 2.4.1-23 FDM-NMS 法反演结果 m^2/s

河段编号	1	2	3	4	5	6
真值	50	70	90	110	130	140
反演值	50.784 5	58.737 5	89.635 4	128.298 8	119.319 8	149.217 1
相对误差(%)	1.57	16.09	0.41	16.64	8.22	6.58

若离散的河段数 N 增加到 10 时，假设纵向离散系数真值为 50 m^2/s、60 m^2/s、70 m^2/s、80 m^2/s、90 m^2/s、100 m^2/s、110 m^2/s、120 m^2/s、130 m^2/s、140 m^2/s。初值全部取 100，噪声水平为 10%，仍采用 FDM-NMS 算法进行反演，结果见表 2.4.1-24，反演参数平均误差为 16.7%。由表 2.4.1-22～表 2.4.1-24 可见，当离散河段数增多时，需要的反演参数也相应增加，反演精度随之下降。FDM-NMS 算法在离散河段数≤10 时取得了较理想的参数识别结果。

表 2.4.1-24 FDM-NMS 法反演结果 m^2/s

河段编号	1	2	3	4	5	6	7	8	9	10
真值	50	60	70	80	90	100	110	120	130	140
反演值	50.84	47.71	52.60	72.38	92.19	115.71	101.37	120.37	194.36	91.81
相对误差(%)	1.7	20.5	24.9	9.5	2.4	15.7	7.8	0.3	49.5	34.4

2.4.2 非恒定流

2.4.2.1 非恒定流条件下一维河流水质正演模型

实际河流的水流运动一般都是属于非恒定的流动，根据河流水流速度的变化，又可将非恒定流分为单向变化的非恒定流（简称单向非恒定流）和双向变化的非恒定流（简称双向非恒定流）。其中，单向非恒定流是表示流速的大小随时间变化，流速的方向不随时间变化；双向非恒定流表示流速的大小和方向均随时间变化，如感潮河流呈现出涨潮流、落潮流循环交替变化的往复

流动。但两者的控制方程是一致的，河道一维水质模型控制方程为

$$\frac{\partial(AC)}{\partial t}+\frac{\partial(QC)}{\partial x}=\frac{\partial}{\partial x}\left(AE_x\frac{\partial C}{\partial x}\right)-AKC+S \qquad (2.4\text{-}10)$$

式中，Q 为断面流量，m^3/s；C 为污染物质浓度，mg/L；A 为断面面积，m^2；E_x 为纵向分散系数，m^2/s；K 为综合降解系数，s^{-1}；S 为污染源项，$gm^{-1}s^{-1}$。

方程采用隐式迎风差分格式对其离散，式中每一项离散如下：

$$\begin{cases}\dfrac{\partial(AC)}{\partial t}=\dfrac{(AC)_i^{k+1}-(AC)_i^k}{\Delta t}\\ \dfrac{\partial(QC)}{\partial x}=\dfrac{(QC)_i^{k+1}-(QC)_{i-1}^{k+1}}{\Delta x_{i-1}}\\ \dfrac{\partial}{\partial x}(AE_x\dfrac{\partial C}{\partial x})=\\ \left[\dfrac{(AE_x)_i^{k+1}C_{i+1}^{k+1}-(AE_x)_i^{k+1}C_i^{k+1}}{\Delta x_i}-\dfrac{(AE_x)_{i-1}^{k+1}C_i^{k+1}-(AE_x)_{i-1}^{k+1}C_{i-1}^{k+1}}{\Delta x_{i-1}}\right]\\ \dfrac{1}{\Delta x_{i-1}}S-AKC=\bar{S}_{i-1}^{k+1}-\bar{K}_{d,i-1}^{k+1}(AC)_i^{k+1}\end{cases}$$

式中的时间项采用前差分，其余各项均是针对顺流向情况得到的，对于逆流向情况可得到类似的结果。式中，$\overline{K_d}$，$\bar{S}$ 表示河段值，上角标 k 是时段的初值，$k+1$ 是时段末值，下文中凡出现时段末值，都省略其上标。

考虑到感潮河流中流向顺逆不定，离散基本方程时，需要引入流向调节因子 r_c 及 r_d，将顺、逆流向的离散方程统一到同一方程中，经整理后得[26]：

$$a_iC_{i-1}+b_iC_i+c_iC_{i+1}=z_i \qquad (2.4\text{-}11)$$

式中，a_i、b_i、c_i 是系数；C_i 是第 i 断面时段末的浓度。设 n 是河道离散后的断面数，对于一般断面（$i=2,\cdots,n-1$）有：

$$\begin{cases}a_i=-[r_{c1}D_{11}+r_{d1}D_{21}+F_{c1}]\Delta t/V\\ b_i=[r_{c1}D_{11}+r_{c2}D_{22}+r_{d1}D_{21}+r_{d2}D_{32}+F_{c2}-F_{d2}]\Delta t/V+\\ \qquad [r_{c1}\bar{K}_{d,i-1}+r_{d2}\bar{K}_{d,i}]\Delta t+1.0\\ c_i=-[r_{c2}D_{22}+r_{d2}D_{32}-F_{d3}]\Delta t/V\\ z_i=\alpha_iC_i^k+[r_{c1}\bar{S}_{i-1}\Delta x_{i-1}+r_{d2}\bar{S}\Delta x_i]\Delta t/V\end{cases}$$

对于首、末断面（$i=1,n$），有

$$\begin{cases} a_1 = 0 \\ b_1 = [r_{d2}D_{32} - F_{d2}]\Delta t/V_2 + r_{d2}\bar{K}_{d1} + r_{d2} \\ c_1 = -[r_{c2}D_{32} - F_{d3}]\Delta t/V_2 \\ z_1 = \alpha_1 C_1^k + r_{d2}\bar{S}_1\Delta x_1 \cdot \Delta t/V_2 \end{cases}$$

以及

$$\begin{cases} a_n = -[r_{c1}D_{11} + F_{c1}]\Delta t/V_1 \\ b_n = [r_{c1}D_{11} + F_{c1}]\Delta t/V_1 + r_{c1}\bar{K}_{d,n-1}\Delta t + r_{c1} \\ c_n = 0 \\ z_n = \alpha_n C_n^k + r_{c1}\bar{S}_{n-1}\Delta x_{n-1} \cdot \Delta t/V_1 \end{cases}$$

其中

$$\begin{cases} V_1 = \Delta x_{i-1}(A_{i-1} + A_i)/2, & V_2 = \Delta x_i(A_i + A_{i-1})/2, \\ V = r_{c1}V_1 + r_{d2}V_2, & \alpha_i = A_i^k/A_i \end{cases}$$

$$\begin{cases} D_{11} = (AE_x)_{i-1}/\Delta x_{i-1}, & D_{22} = (AE_x)_i/\Delta x_i, \\ D_{21} = (AE_x)_i/\Delta x_{i-1}, & D_{32} = (AE_x)_{i+1}/\Delta x_i \end{cases}$$

$$\begin{cases} F_{c1} = (Q_{i-1} + |Q_{i-1}|)/2, & F_{c2} = (Q_i + |Q_i|)/2, \\ F_{d2} = (Q_i - |Q_i|)/2, & F_{d3} = (Q_{i+1} - |Q_{i+1}|)/2 \end{cases}$$

$$\begin{cases} Q_w = (Q_{i-1} + Q_i)/2, & Q_e = (Q_i + Q_{i+1})/2, \\ r_{c1} = (Q_w + |Q_w|)/2Q_w, & r_{c2} = (Q_e + |Q_e|)/2Q_e, \\ r_{d1} = (Q_w - |Q_w|)/2Q_w, & r_{d2} = (Q_e - |Q_e|)/2Q_e, \\ r_c = r_d = 0,(\text{当 } Q_w, Q_e = 0) \end{cases}$$

将差分方程用向量形式表示为

$$\boldsymbol{AC} = \boldsymbol{B}$$

式中，$\boldsymbol{A}$ 为系数矩阵；$\boldsymbol{C}$ 为断面浓度列向量；$\boldsymbol{B}$ 为断面污染源的已知列向量。为一三对角方程组，可利用追赶法求解。

2.4.2.2　非恒定流的参数反演

类似于非均匀河流参数反演方法，将非恒定流一维水质模型 FDM 解法分别与单纯形法、FGA 和 DEA 相结合，利用 Matlab 语言分别编制了离散-优化法进行非恒定流一维水质模型多参数估计的程序 FDM-NMS1DMPEP. m、

FDM-FGA1DMPEP. m 和 FDM-DEA1DMPEP. m。为了检验反演模型的可靠性，仍利用正问题的数值解构造一维非恒定流环境下参数反问题算例。

【算例 2-4】 已知一维河道流量为 $Q(t)=10+0.001*t\ m^3/s$，河长为 3 km，流速沿程分布为 $u=0.5+0.0001x$。将河道进行空间离散，分成 6 个河段，假设各河段纵向离散系数真值分别为 $50m^2/s$、$70\ m^2/s$、$90\ m^2/s$、$110\ m^2/s$、$130\ m^2/s$ 和 $140\ m^2/s$，采用水质模型计算各断面的浓度值，取 3 位小数作为参数识别的浓度数据，如表 2.4.2-1 所示。

表 2.4.2-1 参数识别所采用的浓度数据 mg/L

时间 t (min)	断面编号					
	1	2	3	4	5	6
5	0	0	0	0	0	0
10	0.213	0.028	0.003	0	0	
15	0.399	0.100	0.020	0.003	0	
20	0.555	0.203	0.058	0.014	0.003	0.001
25	0.684	0.323	0.121	0.039	0.011	0.005
30	0.787	0.448	0.205	0.081	0.028	0.014
35	0.867	0.570	0.306	0.142	0.059	0.035
40	0.925	0.681	0.417	0.222	0.105	0.070
45	0.965	0.777	0.530	0.317	0.168	0.126
50	0.991	0.856	0.638	0.422	0.245	0.204
55	1.000	0.917	0.737	0.530	0.334	0.305

(1) 数据不含随机噪声条件下的参数估计

直接将表 2.4.2-1 中的数据输入反演模型，分别采用 3 种离散-优化法反演各河段的纵向离散系数，见表 2.4.2-2。由表可见，3 种方法的反演结果相差不大，均能取得较理想的精度，与真值比较，相对误差为 0.02%～1.38%。

表 2.4.2-2 NMS、FGA 和 DEA 在非恒定流条件下的反演参数结果 m^2/s

河段序号		1	2	3	4	5	6
真值		50	70	90	110	130	140
FDM-NMS	反演值	50.016 3	70.035 0	90.016 2	109.982 4	130.544 2	141.928 3
	相对误差(%)	0.03	0.05	0.02	0.02	0.42	1.38

续表

河段序号		1	2	3	4	5	6
真值		50	70	90	110	130	140
FDM-FGA	反演值	50.004 2	70.019 3	89.980 7	109.895 5	130.420 8	141.356 5
	相对误差(%)	0.01	0.03	0.02	0.10	0.32	0.97
FDM-DEA	反演值	50.016 3	70.035 0	90.016 2	109.982 4	130.544 2	141.928 3
	相对误差(%)	0.03	0.05	0.02	0.02	0.42	1.38

(2) 盲信息情况下的参数反演

算例 2-4 反演时，每一个河段上的参数均不同，因而每个河段均需要布设观测断面方能保证反演参数的精确，而这在工程实际中是很难做到的，有必要研究盲信息或少信息情况下的参数反演问题。如算例 2-4 中，仅取表 2.4.2-1 中的某一河段数据输入反演模型，如何反演其余河段上的参数。作者对此进行了尝试。

假设观测断面分别位于断面 1、断面 3 和断面 6 时，利用 FDM-NMS 优化算法反演全河道参数结果见表 2.4.2-3。

表 2.4.2-3　盲信息情况下的参数反演结果　m^2/s

假设观测断面序号	反演河段参数	1	2	3	4	5	6
	真值	50	70	90	110	130	140
1	反演值	49.837 7	69.690 4	88.141 4	95.742 6	67.910 1	−106.620 8
	相对误差(%)	0.32	0.44	2.07	12.96	47.76	176.16
3	反演值	28.580 1	63.645 0	101.460 9	57.342 9	81.791 9	−12.799 1
	相对误差(%)	42.84	9.08	12.73	47.87	37.08	109.14
6	反演值	47.758 1	296.208 5	105.615 6	62.106 7	4.611 2	112.104 0
	相对误差(%)	4.48	323.16	17.35	43.54	96.45	19.93

由表 2.4.2-3 可见，由于信息量较少，在观测断面附近河段反演参数精度较高，而在距离观测断面较远的河段，反演精度较低，这主要是由于信息不足引起的。在数学上称为欠定问题，解决的途径有两条：增加观测信息或者增加先验估计等附加约束条件。

(3) 叠加随机噪声条件下的参数估计

在数值解的基础上添加 10%的随机扰动后作为反演模型的输入数据，试验 100 次的反演结果统计如表 2.4.2-4。由表可见，3 种反演方法的反演精度略有差别,但 FDM-DEA 法略优于 FDM-FGA、FDM-NMS。

表 2.4.2-4　NMS、FGA 和 DEA 在随机扰动条件下的反演参数结果　m^2/s

河段序号		1	2	3	4	5	6
真值		50	70	90	110	130	140
FDM-NMS	反演均值	49.710 0	72.479 3	95.514 9	110.228 8	137.783 7	186.375 7
	相对误差(%)	0.58	3.54	6.13	0.21	5.99	33.13
	标准差	4.280 6	13.495 0	13.527 9	22.647 1	13.770 9	115.906 8
FDM-FGA	反演均值	48.790 7	69.485 1	97.804 9	111.949 4	125.232 2	110.259 1
	相对误差(%)	2.42	0.74	8.67	1.77	3.67	21.24
	标准差	3.755 8	9.266 7	20.943 0	26.187 6	25.404 9	53.351 4
FDM-DEA	反演均值	50.254 6	64.502 0	84.660 3	117.894 3	127.239 1	131.723 0
	相对误差(%)	0.51	7.85	5.93	7.18	2.12	5.91
	标准差	3.715 6	5.494 0	11.660 1	23.491 5	18.414 3	29.439 8

2.5　二维水质模型参数估计

对于浅水湖泊或大型宽浅型河道的污染物输运规律,需要采用二维水质模型来描述。根据水动力特征的不同,可以分为二维稳态水质模型和二维非稳态水质模型。目前,二维水质模型的参数估计方法主要有经验公式法和示踪试验法,其中示踪试验法根据示踪试验的实测数据反推模型系数,属于反问题求解方法。根据示踪剂投放方式的不同又可分为瞬时源和连续源两种情况。

2.5.1　二维稳态水质模型参数估计

2.5.1.1　瞬时源

(1) 正问题及其求解

二维水质模型的基本方程是二维对流扩散方程,其一般形式如下:

$$\frac{\partial C}{\partial t}+u\frac{\partial C}{\partial x}+v\frac{\partial C}{\partial y}=E_x\frac{\partial^2 C}{\partial x^2}+E_y\frac{\partial^2 C}{\partial y^2}+S \tag{2.5-1}$$

设在恒定均匀流场下,纵向流速为 u,横向流速 v 为 0,河流起始端($t=0$,$x=0$)瞬时排放质量为 M 的污染物。取投放点的位置为空间坐标系的原点,水流方向为 x 轴方向,只考虑污染物的综合降解,污染物的运移规律可以概化为如下定解问题。

$$\begin{cases}\dfrac{\partial C}{\partial t}+u\dfrac{\partial C}{\partial x}=E_x\dfrac{\partial^2 C}{\partial x^2}+E_y\dfrac{\partial^2 C}{\partial y^2}-KC\\ C(x,y,0)=\dfrac{M}{Au}\delta(x)\delta(y)\\ C(x,\infty,t)=0\\ C(\infty,y,t)=0\end{cases}\tag{2.5-2}$$

则描述投放点下游污染物浓度随时间变化规律的解析表达式为

$$C(x,y,t)=\frac{M}{4\pi ht\sqrt{E_xE_y}}\cdot\exp\left(-\frac{(x-ut)^2}{4E_xt}-\frac{y^2}{4E_yt}\right)\cdot\exp(-Kt)\tag{2.5-3}$$

(2) 参数反问题

与一维水质模型参数估计问题相比，二维水质模型还需要估计横向扩散系数，是一个典型的多参数估计问题。将二维稳态水质模型解析解与下山单纯形法相结合，根据优化反演法的计算流程，利用 Matlab 语言编制了瞬时源二维稳态水质模型多参数估计的程序 NMS2DMPEP. m。为了检验该反演模型的可靠性，仍利用正问题解构造参数反问题，以验证反演方法的可靠性。

【算例 2-5】 二维稳态水流环境下瞬时源参数反问题，某二维河道河宽为 100 m，水深为 2 m，在上游河流中心瞬时投放 10 kg 的示踪剂，假设流速 $u=0.5$ m/s，$v=0$ m/s，$E_x=50$ m^2/s，$E_y=0.1$ m^2/s，$K=0.3$ d^{-1}。假设在下游 500 米断面上设置 5 条横向垂线获得观测数据，见图 2.5.1-1。利用解析解模型计算得到的各测点浓度数据取 3 位小数后作为反问题所需要的观测数据，如表 2.5.1-1 所示。

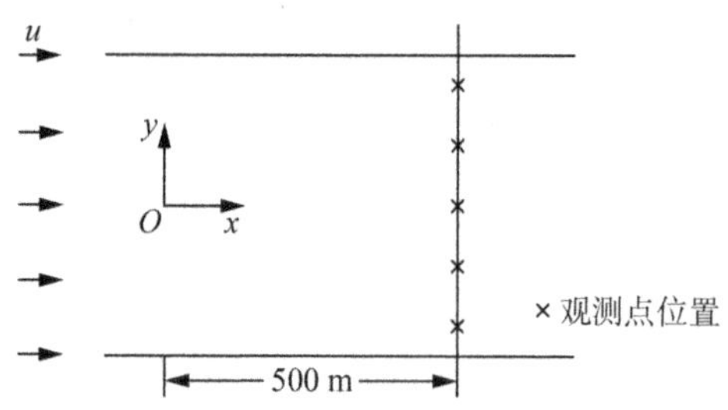

图 2.5.1-1　二维河道测点位置示意图
（沿河流横向布设测点）

表 2.5.1-1　二维河道反问题所选用的浓度数据　　mg/L

采样时间(min)	横向距离 y(m)				
	−40	−20	0	20	40
2	0	0	0	0	0
6	0	0.007	0.119	0.007	0
10	0	0.040	0.212	0.040	0
12	0.001	0.054	0.215	0.054	0.001
14	0.002	0.062	0.203	0.062	0.002
16	0.003	0.065	0.184	0.065	0.003
20	0.005	0.062	0.142	0.062	0.005
24	0.006	0.052	0.104	0.052	0.006
36	0.006	0.024	0.038	0.024	0.006
40	0.005	0.017	0.026	0.017	0.005

将表 2.5.1-1 中的浓度数据作为反演模型的输入值，u、E_x、E_y 和 K 初始值分别取 1.0 m/s、100 m^2/s、1 m^2/s 和 0.5 d^{-1}，采用程序 NMS2DMPEP.m 同时反演水质参数 E_x、E_y、K 和水力参数 u，结果见表 2.5.1-2。由表可见，除降解系数偏差较大外，其余参数反演精度均较高。降解系数偏差较大的原因在于采样时间仅为 40 min，而污染物降解系数为 0.3 d^{-1}，浓度数据难以体现污染物降解的影响。

表 2.5.1-2　无噪声条件下二维多参数反演结果

反演参数	u(m/s)	E_x(m^2/s)	E_y(m^2/s)	K(d^{-1})
真值	0.5	50	0.1	0.3
计算值	0.499 9	50.160 9	0.100 4	0.656 3
相对误差(%)	0.02	0.32	0.40	118.77

由于实际观测数据不可避免地包含有一定的噪声，故在表 2.5.1-1 中观测数据的基础上叠加一定水平的噪声，检验算法的抗噪能力。初值选取同上，试验次数为 100 次，反演结果统计见表 2.5.1-3。由表可见，单纯形反演法具有一定的抗噪性，除降解系数外，其余参数抗噪性较好。

表 2.5.1-3　二维水质模型多参数联合反演结果

参数	噪声水平	均值	相对误差(%)	标准差	变异系数
u(m/s)	δ=1%	0.499 9	0.02	0.000 1	0.02
	δ=5%	0.499 6	0.08	0.004 4	0.88
	δ=10%	0.500 2	0.04	0.009 1	1.82
	δ=30%	0.501 7	0.34	0.028 0	5.60
E_x (m^2/s)	δ=1%	50.162 1	0.32	0.175 7	0.35
	δ=5%	50.135 3	0.27	0.932 4	1.86
	δ=10%	50.024 3	0.05	1.699 4	3.40
	δ=30%	49.683 3	0.63	5.633 1	11.27
E_y (m^2/s)	δ=1%	0.100 4	0.40	0.000 03	0.03
	δ=5%	0.100 4	0.40	0.001 3	1.30
	δ=10%	0.100 4	0.40	0.002 7	2.70
	δ=30%	0.101 0	1.00	0.008 0	8.00
K(d^{-1})	δ=1%	0.322 6	7.53	0.254 4	84.80
	δ=5%	0.322 5	7.50	0.453 8	151.27
	δ=10%	0.561 5	87.17	0.720 3	240.10
	δ=30%	0.838 3	179.43	0.842 0	280.6 7

2.5.1.2　连续源

（1）正问题及其求解

在水流均匀、污染源为稳态点源条件下，源项只考虑污染物的综合降解，二维水质模型控制方程为

$$u\frac{\partial C}{\partial x}+v\frac{\partial C}{\partial y}=E_x\frac{\partial^2 C}{\partial x^2}+E_y\frac{\partial^2 C}{\partial y^2}-KC \tag{2.5-4}$$

若 $v=0$，忽略纵向离散系数，以投放点为原点，沿水流方向为 x 轴，则相应的解析解为

$$C(x,y,t)=\frac{M}{2hu\sqrt{\pi E_y x/u}}\exp\left(-\frac{uy^2}{4E_y x}\right)\exp\left(-K\frac{x}{u}\right) \tag{2.5-5}$$

（2）参数估计反问题

与瞬时源相似，仍将二维稳态水质模型解析解与 Nelder-Mead 单纯形法相结合，利用 Matlab 语言编制了连续源二维稳态水质模型多参数估计的单纯

形反演优化程序 NMS2DMPEP. m。利用正问题解构造二维稳态水流环境下连续源参数反问题算例检验该反演算法的可靠性。

【算例 2-6】 某二维河道河宽为 100 m，水深为 2 m，流速 $u=0.5$ m/s，$v=0$ m/s，在上游河道中心以 100 g/s 的速率连续释放示踪剂。根据一维稳态水质模型解析解，纵向离散系数 E_x 可以忽略，假设 $E_y=0.1$ m²/s，$K=0.3$ d⁻¹。利用解析解模型计算得到的一些测点浓度数据取 3 位小数后假设为观测数据。在水质稳态分布的条件下，测点的布设方式主要有沿河流横向布设与沿河流纵向布设两种，这里重点探讨一下采样布设方式对参数反演结果的影响。

① 沿河流横向布设测点

与算例 2-5 类似，在下游 500 米断面上沿横向设置 5 条垂线获得观测数据，如图 2.5.1-1 所示，5 条垂线的位置分别为(500, 40)、(500,20)、(500, 0)、(500,－20)和(500,－40)。采用 NMS2DMPEP. m 反演结果见表 2.5.1-4。由表可见，获得了与瞬时源算例类似的结果，u 和 E_y 反演精度较高，而污染物降解系数偏差较大。

表 2.5.1-4 横向布设测点时参数反演结果

反演参数	u(m/s)	E_y(m²/s)	K(d⁻¹)
真值	0.5	0.1	0.3
计算值	0.501 8	0.100 3	1.034 0
相对误差(%)	0.36	0.30	244.67

② 沿河流纵向布设测点

沿河流纵向布设 5 条垂线，设置 3 种布设方案，如图 2.5.1-2 和表 2.5.1-5 所示。

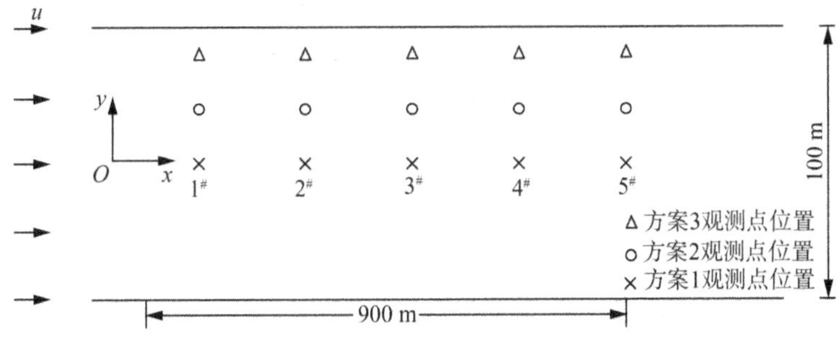

图 2.5.1-2 纵向布设测点位置示意图

表 2.5.1-5　纵向布设测点方案

方案	横向位置	测点位置				
		1#	2#	3#	4#	5#
1	$y=0$	(100,0)	(300,0)	(500,0)	(700,0)	(900,0)
2	$y=20$	(100,20)	(300, 20)	(500, 20)	(700, 20)	(900, 20)
3	$y=40$	(100,40)	(300, 40)	(500, 40)	(700, 40)	(900, 40)

3 种方案下的反演结果见表 2.5.1-6 所示。与横向布设类似，u 和 E_y 反演精度远高于降解系数 K，3 种布设方案中，以方案 3 的反演精度最高，表明横向偏移距离 y 的增大有利于提高参数反演精度，但 y 的增大使污染物浓度降低，给数据的检出带来困难，实际采样观测需要在两者间平衡。两种布设方式下反演结果对比表明，横向布设测点有利于反演参数 E_y，纵向布设测点有利于反演降解系数 K。

表 2.5.1-6　纵向布设测点对参数反演结果的影响

方案	u(m/s)		E_y(m^2/s)		K(d^{-1})	
	反演值	相对误差(%)	反演值	相对误差(%)	反演值	相对误差(%)
1	0.691 7	38.34	0.072 6	27.40	0.861 2	187.07
2	0.503	0.60	0.100 9	0.90	0.730 1	143.37
3	0.503 9	0.78	0.100 8	0.80	0.475	58.33

2.5.2　二维非稳态水质模型参数估计

2.5.2.1　二维非稳态水量模型

(1) 二维非稳态水量模型控制方程

平原地区的大江大河，其水动力条件常常受海洋潮汐的影响，表现为非恒定流，又称潮流。泥沙、盐分、各类污染物质及热量的输运过程，均伴随着潮流而运动，潮流场的模拟可利用二维非稳态水量数值模型。模型控制方程为由三维 Navier-Stokes 流体运动方程沿垂线积分得到的浅水运动方程组。该方程组广泛应用于水利、环境及海岸工程领域水流流动的模拟。其表达式如下。

连续方程：

$$\frac{\partial \zeta}{\partial t}+\frac{\partial(\zeta+h)u}{\partial x}+\frac{\partial(\zeta+h)v}{\partial y}=0 \tag{2.5-6}$$

动量方程：

$$\frac{\partial u}{\partial t}+u\frac{\partial u}{\partial x}+v\frac{\partial u}{\partial y}=fv+\frac{\tau_{ax}}{\rho(\zeta+h)}-g\frac{\partial \zeta}{\partial x}-f_x \quad (2.5\text{-}7)$$

$$\frac{\partial v}{\partial t}+u\frac{\partial v}{\partial x}+v\frac{\partial v}{\partial y}=-fu+\frac{\tau_{ay}}{\rho(\zeta+h)}-g\frac{\partial \zeta}{\partial y}-f_y \quad (2.5\text{-}8)$$

$$f_x=g\frac{u\sqrt{u^2+v^2}}{(h+\zeta)c^2}\text{(河流)},\quad f_x=g\frac{C_d^b u\sqrt{u^2+v^2}}{(h+\zeta)}\text{(湖泊、水库)}$$

$$f_y=g\frac{v\sqrt{u^2+v^2}}{(h+\zeta)c^2}\text{(河流)},\quad f_y=g\frac{C_d^b v\sqrt{u^2+v^2}}{(h+\zeta)}\text{(湖泊、水库)}$$

$$\tau_{ax}=\rho_a c_d w_x\sqrt{{w_x}^2+{w_y}^2},\quad \tau_{ay}=\rho_a c_d w_y\sqrt{{w_x}^2+{w_y}^2}$$

式中，ζ 为水位，基面至水面的垂直距离；h 为基面至河底的垂向距离；u，v 为 x，y 方向的垂线平均流速；f 为柯氏力系数，$f=2\omega\sin\varphi$，φ 为纬度，ω 为地球自转角速度；c 为谢才系数，$c=\frac{1}{n}(\zeta+h)^{\frac{1}{6}}$；$C_d$ 为河(湖)面的阻尼系数；C_d^b 为河(湖)底的阻尼系数；w_x，w_y 为 x，y 方向风应力。

$$Z(x,y,t)|_{t=t_0}=Z_0(x,y,t_0)$$

初始条件：$U(x,y,t)|_{t=t_0}=U_0(x,y,t_0)$

$$V(x,y,t)|_{t=t_0}=V_0(x,y,t_0)$$

边界条件：

在开边界 Γ_i 上：$Z=Z(x,y,t)|\Gamma_i$ 或 $U=U(x,y,t)|\Gamma_i$

$$V=V(x,y,t)|\Gamma_i$$

在闭边界 Γ_j 上：$U(x,y,t)|\Gamma_j=0$，$V(x,y,t)|\Gamma_j=0$，$\frac{\partial Z}{\partial n}|\Gamma_j=0$

(2) 方程离散及求解

采用 LEEN-DERTSE 提出的 ADI 法离散方程，ADI 法是一种交替方向计算隐、显式结合的有限差分格式。ADI 法的基本技术路线如下：设 Δt，Δx，Δy 分别为时间步长和 x，y 方向的空间步长；k、i、j 分别为时层数和 x，y 方向的空间步长数。在(x,y)平面上采用交错网格，各变量在指定的差分位置上才予以考虑，在时间上将时间步长 Δt 分成两个半步长，计算采用隐、显格式交替方向进行。也就是在 $k\Delta t\rightarrow(k+1/2)\Delta t$ 半步长上，在 x 方向联解连续方

程和 x 方向的运动方程，用隐式差分格式求得 $(k+1/2)$ 时层上的 u 和 ζ；而在 y 方向上对 y 方向的运动方程用显式差分格式求得 $(k+1/2)$ 时层上的 v；然后，在 $(k+1/2)\Delta t \rightarrow (k+1)\Delta t$ 半步长上，在 y 方向上联解连续方程和 y 方向的运动方程，用隐式差分格式求得 $k+1$ 时层上的 v 和 ζ，而在 x 方向上对 x 方向的运动方程用显式差分格式求得 $k+1$ 时层上的 u。该方法的特点是将 u，v 按不同方向分开求解，从而将一个二维问题分解为两个一维问题，使计算大为简化。当用隐式差分求解时，方程组为三对角矩阵方程，可用追赶法求解。由于采用隐、显格式的交替步骤，计算的稳定性也比较好。

2.5.2.2　二维非稳态水质正演模型

(1) 二维水质模型控制方程

$$\frac{\partial[(h+\zeta)C]}{\partial t}+\frac{\partial[(h+\zeta)Cu]}{\partial x}+\frac{\partial[(h+\zeta)Cv]}{\partial y}-\frac{\partial}{\partial x}\left[(h+\zeta)E_x\left(\frac{\partial C}{\partial x}\right)\right]-\frac{\partial}{\partial y}\left[(h+\zeta)E_y\left(\frac{\partial C}{\partial y}\right)\right]-(h+\zeta)b=0 \tag{2.5-9}$$

式中，E_x，E_y 分别为污染物沿 x，y 方向上的扩散系数；b 为源汇项，$b=-KC+s_0$，s_0 为源项，K 为综合降解系数。

初始条件：$C(0)=C_0$。

边界条件：固壁边界上法向导数为 0；入流边界 $C=C(t)$；出流边界 $\frac{\partial C}{\partial s}=0$，$s$ 为水流流向。

(2) 方程离散及求解

求解方法仍采用 ADI 法。

2.5.2.3　二维非稳态水质模型参数反演

二维非稳态水质模型需要反演的参数主要有纵向扩散系数 E_x、横向扩散系数 E_y、综合降解系数 K。

按照优化反演法求解的一般步骤，二维非稳态水质模型参数反演的计算步骤如下：① 首先将二维非稳态水质模型参数反问题转化为优化问题目标泛函极值问题；② 获取观测数据及测点位置等信息；③ 利用二维非稳态水量模型计算流场，作为水质计算的背景数据；④ 给定需要反演的参数 E_x、E_y、K 的初值；⑤ 根据当前的参数值利用二维非稳态水质正演模型计算浓度分布；⑥ 将各观测点计算值与观测值进行对比，判断目标泛函是否满足反演精度的要求；⑦ 如不满足，利用下山单纯形算法自动修改反演变量，使计算值与观测值之间的距离不断减小，转入第⑤步；⑧ 如此反复迭代，直到满足要求为止；或者设定最大迭代步数，达到该迭代步数后终止；⑨ 输出当前变量值作为最终反演结果。基于以上参数反问题求解的步骤，将二维非稳态水质正演模型ADI解法分别与单纯形法、DEA相结合，利用Fortran语言分别编制了ADI-NMS法和ADI-DEA法进行二维非稳态水质模型参数估计的程序ADI-NMS2DMPEP. for和ADI-DEA2DMPEP. for。为了检验该反演模型的可靠性，仍利用正问题的数值解构造二维非稳态水流环境下参数反问题算例，以验证反问题数值解的精度。

【算例 2-7】 某二维顺直河道河长为 2 km，河宽为 300 m，平均水深为 1 m，上游流量为 60 m^3/s。下游边界为潮位 $z=z_0+A\cdot\sin(2\pi t/T)$，式中，$A$ 为振幅，取 0.1 m；z_0 为基准水位，取 1.0 m；T 为潮周期，取 12 h。上游河中心处有一连续点源，污染源释放速率为 15 g/s。

以污染源所在位置为坐标原点，沿河流纵向布置 20 个网格，横向布置 10 个网格，共 200 个矩形网格，如图 2.5.2-1 所示。若设定 $E_x=1.0\ m^2/s$，$E_y=0.1\ m^2/s$，降解系数 $K=0.3\ d^{-1}$，河流本底浓度为 0 mg/L，利用水质模型可以计算出下游污染物浓度分布。以下游 1 km 处的 5 个网格点计算浓度值作为观测数据，来反演二维水质模型的纵向扩散系数、横向扩散系数和降解系数，构成了二维非稳态水质模型多参数联合反演问题。利用ADI-NMS2DMPEP. for求解。观测数据如表 2.5.2-1 所示。

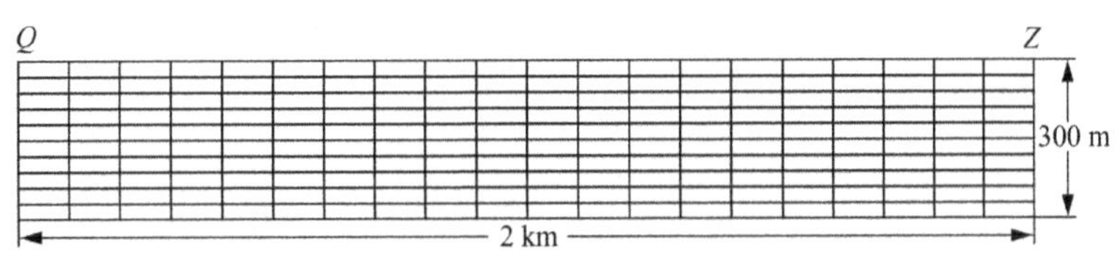

图 2.5.2-1 计算网格示意图

表 2.5.2-1 反问题所采用的各观测点的计算数据 mg/L

采样时间(h)	测点				
	1#	2#	3#	4#	5#
1	0.000 5	0.004 2	0.030 5	0.154 6	0.422 9
2	0.005 0	0.027 4	0.136 3	0.497 6	1.065 1
3	0.006 5	0.032 9	0.155 6	0.546 5	1.136 6

续表

采样时间(h)	测点				
	1#	2#	3#	4#	5#
4	0.007 3	0.036 2	0.167 2	0.574 6	1.173 2
5	0.007 9	0.038 0	0.172 7	0.584 2	1.178 5
6	0.008 1	0.038 6	0.172 5	0.575 7	1.148 3
7	0.007 7	0.036 7	0.164 0	0.548 0	1.095 0
8	0.007 1	0.033 8	0.152 3	0.513 9	1.035 6
9	0.006 3	0.030 8	0.141 1	0.483 5	0.987 4
10	0.005 7	0.028 4	0.132 6	0.462 8	0.960 2
11	0.005 3	0.027 0	0.128 6	0.455 9	0.958 2
12	0.005 2	0.026 8	0.128 9	0.462 5	0.981 5

(1) ADI-NMS 法

在非稳态水流环境下，浓度随时间而变化，若采样时间过短，会造成信息量不足而影响反演精度；采样时间过长则工作量过大，需要分析采样时段对反演结果的影响。按目标函数值小于 0.000 001 作为迭代终止条件，观测数据取不同时段的 ADI-NMS 法反演结果如表 2.5.2-2 所示。

表 2.5.2-2　二维非稳态水质模型参数反演结果(ADI-NMS 法)

时段数	迭代步数	E_x(m^2/s)		E_y(m^2/s)		K(d^{-1})	
		计算值	相对误差(%)	计算值	相对误差(%)	计算值	相对误差(%)
1	24	0.918 604	8.14	0.118 23	18.23	0.096 869	67.71
3	124	0.992 958	0.70	0.099 024	0.98	0.377 72	25.91
6	95	1.001 411	0.14	0.100 498	0.50	0.259 421	13.53
12	106	0.999 645	0.04	0.099 987	0.01	0.302 697	0.90

按最大迭代步数为 100 步作为迭代终止条件，观测数据取不同时段的反演结果如表 2.5.2-3 所示，反演参数的迭代过程见图 2.5.2-2～图 2.5.2-5。

表 2.5.2-3　迭代 100 步后参数反演结果(ADI-NMS 法)

时段数	E_x(m^2/s)		E_y(m^2/s)		K(d^{-1})	
	计算值	相对误差(%)	计算值	相对误差(%)	计算值	相对误差(%)
1	0.975 934	2.41	0.109 948	9.95	0.055 047	81.65
3	0.976 41	2.36	0.095 401	4.60	0.648 486	116.16

续表

时段数	$E_x(m^2/s)$		$E_y(m^2/s)$		$K(d^{-1})$	
	计算值	相对误差(%)	计算值	相对误差(%)	计算值	相对误差(%)
6	1.000 929	0.09	0.100 136	0.14	0.288 19	3.94
12	0.999 145	0.08	0.100 108	0.11	0.291 787	2.74

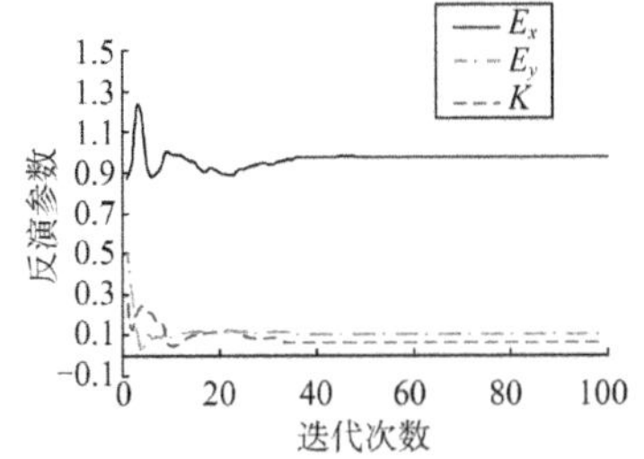

图 2.5.2-2　1 个时段数据反演参数过程线

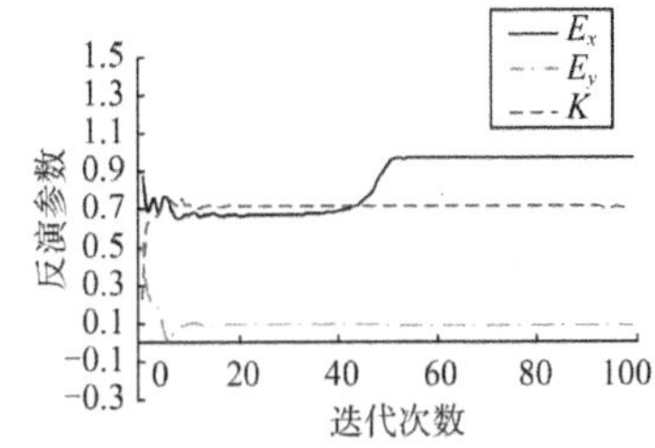

图 2.5.2-3　3 个时段数据反演参数过程线

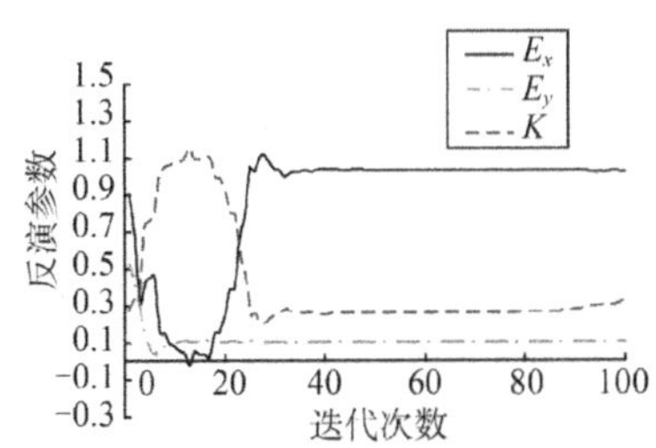

图 2.5.2-4　6 个时段数据反演参数过程线

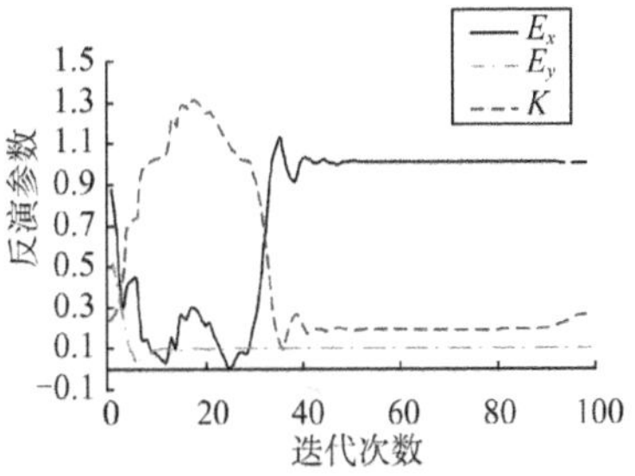

图 2.5.2-5　12 个时段数据反演参数过程线

由表和图可见，数据量的多少对反演精度影响较大，一般在测量精度相同的情况下，数据量越充分，反演精度越高；但数据量越多，收敛速度有下降的趋势，同时每迭代一次的计算量也大大增加。在进行实际演算时，需要在计算量与反演精度之间取得合理的平衡。

(2) ADI-DEA 法

为了检验 ADI-DEA 法进行二维非稳态水质模型参数反演的可靠性，利用算例 2-7 验证。DEA 的种群规模取 10，其余计算参数与一维时相同。观测点为 5 个，观测数据取 3 个时段，按目标函数值小于 1E−6 作为迭代终止条件，则 47 步可满足要求。进化 47 代和 100 代的反演结果如表 2.5.2-4 所示。由表可见，DEA 取得了较好的反演结果，反演参数 E_x、E_y、K 与真值 1.0 m^2/s、

0.1 m^2/s 和 0.3 d^{-1} 非常接近。

表 2.5.2-4　二维非稳态水质模型参数反演结果(ADI-DEA 法)

进化代数	$E_x(m^2/s)$		$E_y(m^2/s)$		$K(d^{-1})$	
	计算值	相对误差(%)	计算值	相对误差(%)	计算值	相对误差(%)
47 步	0.995 745	0.43	0.100 104	0.10	0.295 544	1.49
100 步	1.000 115	0.01	0.099 997	0.00	0.300 266	0.09

2.6　河网水质模型参数估计

河网问题虽然也是一维问题,但由于在分汊点处要考虑水流的衔接情况,增加了问题复杂性,所以人们一般把河网问题单独加以研究。目前对河网水量模型中糙率反演已取得一定的成果[27-28],但对于河网水质模型中纵向离散系数等水质参数估计的研究成果较少,本节重点对此展开探讨。

2.6.1　河网水量水质正演模型

2.6.1.1　河网水量模型

河网一维非恒定水流基本方程最早是由法国科学家 B. Saint-Venant 于 1871 年提出的,该方程组为二元一阶双曲线拟线性方程组,以目前的数学理论尚不能得到解析解,一般采用数值解法。通常的数值解法有直接解法、分级解法和单元划分法等。分级解法按方程组的连接形式,又可以分为二级解法[29]、三级解法[30-31]、四级解法[32]、汊点分组解法[33]和树型河网分组解法[26,34]。这里选取三级联合解法求解 Saint-Venant 方程组,用稳定性好、计算速度快的隐式差分格式对方程进行离散。三级联合解法就是采用“河道—节点—河道”的解法,其求解思路是将各单一河道划分为若干个断面,在每个断面上对方程组进行有限差分运算,得到以各个断面水位及流量为自变量的单一河道的差分方程。根据节点连接条件以及边界条件形成封闭的节点水位方程,求解此方程组可得各节点水位;再将节点水位回带至各河道方程,最终求得每一河道上的各断面水位及流量。

一维河道非恒定水流运动的 Saint-Venant 方程组为

$$\frac{\partial Q}{\partial x}+B_W\frac{\partial Z}{\partial t}=q \tag{2.6-1}$$

$$\frac{\partial Q}{\partial t}+2u\frac{\partial Q}{\partial x}+(gA-Bu^2)\frac{\partial A}{\partial x}+g\frac{n^2|u|Q}{R^{\frac{4}{3}}}=0 \tag{2.6-2}$$

式中,t 为时间坐标;x 为空间坐标;Q 为流量;Z 为水位;u 为断面平均流速;n 为糙率;A 为过水断面面积;B 为主流断面宽度;R 为水力半径;q 为旁侧入流流量。

用隐式差分格式对方程进行离散,Preissman 四点线性隐式差分的离散示意图如图 2.6.1-1 所示。

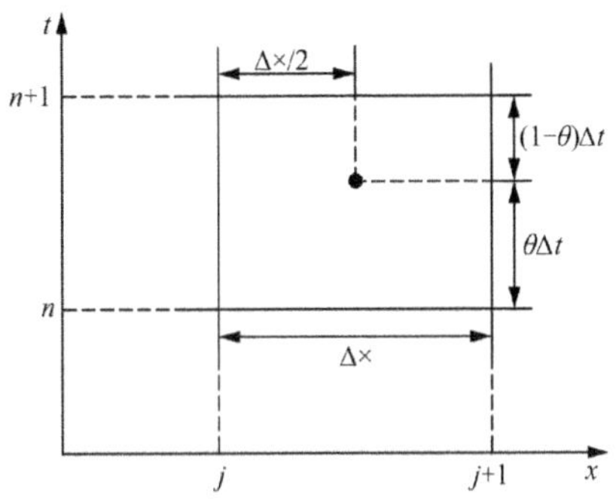

图 2.6.1-1　Preissman 四点线性隐式差分离散示意图

2.6.1.2　河网水质正演模型

一维河流水质控制方程为

$$\frac{\partial(AC)}{\partial t}+\frac{\partial(QC)}{\partial x}=\frac{\partial}{\partial x}\left(AE_x\frac{\partial C}{\partial x}\right)-AKC+S \tag{2.6-3}$$

式中,Q 为断面流量,m^3/s;C 为污染物质浓度,mg/L;A 为断面面积,m^2;E_x 为纵向分散系数,m^2/s;K 为综合降解系数,s^{-1};S 为污染源项,$gm^{-1}s^{-1}$。

方程采用隐式迎风格式对其离散,式中每一项离散如下:

$$\begin{cases}\dfrac{\partial(AC)}{\partial t}=\dfrac{(AC)_i^{k+1}-(AC)_i^k}{\Delta t}\\ \dfrac{\partial(QC)}{\partial x}=\dfrac{(QC)_i^{k+1}-(QC)_{i-1}^{k+1}}{\Delta x_{i-1}}\\ \dfrac{\partial}{\partial x}(AE_x\dfrac{\partial C}{\partial x})=\Big[\dfrac{(AE_x)_i^{k+1}C_{i+1}^{k+1}-(AE_x)_i^{k+1}C_i^{k+1}}{\Delta x_i}-\\ \dfrac{(AE_x)_{i-1}^{k+1}C_i^{k+1}-(AE_x)_{i-1}^{k+1}C_{i-1}^{k+1}}{\Delta x_{i-1}}\Big]\dfrac{1}{\Delta x_{i-1}}\\ S_c-S=\bar{K}_{d,i-1}^{k+1}(AC)_i^{k+1}-\bar{S}_{i-1}^{k+1}\end{cases}$$

式中的时间项采用前差分，其余各项均是针对顺流向情况得到的，对于逆流向情况可得到类似的结果。式中，$\overline{K_d}$，$\bar{S}$ 表示河段值，上角标 k 是时段的初值，$k+1$ 是时段末值，下文中凡出现时段末值，都省略其上标。

考虑到河网中流向顺逆不定，离散基本方程时，需要引入流向调节因子 r_c 及 r_d，将顺、逆流向的离散方程统一到同一方程中，经整理后得[26,35]：

$$a_i C_{i-1} + b_i C_i + c_i C_{i+1} = z_i, \ i = 1,2,\cdots,n \tag{2.6-4}$$

式中，a_i、b_i、c_i 是系数；C_i 是 i 断面时段末的浓度；n 是某一河道的断面数。

2.6.2 河网水质参数反演识别

2.6.2.1 反演模型的建立

考虑到河网水质模型的复杂性，优化算法采用前期研究中性能优越的微分进化算法，将微分进化算法与河网水质模型相耦合，建立河网水质参数反演模型。计算流程详见图 2.3.4-1。

2.6.2.2 数值试验

在验证模型自动率定参数的性能时，为避免实际情况可能带来的其他影响因素，可以采用所谓的孪生实验，即设定准确参数，利用同一模型生成观测数据，再假设参数未知进行识别实验。在实际问题中，观测点相对模型的状态变量维数而言非常少。为了降低不适定性问题的自由度，加速优化问题的收敛，按计算区域性质分段给定不同的水质参数，而不是设定每个点具有不同的参数，这也是解决实际问题切实可行的方法。河网水质模型参数反演可采用类似的思路，即将水力条件相似的水域假定具有相同的水质参数，尽量减少反演参数的个数。采用的河网水质参数估计反问题算例来自文献[28]。

【算例 2-8】 如图 2.6.2-1 所示，某一个小型河网由 9 个河段组成，各河段具有相同的水质参数，初始浓度为 0 mg/L。第①③河段的起点入流流量均为 10 m^3/ s，浓度为 10 mg/L，根据各河段不同糙率利用河网水量模型计算得到流速值见表 2.6.2-1，作为水质计算的水动力背景。假设其他参数均已知，需要进行纵向离散系数的反演，各河段纵向离散系数真值见表 2.6.2-1。假设观测点位于各河段末，通过河网水质模型计算得到各端点浓度值作为反演参数的观测数据，见表 2.6.2-2。

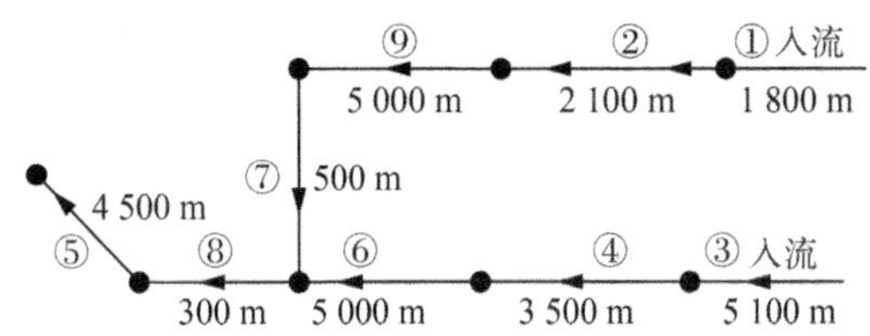

图 2.6.2-1 算例示意图

表 2.6.2-1 流速及参数表

河段	离散系数(m^2/s)	流速(m/s)	河段	离散系数(m^2/s)	流速(m/s)
①	25	3.62	⑥	50	2.40
②	30	2.71	⑦	55	2.36
③	35	2.67	⑧	60	2.37
④	40	2.36	⑨	65	2.84
⑤	45	2.56			

表 2.6.2-2 反问题所采用的数值解数据 mg/L

时间(min)	河段序号								
	①	②	③	④	⑤	⑥	⑦	⑧	⑨
10	8.64	7.25	6.41	4.60	2.38	2.90	4.57	3.62	4.81
20	9.80	9.37	8.68	7.52	5.16	5.79	7.65	6.62	7.82
30	9.96	9.84	9.49	8.90	7.22	7.72	9.05	8.33	9.13
40	9.98	9.94	9.77	9.50	8.47	8.80	9.59	9.17	9.63
50	9.98	9.95	9.88	9.73	9.14	9.35	9.79	9.55	9.80
60	9.98	9.96	9.91	9.83	9.48	9.61	9.85	9.72	9.86

采用前面建立的河网水质参数反演模型来反演各河段的纵向离散系数，种群规模大小 *NP* 取 10，加权因子 *F* 取 0.8；交叉概率 *CR* 取 0.8，进化代数 *MG* 取 200，反演结果见表 2.6.2-3。由表可见，各参数反演结果较接近于均值，最大相对误差仅为 5.51%。本算例误差较小，主要得益于河网规模较小，需要反演的参数较少，同时水质数据的数量较为充分，精度也较高。对于实际大型河网的水质参数反演仍有待进一步研究。

表 2.6.2-3　河网水质参数率定结果

河段	真值(m^2/s)	反演值(m^2/s)	相对误差(%)
①	25	25.738	2.95
②	30	30.726	2.42
③	35	35.692	1.98
④	40	42.203	5.51
⑤	45	43.202	4.00
⑥	50	50.840	1.68
⑦	55	53.087	3.48
⑧	60	58.669	2.22
⑨	65	65.362	0.56

2.7　环境水力学参数估计的灵敏度分析

2.7.1　参数灵敏度的定义

在估计水环境系统的参量函数时，参数灵敏度是一个很重要的概念，反映了系统状态对这个参量的依赖程度，或者说该参量对状态变量的影响程度。反问题求解的难易程度、观测区域的重要性等均与参数灵敏度有着密切的关系。

借用数学物理反问题的一般提法，设 D 为 n 维空间的连通区域，环境系统模型的一般形式为

$$L(E,C)=M(f),\qquad \boldsymbol{x}\in D$$

式中，$\boldsymbol{x}=(x_1,\cdots,x_n)$是 n 维空间的向量，其中某个分量可以代表时间；C 是系统的状态变量，其中可测量出的部分称为输出，通常是浓度；E 是模型中待反演的物理参量，是环境系统的内因，一般依赖于介质特性；f 是系统的输入(包括边界输入)，通常表示源、汇、外力等外部作用；E、C、f 都是 x 的函数，也都可以是向量函数；L、M 均是作用在 D 上的微分算子。上式包括了模型控制方程及其所有边、初值条件。

对于水环境预测模型，通常所讲的参数灵敏度是指系统状态对参数的依赖程度，或者说参数对状态变量的影响程度，即正问题灵敏度。目前，灵敏度

分析的方法主要有局部灵敏度分析(Local Sensitivity Analysis)和全局灵敏度分析(Global Sensitivity Analysis)两种。局部灵敏度分析具有较好的操作性,应用最为广泛,这里采用局部灵敏度分析。局部灵敏度分析也称一次变化法,其特点是只针对一个参数,对其他参数取中心值。通常将参数 E 的一阶灵敏度系数定义为雅可比矩阵:$\frac{\partial C(x^N)}{\partial E(y^M)}$。$x^N$ 与 y^M 均为区域 D 中的点,它表示在 y^M 点参量 E 做微变时所引起的状态 C 在 x^N 点的微变与参量微变之比,称之为 x^N 点的状态对 y^M 点参量的灵敏度。

为了消除量纲尺度对灵敏度系数的影响,可在雅可比矩阵的基础上进行变化,得到无量纲的灵敏度系数计算公式:

$$S_{E_j}=\frac{\partial C_i}{\partial E_j}/\frac{\overline{C_i}}{\overline{E_j}} \tag{2.7-1}$$

式中,S_{E_j} 为 C_i 对输入参数 E_j 的灵敏度;$\overline{E_j}$、$\overline{C_i}$ 为平均模型平均输入输出响应或经验初值。这里参考 Lenhart 等使用的灵敏度分析方法,将 S_{E_j} 差分近似为

$$S_{E_j}=\frac{\Delta C_i}{\overline{C_i}}/\frac{\Delta E_j}{\overline{E_j}} \tag{2.7-2}$$

以上是相对于正问题而言的参数灵敏度系数,对于反问题而言,参数灵敏度应当定义为参数对系统状态的依赖程度,或者说状态变量对反演参数的影响程度。反问题灵敏度系数计算公式为

$$IS_{E_j}=\frac{1}{S_{E_j}}=\frac{\Delta E_j}{\overline{E_j}}/\frac{\Delta C_i}{\overline{C_i}} \tag{2.7-3}$$

由于种种因素的影响,原始数据不可能绝对准确,总是会或大或小地具有一定的误差,反演计算对数据的误差具有传递作用,原始数据的误差自然会影响反演参数的误差。在此,自然地就会提出这样的问题,计算过程中对原始数据误差是起到"放大"还是"缩小"作用呢?或者说,计算问题是"病态"的还是"良态"的。对式(2.7-3)进行变形,得到:$\left|\frac{\Delta E_j}{\overline{E_j}}\right|=|IS_{E_j}|\cdot\left|\frac{\Delta C_i}{\overline{C_i}}\right|$。系数 $|IS_{E_j}|$ 正反映了误差传播的效应,类似于线性代数方程组中的条件数。可见,研究反问题灵敏度对于分析反问题求解的难易、求解方法的稳定性等

均具有重要意义。

2.7.2 一维稳态水质模型参数灵敏度分析

以一维稳态水质模型为例，对纵向离散系数和降解系数进行参数灵敏度分析，分析其对参数反演的影响。

2.7.2.1 无污染源时一维稳态水质模型灵敏度分析

无污染源时一维恒定均匀流纵向离散方程式(2.4-2)的污染物沿程稳态分布的解析解为

$$C(x)=C_u\exp\left[\frac{ux}{2E_x}\left(1-\sqrt{1+\frac{4kE_x}{u^2}}\right)\right] \quad (u\neq 0) \qquad (2.7-4)$$

进行参数局部灵敏度分析时，首先要对模型参数进行初始化。参考太湖流域的实际情况，河流上游来水浓度取 1.0 mg/L，流速取 0.1 m/s，降解系数为 0.1 d^{-1}，纵向离散系数为 50 m^2/s。参量的变化有两种：因子变化法和偏差变化法。这里采用因子变化法，将预分析的参数增加或减少 10%，评价模型结果的相应变化量，计算相应的灵敏度系数。

首先研究无污染源时 E_x 的灵敏度系数 S_{E_x}，将 E_x 增加 10%，利用式(2.7-2)计算相应的 S_{E_x}。考虑到式(2.7-4)在混合初始段不成立，排放点下游 1～5 km 范围内纵向离散系数 E_x 的灵敏度系数 S_{E_x} 沿程变化如图 2.7.2-1 所示。由图可见，纵向离散系数的灵敏度随下游距离的增长而近似线性增加，从 1 km 处的 0.66E-04 逐渐增加到 5 km 处的 3.27 E-04，但数量级较小，远远小于 1，表明 E_x 的较大变化引起的浓度变化也很小。其反问题的灵敏度系数 IS_{E_x} 沿程变化如图 2.7.2-2 所示。尽管灵敏度系数沿程减小，但数量级较大，在[1 km，5 km]上变化范围为 $1.52\times10^4\sim3.06\times10^3$，远远大于 1，表明

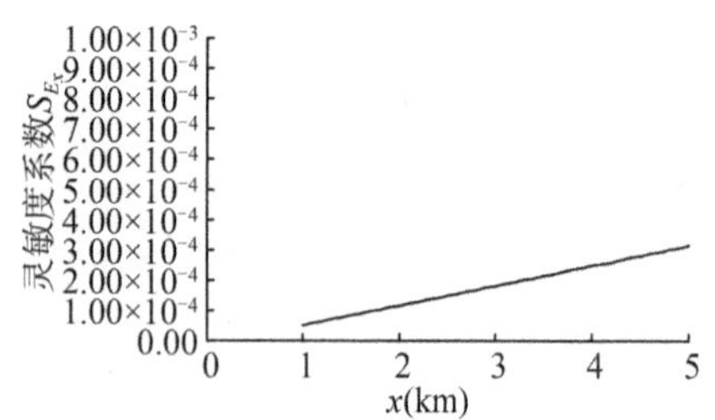

图 2.7.2-1 S_{E_x} 随距离的变化

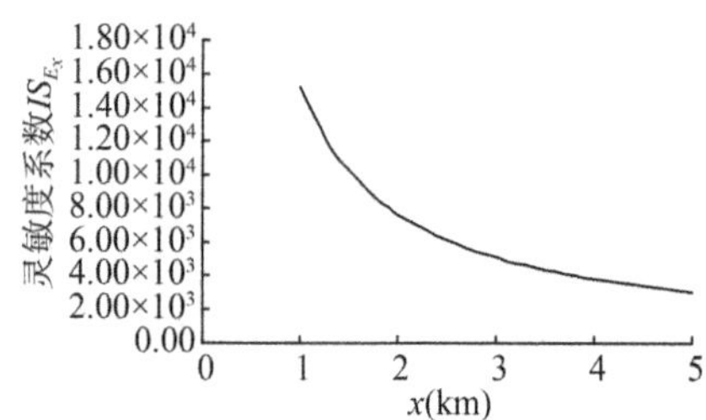

图 2.7.2-2 IS_{E_x} 随距离的变化

浓度的微小变化会引起反演参数的剧烈变化。而实际观测数据总存在噪声(包括测量误差、变换传递误差及计算机的舍入和截断误差等),从而会造成反演参数的失败。这正是通常不利用式(2.4-4)计算纵向离散系数的原因,而需要通过进行示踪试验的方法确定纵向离散系数。

2.7.2.2 瞬时源一维均匀流水质模型灵敏度分析

在前面进行一维水质模型参数反演时,发现降解系数的反演精度不理想,或者说根据浓度分布数据识别降解系数难度较大,这主要是由于当时间尺度或空间尺度较小时,浓度分布对降解系数不敏感。这里以瞬时源一维恒定均匀流的污染物沿程分布(算例 2-1)为例,对降解系数进行灵敏度分析,从而对这一问题进行解释。

在示踪试验条件下,瞬时源一维恒定均匀流的污染物沿程分布的解析解为

$$C(x,t)=\frac{M}{A\sqrt{4E_x\pi t}}\exp\left(-\frac{(x-ut)^2}{4E_xt}\right)\exp(-Kt)$$

进行参数局部灵敏度分析,首先对模型变量进行初始化。以算例 2-1 为例,各变量取算例 2-1 中的数值,断面面积取 20 m^2,流速取 0.5 m/s,降解系数为 0.3 d^{-1},纵向离散系数为 50 m^2/s,瞬时投放示踪剂质量为 10 kg。

采用局部灵敏度分析法进行降解系数反问题灵敏度分析。在断面 $x=$ 500 m 处,将 K 增加 10%,利用式(2.7-2)和式(2.7-3)计算得到相应的 S_K 和 IS_K。S_K 和 IS_K 随时间的变化分别见图 2.7.2-3、图 2.7.2-4。由图可见,正问题灵敏度 S_K 随时间呈线性增大,但量级较小(10^{-3}),表明浓度数据相对于降解系数不敏感;反问题灵敏度 IS_K 随时间减小,但量级较大(10^3),表明降解系数相对于浓度数据非常敏感。算例 2-1 中的采样时间对应的灵敏度系数如表 2.7.2-1 所示。由表可见,各采样时间对应的反问题灵敏度系数较大,即降解系数相对于浓度数据非常敏感,浓度值的微变可能引起反演出来的降解系数偏差较大,而浓度数据本身总不可避免地有一定误差,这也是造成前文中降解系数反演误差往往较大的原因。同时可以看到,随着采样时间的增加,降解系数反问题的灵敏度会逐渐减小,因此延长采样时间,有利于降解系数的反演。

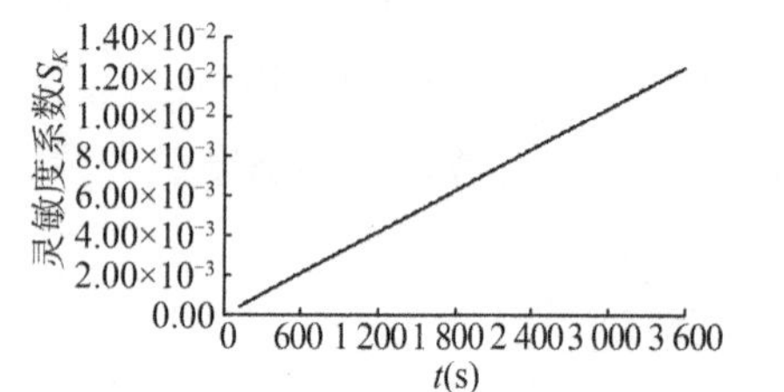

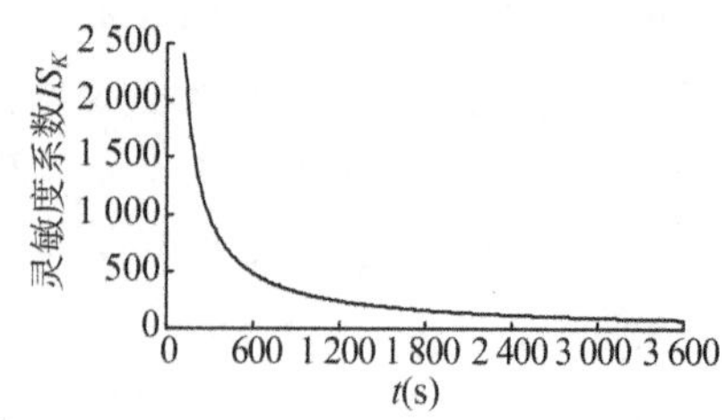

图 2.7.2-3　$x=500$ m 处 S_K 随时间的变化　图 2.7.2-4　$x=500$ m 处 IS_K 随时间的变化

表 2.7.2-1　算例 2-1 中采样时间所对应的降解系数相对于浓度数据的灵敏度

采样时间(min)	2	6	10	12	14
IS_K	2 399.365	799.35	480.05	400.06	342.80
采样时间(min)	16	20	24	36	40
IS_K	299.99	240.06	200.07	133.36	120.04

综上分析,可以看出反问题灵敏度是反问题研究中的一个重要概念,它反映了反演参数对观测数据的依赖程度,从灵敏度可以观察出要解决问题的难易程度,还可以用来指导观测点区域的选择,这是反问题研究中一个尚未充分展开的课题。

2.8　反演方法评价

2.8.1　评价的基本步骤

对于同一个反问题,可以采用多种方法求解,在没有足够的数学理论证明解的适定性和计算过程的正确性的情况下,可以通过对反问题求解效果的评价来判定方法的可行性。对于识别问题,存在性是反问题提出的前提条件,重要的是检验唯一性和稳定性。如果利用不同的方法,在各种扰动下所得到的待求函数在一定的精度范围内,即可认为它是唯一可靠的解。对于控制问题,重点是存在性与稳定性,唯一性并不重要,只要达到控制指标即可,在不能精确达到指标的情况下,可以提最佳控制问题。如果在各种扰动下,控制的结果都能满足要求即认为最优控制解存在。这里参考控制理论中关于系统检验的成果,对环境水力学反问题求解方法(即反演方法)进行评价的步骤如下。

(1) 正演。在容许函数内选择一个反演变量真值，输入正问题求解模型(正演模型)，求解正问题得到状态变量。由于反问题的提出必须以正问题适定为前提，故解是存在且唯一的。

(2) 加噪声。由于实测数据总是含有噪声的，一般不应简单地将正问题的解作为反演模型验证的输入条件，而应该叠加噪声。叠加噪声的形式有多种，常用的噪声形式有均匀随机分布噪声、高斯型噪声等。

(3) 反演。利用叠加噪声后的数据输入反演模型进行反演计算得到反演结果。

(4) 反演结果评价。将反演计算结果与反演变量真值进行比较分析，进行反演精度、计算成本、唯一性、稳定性等反演结果评价。最后得到判定反演方法可行性的综合评价结论。

综上分析，得到对环境水力学反演方法进行评价的流程框图，见图 2.8.1-1。

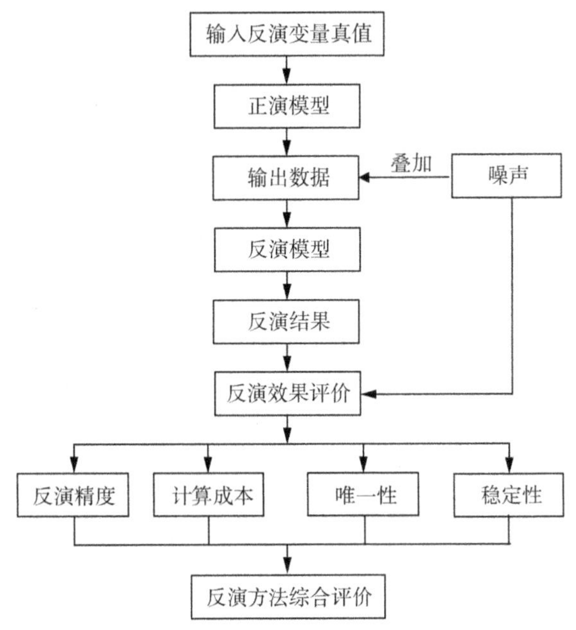

图 2.8.1-1 环境水力学反演方法评价基本流程

2.8.2 进化算法的反演结果评价

对于一个给定的环境水力学反问题，可能有多种可行方法求解。通过对各种可行方法进行反应效果评价，可以根据具体问题的特点，选择出符合实际需要的最优的反演方法。下面对单纯形法、遗传算法和微分进化算法的反演结果进行评价分析。

2.8.2.1 反演精度评价

精度评价指标形式有多种,实际工程中多采用无量纲指标 $\| E_j - E_j^* \| / E^*$ 。这里采用∞范数的相对误差作为反演精度评价的指标。

(1) 瞬时源一维稳态水质模型单参数估计

在进行瞬时源一维稳态水质模型单参数估计时,先后采用了黄金分割法、浮点遗传算法(FGA) 和微分进化算法(DEA) 3 种反演方法,其反演精度均值对比见表 2.8.2-1。由表可见,单参数估计时 3 种方法均获得了较高的反演精度。

表 2.8.2-1 纵向离散系数反演精度对比

计算方法	反演精度		
	黄金分割法	FGA	DEA
δ=1%	0.021%	0.043%	0.014%
δ=5%	0.045%	0.029%	0.023%
δ=10%	0.154%	0.039%	0.059%
δ=30%	3.186%	2.913%	3.138%
平均值	0.901%	0.756%	0.808%

(2) 瞬时源一维稳态水质模型多参数估计

进行瞬时源一维稳态水质模型多参数估计时,先后采用了 NMS、FGA 和 DEA 3 种反演方法,其反演精度均值对比见表 2.8.2-2。由表可见,三者的计算精度总体相差不大。

表 2.8.2-2 一维稳态水质模型不同方法反演精度对比

参数	噪声水平	反演精度均值		
		NMS	FGA	DEA
A	δ=1%	0.15%	0.359%	0.234%
	δ=5%	0.24%	0.351%	0.096%
	δ=10%	0.38%	0.567%	0.125%
	δ=30%	1.03%	0.496%	0.336%
	平均值	0.45%	0.44%	0.20%

续表

参数	噪声水平	反演精度均值		
		NMS	FGA	DEA
u	$\delta=1\%$	0.06%	0.140%	0.100%
	$\delta=5\%$	0.12%	0.060%	0.060%
	$\delta=10\%$	0.04%	0.160%	0.320%
	$\delta=30\%$	0.56%	0.340%	0.420%
	平均值	0.20%	0.18%	0.23%
E_x	$\delta=1\%$	0.01%	0.017%	0.017%
	$\delta=5\%$	0.09%	0.181%	0.056%
	$\delta=10\%$	0.08%	0.218%	0.047%
	$\delta=30\%$	2.58%	0.741%	0.697%
	平均值	0.69%	0.29%	0.20%
K	$\delta=1\%$	45.40%	105.57%	72.80%
	$\delta=5\%$	48.50%	95.33%	61.27%
	$\delta=10\%$	54.37%	93.03%	67.10%
	$\delta=30\%$	63.97%	89.70%	68.90%
	平均值	53.06%	95.91%	67.52%

(3) 河流一维非稳态水质模型参数估计

进行一维非稳态水质模型多参数估计时,先后采用了 NMS、FGA 和 DEA 3 种反演方法,噪声水平为 10%,试验 100 次的反演结果统计见表 2.8.2-3。由表可见, DEA 的平均反演精度要略高于 FGA、NMS。

(4) 河流二维非稳态水质模型参数估计

由于 FGA 应用于二维非稳态水质模型参数估计时计算耗时较多,先后采用了 NMS 和 DEA 进行二维非稳态水质模型参数估计。以算例 2-7 为例,观测数据同取 3 个时段,迭代次数均为 100 次的反演结果如表 2.8.2-4 所示。由表可见,进行二维非稳态水质模型参数估计时 DEA 的精度要高于 NMS。

表 2.8.2-3 一维非稳态水质模型不同方法反演精度对比

河段序号		1	2	3	4	5	6		平均值
真值		50	70	90	110	130	140		
相对误差(%)	NMS	0.58	3.54	6.13	0.21	5.99	33.13		8.26
	FGA	2.42	0.74	8.67	1.77	3.67	21.24		6.42
	DEA	0.51	7.85	5.93	7.18	2.12	5.91		4.92

表 2.8.2-4　二维非稳态水质模型参数估计反演精度对比

反演方法	E_x		E_y		K	
	计算值	相对误差(%)	计算值	相对误差(%)	计算值	相对误差(%)
NMS	0.976 41	2.36	0.095 401	4.60	0.648 486	116.16
DEA	1.000 115	0.01	0.099 997	0.00	0.300 266	0.09

2.8.2.2　计算成本评价

衡量计算成本的指标通常分为机时指标和占内存指标。随着计算机技术的发展，算法所需计算机容量越来越不成为计算的限制性指标，机时指标成为衡量算法计算成本的主要指标。但在实际应用中，影响计算机时的因素很多，包括运算机器、反演精度要求等。设反演计算所需要的总时间为 T_w，其中用于正演计算的时间为 T_d，用于其他纯反演计算的时间为 T_v。则 T_w 可表示为

$$T_w = T_d + T_v = n_d \cdot t_d + T_v$$

式中，n_d 为正演计算的次数；t_d 为一次正演计算所需要的时间。当使用相同计算机器的情况下，可以将达到相同精度要求时计算所需要的时间作为计算成本的评价指标。

这里比较了进行算例 2-1 和算例 2-4 计算时，在计算机器均为 Pentium 4 CPU2.80G、512M 内存微机，计算精度大致相当的前提下，NMS、FGA 和 DEA 的耗费机时对比，见表 2.8.2-5。

表 2.8.2-5　NMS、FGA 和 DEA 计算成本对比

反演问题	反演算法	变量个数	T_w	t_d	n_d	T_d	T_v	T_d/T_w
一维稳态水质模型参数反演	NMS	4	0.411	0.000 01	264	0.002 64	0.408 36	0.64%
	FGA	4	1.683	0.000 01	5 000	0.05	1.633	2.97%
	DEA	4	0.367 2	0.000 01	2 000	0.02	0.347 2	5.45%
一维非稳态水质模型参数反演	NMS	6	68.933	0.084	785	63.585	5.348	92.24%
	FGA	6	831.23	0.084	10 000	810	21.23	97.45%
	DEA	6	166.78	0.084	2 000	162	4.78	97.13%

由表 2.8.2-5 可以看出，在求解一维稳态水质模型参数反问题时，由于正演模型为解析解模型，因而用于正演计算的机时占总机时的比重（T_d/T_w）较小；而在求解一维非稳态水质模型参数反问题时，由于正演模型为数值解模型，因而用于正演计算的机时占总机时的比重（T_d/T_w）较大，占 92%以

上。因此，当求解复杂反问题时，计算时间主要取决于 T_d。由于同一研究对象在同一计算机器上所花费的 t_d 是相同的，因此在评价算法解决复杂反问题时，可以直接将 n_d 作为计算成本的评价指标。对于进化算法，n_d 等于进化规模乘以进化代数。由表 2.8.2-5 可见，NMS 耗费机时最少，其次为 DEA，FGA 的计算成本最高。当反演参数增多时，n_d 也随之增多，计算成本随之增加。

2.8.2.3　唯一性评价

由于多数反演方法需要做初始猜测，不同的初始值猜测有可能得到不同的反演结果。只要反问题的提法是合理的，在容许范围内任意变化初值，若在所求变量真值的小邻域内满足唯一性，则可表明该反演方法是可行的。在第二章进行一维水质模型多参数估计研究时，比较了单纯形法和变尺度法对初值选取的依赖性，单纯形法明显优于变尺度法。表明在进行参数反问题研究时，由于反问题的目标函数比较复杂，因而无需求目标函数导数的直接类优化算法较梯度类间接优化算法具有较好的唯一性。而进化算法是一种群体搜索算法，初始种群常随机生成，在进行参数估计时较传统优化算法具有更好的唯一性。

2.8.2.4　稳定性评价

稳定性评价指标通常采用无量纲精度指标与噪声水平指标的比值来衡量。针对本章所采用的噪声表达式，提出如下的评价指标

$$\alpha = \frac{\sigma}{\delta}$$

式中，$\sigma = \bar{\sigma}/E^*$ 表示无量纲相对标准差，$\bar{\sigma} = \left[\frac{1}{n}\sum_{i=1}^{n}(E_i - E^*)^2\right]^{\frac{1}{2}}$ 表示多次反演得到的相对于真值的平均标准差，E^* 为参数真值，若真值未知可取计算平均值，σ 能较好地反映观测数据的误差引起的反演结果偏离的变化率；δ 为反映噪声水平的无量纲指标。定性地说，α 越大，观测数据的扰动对参数反演结果的影响越大，算法越不稳定。究竟 α 多大才认为算法不稳定，目前尚没有统一的标准，只是相对而言。一般认为，当 $\alpha \leqslant 1$ 时，表明算法是稳定的；当 $\alpha \geqslant 1$ 时，表明算法是不稳定的。

（1）瞬时源一维稳态水质模型单参数估计

应用黄金分割法、FGA、DEA 进行瞬时源一维稳态水质模型单参数估计时的反演精度对比见表 2.8.2-6。由表可见，3 种方法单参数估计时均是稳定的，且稳定性相差不大。

表 2.8.2-6　瞬时源一维稳态水质模型单参数估计稳定性评价

噪声水平 δ	相对真值的标准差			稳定性指标		
	黄金分割法	FGA	DEA	黄金分割法	FGA	DEA
0.01	0.258 5	0.264	0.26	0.517 0	0.528 0	0.520 0
0.05	1.389 3	1.328	1.319 5	0.555 7	0.531 2	0.527 8
0.10	2.697	2.583 6	2.610 6	0.539 4	0.516 7	0.522 1
0.30	8.084 7	8.24	8.295 8	0.539 0	0.549 3	0.553 1
平均值	3.107 4	3.103 9	3.121 5	0.537 8	0.531 3	0.530 7

(2) 瞬时源一维稳态水质模型多参数估计

应用 NMS、FGA、DEA 进行瞬时源一维稳态水质模型多参数估计时的反演稳定性评价对比见表 2.8.2-7。由表可见，反演参数的稳定性各不相同，u 的稳定性最好，其次是 A 和 E_x，K 最不稳定，3 种反演方法的稳定性差别相对较小。

表 2.8.2-7　瞬时源一维稳态水质模型多参数估计稳定性评价

参数	噪声水平 δ	相对真值的标准差			稳定性指标		
		NMS	FGA	DEA	NMS	FGA	DEA
A	0.01	0.052 5	0.098 9	0.085 7	0.262 5	0.494 5	0.428 5
	0.05	0.223 1	0.198 4	0.227 9	0.223 1	0.198 4	0.227 9
	0.10	0.462 9	0.403 7	0.406 5	0.231 5	0.201 9	0.203 3
	0.30	1.420 3	1.408 7	1.334 4	0.236 7	0.234 8	0.222 4
	平均值	0.539 7	0.527 4	0.513 6	0.238 4	0.282 4	0.270 5
u	0.01	0.001 0	0.001 4	0.001 1	0.200 0	0.280 0	0.220 0
	0.05	0.004 8	0.004 8	0.004 6	0.192 0	0.192 0	0.184 0
	0.10	0.009 1	0.009 7	0.009 5	0.182 0	0.194 0	0.190 0
	0.30	0.028 8	0.029 4	0.029 1	0.192 0	0.196 0	0.194 0
	平均值	0.010 9	0.011 3	0.011 1	0.191 5	0.215 5	0.197 0
E_x	0.01	0.253 8	0.246 3	0.242 3	0.507 6	0.492 6	0.484 6
	0.05	1.232 0	1.218 0	1.226 2	0.492 8	0.487 2	0.490 5
	0.10	2.490 9	2.364 3	2.531 2	0.498 2	0.472 9	0.506 2
	0.30	7.629 7	8.045 4	8.027 4	0.508 6	0.536 4	0.535 2
	平均值	2.901 6	2.968 5	3.006 8	0.501 8	0.497 3	0.504 1

续表

参数	噪声水平 δ	相对真值的标准差			稳定性指标		
		NMS	FGA	DEA	NMS	FGA	DEA
K	0.01	0.136 2	0.449 7	0.307 4	45.400 0	149.900 0	102.466 7
	0.05	0.146 1	0.488 8	0.300 9	9.740 0	32.586 7	20.060 0
	0.10	0.169 2	0.512 3	0.312 2	5.640 0	17.076 7	10.406 7
	0.30	0.198 8	0.508 0	0.285 5	2.208 9	5.644 4	3.172 2
	平均值	0.162 6	0.489 7	0.301 5	15.747 2	51.301 9	34.026 4

(3) 河流一维非稳态水质模型参数估计

应用 NMS、FGA、DEA 进行河流一维非稳态水质模型参数估计时的反演稳定性评价对比见表 2.8.2-8。由表可见，FGA 和 DEA 的稳定性相当，略高于 NMS。

表 2.8.2-8 NMS、FGA、DEA 反演稳定性评价

反演参数		E_x (m^2/s)						平均值
河段序号		1	2	3	4	5	6	
真值		50	70	90	110	130	140	
相对真值的标准差	NMS	3.859 0	9.308 3	10.274 9	26.349 0	32.089 7	87.525 4	28.234 4
	FGA	3.938 0	9.175 5	19.049 1	25.489 0	22.040 2	39.976 4	19.944 7
	DEA	3.253 3	12.291 2	14.675 5	18.300 5	27.137 8	48.586 3	20.707 4
稳定性指标	NMS	0.771 8	1.329 8	1.141 7	2.395 4	2.468 4	6.251 8	2.393 1
	FGA	0.787 6	1.310 8	2.116 6	2.317 2	1.695 4	2.855 5	1.847 2
	DEA	0.650 7	1.755 9	1.630 6	1.663 7	2.087 5	3.470 5	1.876 5

2.8.3 反演方法的总体评价

在进行单参数反演时，无论是传统优化方法，还是进化算法，均能获得较好的反演结果。但在进行多参数估计时，各种方法往往具有不同的优缺点。这里将 NMS、FGA 和 DEA 3 种算法的比较列于表 2.8.3-1。

表 2.8.3-1 NMS、FGA 和 DEA 3 种算法的总体比较

评价指标	水流环境	NMS	FGA	DEA
反演精度	稳态	较高	较高	较高
	非稳态	一般	较高	最高

续表

评价指标	水流环境	NMS	FGA	DEA
计算成本	稳态	耗时较少	耗时最多	耗时最少
	非稳态	耗时最少	耗时最多	耗时较少
唯一性	稳态	一般	较好	较好
	非稳态	一般	较好	较好
稳定性	稳态	较好	较好	较好
	非稳态	较好	很好	很好

由表可见，NMS 作为典型的直接类传统优化算法，进行参数反演时具有耗时少的优点，应用于稳态水流环境时具有较高的精度和较好的稳定性；FGA 作为典型的进化算法，具有较高的反演精度和较好的唯一性与稳定性，但耗时较多；DEA 作为新型进化算法，兼具二者的优点，具有较高的反演精度和较好的唯一性与稳定性，同时耗时又比 FGA 少得多。

2.9 本章小结

(1) 根据反问题研究的需要，从环境水力学角度对地表水体和水环境数学模型进行了分类。针对求解环境水力学反问题的通用方法——优化反演法，阐明其基本原理和步骤。针对传统优化算法的不足，提出了基于标准遗传算法(SGA)、浮点遗传算法(FGA)和微分进化算法(DEA)的参数估计算法。通过 F2 函数算法检验结果表明，相对于 SGA，FGA 能有效地抑制早熟收敛现象，并且收敛速度也大大提高，而 DEA 具有更快的收敛速度。

(2) 对一维河流水质模型参数估计开展研究，将水流条件分为恒定均匀流、恒定非均匀流、非恒定流 3 种情形。在恒定均匀水流环境下，分瞬时源和连续源两种情形，将解析解模型与传统优化方法、FGA、DEA 相结合，分别提出了单参数估计和多参数联合估计的优化反演法。在传统优化方法选取中，单参数估计采用黄金分割反演算法，多参数估计采用变尺度反演算法和单纯形反演算法，对两种算法的反演结果进行了对比分析。在反演结果的可靠性和估计的精度方面，重点探讨了观测噪声、舍入误差、观测位置、观测时间对反演结果的影响，结果表明，初值的选取、测量仪器精度、观测数据的噪声水平对断面面积 A、流速 u、纵向离散系数 E_x 反演结果的影响较小，而对降解系数 K 的影响较大。在此基础上提出了示踪云团试验确定纵向离散系数时采样时间的确定方法。在恒定非均匀和非恒定水流环境下，将有限差分法与下山单纯形法、FGA 和 DEA 相结合，建立了一维水质模型多参数估计 FDM-NMS、FDM-FGA、FDM-DEA 模型，利用正问题数值解构造反问题算例对模型的可靠性进行验证。数值试验结果表明，观测数据的噪声水平、离散河段数均对参数识别精度具有一定的影响，噪声水平越小，离散河段数越少，参数识别的精度越高。

(3) 对二维河流水质模型多参数估计开展研究，分稳态和非稳态水流两种情形。在稳态水流环境下，分瞬时源和连续源两种情形，将解析解模型与单纯形优化方法相结合，进行了水力、水质参数的联合反演，分析了随机扰动、取样方式对反演结果的影响。在非稳态水流环境下，水质正演模型采用 ADI 法，优化算法采用 Nelder-Mead 单纯形法和微分进化算法，建立了二维水质模型 ADI-NMS、ADI-DEA 多参数估计模型，利用正问题数值解构造反问题算例对模型的可靠性进行验证，分析了数据量的多少对反演迭代过程的影响。

(4) 针对区域河网，建立了河网水质模型 FDM-DEA 参数反演模型，通过一个 9 河段组成的河网算例对模型进行了验证，最大相对误差仅为 5.51%。误差较小主要源于该算例河网规模较小，需要反演的参数较少，同时水质数据的数量和质量较高。对于实际大型河网的水质参数反演仍有待进一步研究。

(5) 类比正问题参数灵敏度的概念，提出了反问题参数灵敏度的计算公式，对一维均匀流水质模型反问题中的降解系数反演进行了灵敏度分析，对降解系数难以反演给出了理论解释。参考控制理论中关于系统检验的成果，建立了环境水力学反问题求解方法(即反演方法)的效果评价体系，对单纯形法、遗传算法和微分进化算法的计算成本、反演精度、唯一性和稳定性进行反演结果结合评价。

参考文献

[1] 汪定伟，王俊伟，王洪峰，等. 智能优化方法[M]. 北京：高等教育出版社，2007.

[2] GOLDBERG D E. Genetic algorithms in search, optimization and machine learning[M]. Boston MA：Addison-Wesley Longman Publishing Co., Inc., 1989.

[3] FOGEL D B. Ebolutionary computation: towards a new philosophy of machine intelligence[M]. New York: IEEE Press, 1995.

[4] RECHENBERG I . Cybernetic solution path of an experimental problem, library translation. In Royal aircraft establishment, Farnborough[J]. Royal Aircraft Establishment Library Translation, 1965.

[5] TACKETT W A. Genetic programming for feature discovery and image discrimination[C]// Proceedings of the 5th International Conference on Genetic Algorithms, 1993:303-311.

[6] STORN R, PRICE K. Differential evolution—a simple and efficient heuristic for global optimization over continuous spaces[J]. Journal of Global Optimization, 1997, 11(4): 341-359.

[7] PRICE K V. An introduction to differential evolution[M]//CORNE D,DORIGO M, GLOVER F. New ideas in optimization. London: McGraw-Hill,1999:79-108.

[8] LAMPIOEN J,ZELINKA I. Mechanical engineering design, optimization by differential evolution[M]//CORNE D,DORIGO M,GLOVER F. New ideas in optimization. London:McGraw-Hill,1999:127-146.

[9] INGBER L. Simulated annealing: practice versus theory[J]. Mathematical and Computer Modelling,1993,18(11): 29-57.

[10] PRESS W H,TEUKOLSKY S A,VETTERLING W T,et al. Numerical recipes in C[M]. 2nd ed. Cambridge University Press, 1992.

[11] 江家宝,尤振燕,孙俊. 基于微分进化算法的多阶段投资组合优化[J]. 计算机工程与应用,2007,43(3):189-193.

[12] 涂芬芬, 许小健, 钱德玲. 基于微分进化算法的逻辑斯谛沉降预测模型[J]. 水运工程,2008(4): 5-9.

[13] 郭雪松, 孙林岩, 刘哲. 基于微分进化算法的支持向量机预测模型及其在制造业发展预测中的应用[J]. 科技进步与对策,2008,25(1): 63-66.

[14] 刘自发, 张建华. 一种求解电力经济负荷分配问题的改进微分进化算法[J]. 中国电机工程学报,2008, 28(10): 100-105.

[15] 郝海燕. 基于分片二维搜索的修正微分进化算法[D]. 大连:大连理工大学,2005.

[16] 张晓丽. 基于微分进化算法的机器人路径规划方法[D]. 大连:大连理工大学,2006.

[17] CHEVALIER S, BUES M A, TOURNEBIZE J, et al. Stochastic delineation of wellhead protection area in fractured aquifers and parametric sensitivity study[J]. Stochastic Environmental Research and Risk Assessment, 2001, 15 (3): 205-227.

[18] LAMPINEN J, ZELINKA I. Mixed integer-discrete-continuous optimization by differential evolution[C]//Proceedings of MENDEL'99, 5th International Prediction Conference, 1999: 71-76.

[19] LAMPINEN J, ZELINKA I. Mixed variable non-linear optimization by differential evolution[C]//Proceedings of Nostradamus'99, 2nd International Prediction Conference, 1999: 45-55.

[20] 付国伟,程声通. 水污染控制系统规划[M]. 北京:清华大学出版社,1985.

[21] 张书农. 环境水力学[M]. 南京:河海大学出版社,1988.

[22] 金忠青,周志芳. 工程水力学反问题[M]. 南京:河海大学出版社,1997.

[23] 郭建青, 温季. 示踪试验确定河流纵向弥散系数的直线图解法[J]. 环境科学,1990,11(2):24-27.

[24] 朱嵩,毛根海,程伟平, 等. 基于贝叶斯推理的水环境系统参数识别[J]. 江苏大学学报(自然科学版),2007,28(3):237-240.

[25] 赖锡军, 姜加虎, 黄群. 应用最优控制理论自动率定二维浅水方程的糙率参数[J]. 水科学进展, 2008, 18(3):383-388.

[26] 褚君达. 河网对流输移问题的求解及应用[J]. 水利学报,1994(10):14-23+35.

[27] 韩龙喜,金忠青. 三角联解法水力水质模型的糙率反演及面污染源计算[J]. 水利学报,1998(7):30-34.

[28] 张潮, 毛根海, 张土乔,等. 基于 BP-Bayesian 方法的河网糙率反演[J]. 江苏大学学报(自然科学版),2008,29(1):47-51.

[29] 德朗克,韩曾萃,周潮生. 河流、近海区和外海的潮汐计算[J]. 水利水运科技情报, 1973(S5):24-67.

[30] 王船海,李光炽,向小华,等.实用河网水流计算[M].南京:河海大学出版社,2002.

[31] 张二骏,张东升,李挺.河网非恒定流的三级联合解法[J].华东水利学院学报,1982(1):1-13.

[32] 吴寿红.河网非恒定流四级解法[J].水利学报,1985(8):42-50.

[33] 李义天.河网非恒定流隐式方程组的汊点分组解法[J].水利学报,1997(3):49-57.

[34] 李光炽,王船海.大型河网水流模拟的矩阵标识法[J].河海大学学报,1995(1):36-43.

[35] 汪德爟.计算水力学理论与应用[M].南京:河海大学出版社,1989.

第三章 环境水力学源项反问题

3.1 引言

第二章主要讨论了参数反问题，然而在水环境保护生产实际中，另一类反问题——源项反问题研究同样具有重要的实用价值。源项反问题在水环境保护领域中广泛存在，如为使水体某处或若干处的浓度不超过水质标准，应如何规划污染源位置和限制其排放量。水环境容量、污染物总量控制及分配、排污口优化、排污混合区的控制等问题均可归结为源项控制反问题。可见，源项反问题在环境水力学反问题研究中占据着重要地位，具有广阔的应用前景。本章的源项反问题主要针对污染源，包括污染源识别反问题与污染源控制反问题。

根据地表水体的分类，依据从简单到复杂的研究思路，本章先研究一维河流，再研究二维河流、湖泊、河网。根据污染物输运水动力特性的不同，可分为稳态水流环境和非稳态水流环境。尽管实际水流运动一般都是非稳态的，但在某些理想状况或设计条件下可近似视为稳态水流环境。对于同一类型的水体，先研究稳态水流环境下的源项反问题，后研究非稳态水流环境下的源项反问题。感潮河流是典型的非稳态水流，水流运动既受上游径流大小影响，又受到潮汐作用强弱周期变化的影响，其流速大小不仅随时间变化，方向也可能随时间变化。复杂的水流运动状态必然影响伴随水流运动的污染物质输移扩散规律，因而非稳态水流环境下的污染源反演问题较稳态水流环境下要复杂得多，主要表现在：系统的状态变量和参数往往随空间位置的变化而变化，需要采用空间离散方法；状态变量和参数同时随时间的变化而变化，给设计条件和污染源控制条件的选取增加了困难；水质正演模型往往不存在解析解，需要数值求解，计算工作量相对较大，将直接影响反演的计算效率。我国的平原河网主要分布在三角洲地区，其水流运动往往受潮汐和强烈人类活动的影响，表现出显著的非稳态水流特征，因而进行非稳态水环境系统源项反问题研究具有重要的理论意义和应用前景。在同一类水流环境下，先研究污染源识别反问题，后研究污染源控制反问题。

3.2 一维河流稳态水流环境下源项反问题

一维模型假定污染物浓度仅在河流纵向上发生变化，主要适用于满足以下条件的河段：污染物进入河流后在较短的时间内基本能与河水混合均匀，在横向和垂向的污染物浓度梯度可以忽略，一般中小型河流可以满足这一假定。当水流为恒定均匀流时，河流混合输移过程可由一维稳态水质模型——托马斯（Thomas）模型进行描述（忽略弥散）。稳态水流环境下的水质正演模型相对简单，优化算法的选取成为模型构建的关键，本节分别选取粒子群算法和微分进化算法开展研究。

3.2.1 基于粒子群算法的污染源反演

3.2.1.1 基于粒子群算法的污染源反演模型构建

1）粒子群优化算法简介

粒子群优化算法（Particle Swarm Optimization，PSO 算法）是一种生物进化计算技术，由 Eberhart 博士和 Kennedy 博士发明，源于对鸟群捕食行为的研究，鸟类捕食时，找到食物最简单有效的策略就是搜索距离食物最近的鸟的周围。PSO 算法就是从这种生物种群行为特征中得到启发并求解优化问题的，算法中每个粒子都代表问题的一个潜在解，每个粒子对应一个由适应度函数决定的适应度值。粒子的速度决定了粒子移动的方向和距离，速度随自身以及其他粒子的移动经验进行动态调整，从而实现个体在可解空间中的寻优。PSO 算法与遗传算法类似，是一种基于迭代的优化工具。与其他群智能优化算法不同，粒子群优化算法通过群体之间的信息共享和个体自身经验的总结来修正个体行为，最终找到搜索空间中的最优解[1]。

粒子群优化算法在众多领域都有应用，杨瑞连[2]、钟锦[3]在已知污染物源信息的情况下，运用粒子群算法对水污染控制系统做出相应规划。申莉[4]运用粒子群优化算法对模型水质参数进行了识别，但很少有人将此算法应用到污染源项信息识别方面。

(1) 理论基础

PSO算法首先在可行解空间中初始化一群粒子，每个粒子都代表极值优化问题的一个潜在最优解，用位置、速度和适应值3项指标表示该粒子的特征，适应度值由适应度函数计算得到，其值的好坏表示粒子的优劣。粒子在解空间中运动，通过跟踪个体极值Pbest和群体极值Gbest更新个体位置。个体极值Pbest指个体粒子搜索到的适应度值最优位置，群体极值Gbest是指种群中的所有粒子搜索到的适应度最优位置。粒子每更新一次位置，就计算一次适应度值，并且通过比较新粒子的适应度值和个体极值、群体极值的适应度值更新个体极值Pbest和群体极值Gbest的位置。

假设在一个D维的搜索空间中，由n个粒子组成的种群$\boldsymbol{X}=(\boldsymbol{X}_1,\boldsymbol{X}_2,\cdots,\boldsymbol{X}_n)$，其中第$i$个粒子表示为一个$D$维的向量$\boldsymbol{X}_i=(x_{i1},x_{i2},\cdots,x_{iD})^{\mathrm{T}}$，代表第$i$个粒子在$D$维搜索空间中的位置，亦代表问题的一个潜在解。根据目标函数即可计算出每个粒子位置$\boldsymbol{X}_i$对应的适应度值。第i个粒子的速度为$\boldsymbol{V}_i=(V_{i1},V_{i2},\cdots,V_{iD})^{\mathrm{T}}$，其个体极值为$\boldsymbol{P}_i=(P_{i1},P_{i2},\cdots,P_{iD})^{\mathrm{T}}$，种群的群体极值为$\boldsymbol{P}_g=(P_{g1},P_{g2},\cdots,P_{gD})^{\mathrm{T}}$。

在每次迭代过程中，粒子通过个体极值和群体极值更新自身的速度和位置，即

$$V_{id}^{k+1}=\omega V_{id}^{k}+c_1r_1(P_{id}^{k}-X_{id}^{k})+c_2r_2(P_{gd}^{k}-X_{id}^{k}) \tag{3.2-1}$$

$$X_{id}^{k+1}=X_{id}^{k}+V_{id}^{k+1} \tag{3.2-2}$$

其中，ω是惯性权重；$d=1,2,\cdots,D$；$i=1,2,\cdots,n$；k为当前迭代次数，当达到预设的最大迭代步数时，算法终止；V_{id}为粒子的速度；c_1和c_2是非负常数，称为加速度因子；r_1和r_2是分布于[0,1]的随机数。为防止粒子的盲目搜索，一般建议将其位置和速度限制在一定的区间$[-X_{\max},X_{\max}]$。图3.2.1-1为粒子位置更新图。

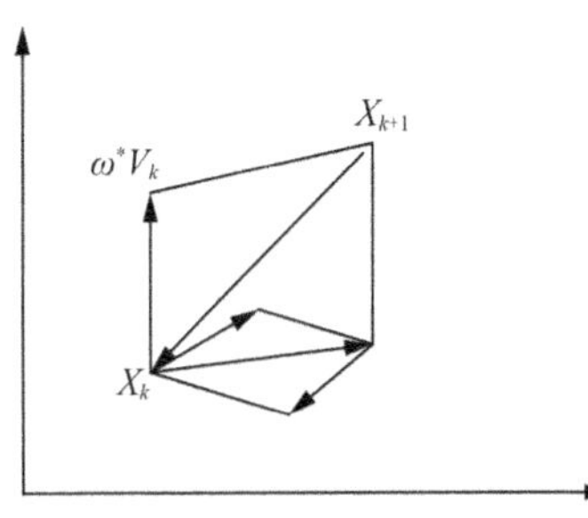

图3.2.1-1 粒子位置更新图

(2) 具体流程

① 初始化种群，设定群体规模为n个粒子数，迭代次数为m次，随机产生粒子的初始速度v和初始位置x。

② 构造优化函数 $\| C_j^{\delta} - C_j^{*} \|$，计算每个粒子的适应度值 *fitness*，确定每个粒子的个体最优位置 P_i 以及对应的适应度值、种群的最优位置 P_g 以及对应的适应度值 *fitness*。

③ 根据速度、位置更新式(3.2-1)、式(3.2-2)来更新每个粒子的速度 v_i 与位置，即源强 w_i。

④ 计算更新过后的粒子对应的适应度值 *fitness*，并更新此时粒子的个体最优解 Pbest 和种群最优解 Gbest。

⑤ 迭代直到达到最大迭代次数 m，结束并输出最优解。

粒子群优化算法流程图见图 3.2.1-2。

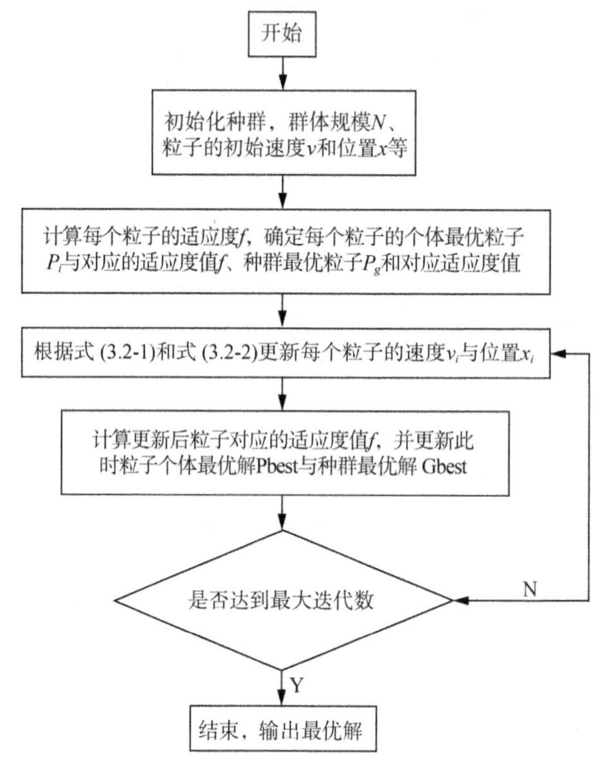

图 3.2.1-2　粒子群优化算法流程图

2）污染源反演模型构建

构造适应度函数 *fitness*，即监测浓度与计算浓度之范数 $\| C_j^{\delta} - C_j^{*} \|$ 作为目标函数，通过粒子群算法不断找寻源项信息使得适应度值 *fitness* 达到最小值，从而获得源项信息。不同的污染源有不同的排放方式，根据排放特性可

划分为瞬时排放源和连续排放源两种情况。连续源描述的是在某一时间段内连续稳定地排放污染物，如污水处理厂连续地向周边河流排放污（废）水。瞬时污染源描述的是在极短的时间内大量地排放污染物，如运输化学品的车辆倾覆至旁边河流或者游轮发生溢油突发性事故，在短时间内大流量地排入自然河流中。两种不同方式的污染源排放采用不同的水质正演模型，本节重点研究基于粒子群算法来求解一维河道污染源识别反问题，探讨反演影响因素及其不确定性。

根据优化反演法的基本原理，建立基于粒子群优化算法的河流污染源反演数学模型，其计算流程如下。

① 判断河流污染物排放类型。根据下游监测断面的浓度观测值序列来判断污染物的排放方式，若在同一监测断面不同时刻监测出来的浓度分布呈均匀分布，则初步判定污染物的类型为连续源；若呈近似正态分布，则初步判定污染物的类型为瞬时源。

② 初始化种群。设定群体规模为 n 个粒子数，迭代次数为 m 次，学习因子 c_1、c_2 都取 1.494 45，惯性权重 ω 取 0.5。随机产生粒子的初始速度 v 和初始位置 x。

③ 通过正演模型得到计算浓度值 C_j^*。若为连续源污染物，则根据河流连续源正演模型计算得到浓度值 C_j^*；若为瞬时源污染物，则根据河流瞬时源正演模型计算得到浓度值 C_j^*。

④ 通过现场监测得到浓度实测值 C_j^δ。

⑤ 构造目标函数 $\| C_j^\delta - C_j^* \|$，计算每个粒子的适应度值 $fitness$，确定每个粒子的个体最优位置 P_i 以及对应的适应度值、种群的最优位置 P_g 以及对应的适应度值。

⑥ 是否满足终止条件。若不满足则根据速度、位置更新公式 $V_{id}^{k+1} = \omega V_{id}^k + c_1 r_1 (P_{id}^k - X_{id}^k) + c_2 r_2 (P_{gd}^k - X_{id}^k)$、$X_{id}^{k+1} = X_{id}^k + V_{id}^{k+1}$ 来更新每个粒子的速度 v_{id} 与位置 x_{id}，随后返回到③。

⑦ 计算更新过后的粒子对应的适应度值 $fitness$，并更新此时粒子的个体最优解和种群最优解。

⑧ 直到满足终止条件，结束并输出最优解。

具体流程见图 3.2.1-3。

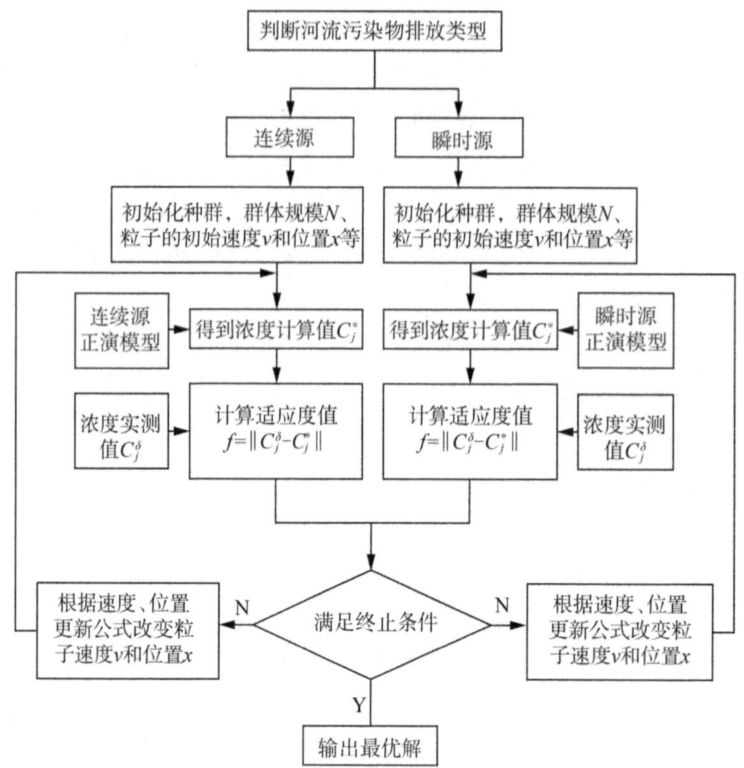

图 3.2.1-3　基于粒子群优化算法反演河流污染源流程图

3.2.1.2　河流连续源反演

1）连续源源强反演研究

（1）单源反演及影响因素分析

假定某长度为 L 的均匀流河道上游来水浓度为 C_0，流量为 Q，下游 $x=x_1$ 处有一点源连续稳定排放，废水排放流量为 q_1，排放浓度为 C_1，如图 3.2.1-4 所示。如果要求解下游污染物的浓度分布，则为通常的正问题；如果要根据下游污染物浓度分布来分析识别污染源特性，即为污染源识别反问题。

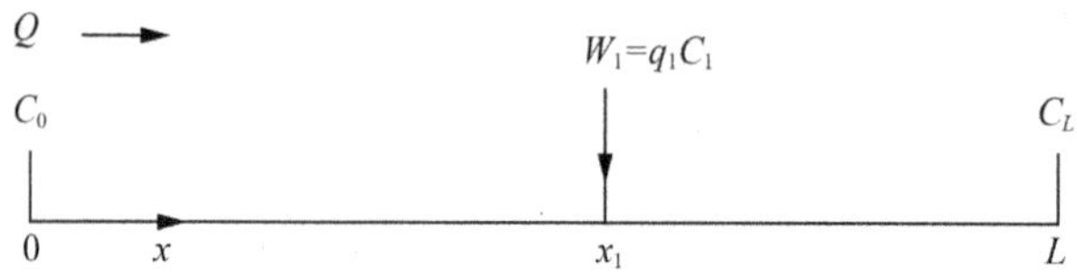

图 3.2.1-4　一维河道示例

一维稳态水流条件下的污染物混合输移过程可由一维稳态水质模型进行描述(忽略弥散),连续源识别反问题可提为

$$\begin{cases} u\dfrac{\partial C}{\partial x}=E_x\dfrac{\partial^2 C}{\partial x^2}-KC+S \\ C(0)=C_0 \\ C(L)=C_L \end{cases} \tag{3.2-3}$$

根据 C_L,反演源项 S。根据正演模型解析解,得到

$$C|_{x=L}=\frac{QC_0\exp(-Kx_1/u)+qC_1}{Q+q}\exp\left(-\frac{K(L-x_1)}{u}\right)= \\ \frac{QC_0}{Q+q}\exp\left(-\frac{KL}{u}\right)+\frac{qC_1}{Q+q}\exp\left(-\frac{K(L-x_1)}{u}\right)=C_L \tag{3.2-4}$$

式中,第一项为上游边界条件诱导的浓度,第二项为源项诱导的浓度。通常情况下,q 相对 Q 很小,可以忽略,令污染源源强 $qC_1=W_1$,式(3.2-4)可简化为

$$C|_{x=L}=C_0\exp\left(-\frac{KL}{u}\right)+\frac{W_1}{Q}\exp\left(-\frac{K(L-x_1)}{u}\right)=C_L \tag{3.2-5}$$

由式(3.2-5)可以看出,仅根据 $C|_{x=L}=C_L$ 无法同时反演污染源的位置 x_1 和排放强度 W_1,这是一个不适定的反演问题,需要增加附加条件使解唯一。通常污染源的位置容易确定,则得到理想条件下污染源源强的反演识别公式为

$$W_1=Q\left[C_L-C_0\exp\left(-\frac{KL}{u}\right)\right]\exp\left(\frac{K(L-x_1)}{u}\right) \tag{3.2-6}$$

一般不直接利用公式(3.2-6)来进行污染源源强识别,主要由于监测数据受多种因素影响,不确定性较大,仅凭单次浓度数据反演得到的源强精度难以保证。污染源反演模型是更为可靠的方法。

这里仍然采用"孪生实验"构造算例的方法来开展污染源识别研究。先构建稳态水流条件下已知污染源排放位置反演连续源源强识别算例。

【算例 3-1】 某均匀河道上游来水浓度为 $C_0=1.0$ mg/L,流量 $Q=5\ \text{m}^3/\text{s}$,下游 300 m 处有一点源连续稳定排放,废水排放流量 q 为 $0.1\ \text{m}^3/\text{s}$,排放浓度 C 为 5.0 mg/L,流速 u 为 1.0 m/s,降解系数 K 为 $0.1\ \text{d}^{-1}$。利用解析

解模型计算得到下游 $L=800$ m 处的浓度数据为 1.099 0 mg/L。在粒子群算法中，学习因子 c_1、c_2 分别取 1.494 45，惯性权重 ω 取 0.5。算法开始初始化种群，设定群体规模为 3 个粒子数，迭代次数为 20 次，随机产生粒子的初始速度 v 和初始源强 w。反演过程中适应值和源强变化见图 3.2.1-5、图 3.2.1-6。由图可见，在未添加扰动的情况下，迭代到第 4 代时，粒子收敛于真实源强，适应度值趋向 0，反演得到的源强为 0.499 9 g/s，与真实源强 0.5 g/s 非常接近，相对误差仅为 0.02%，表明在监测数据足够精确、仅有一个污染源且位置确定的情况下，基于粒子群算法的反演模型可以很好地反演出污染源源强，而且迭代速度很快。

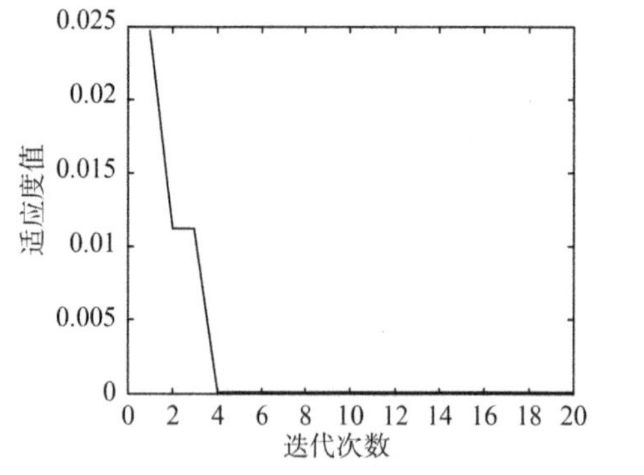

图 3.2.1-5　迭代过程中最优个体适应度值变化图

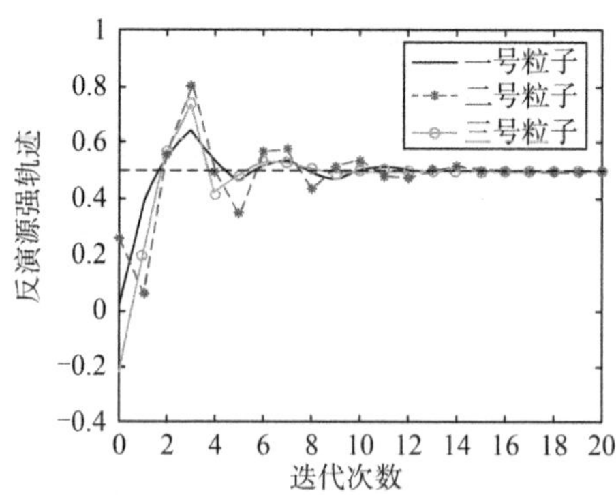

图 3.2.1-6　迭代过程中种群粒子源强轨迹图

① 附加随机噪声的影响

在实际监测过程中，监测数据总会存在着一定的扰动误差。为了贴合实际监测数据，给精确解添加一定的扰动噪声，从而模拟受随机扰动后的观测数据。在算例 3-1 的基础上，利用解析解模型计算得到下游 $L=800$ m 处的浓度数据，然后分别添加 δ 为 1%、5%、10%、20%和 30% 5 种不同扰动水平，作为污染源识别所需要的“观测数据”；再利用粒子群优化算法反演得到污染源源强，进行了 50 次的数值试验，统计结果如表 3.2.1-1 所示。由表可见，随着噪声水平的增加，反演误差也随之增加。在相同噪声水平下，变异系数的变化幅度远大于平均值的相对误差，表明可以通过多次反演取平均值来提高模型的抗噪性。当噪声超过 5%后，算法中每个粒子的适应度值都会有相对较大的偏差，因此多次反演的源强会有很大的波动，无法获得准确的污染源源强。如果噪声控制在 5%以内，变异系数可以控制在 25%以内。

表 3.2.1-1 不同噪声水平下的反演结果

δ(噪声水平)	0%	1%	5%	10%	20%	30%
反演均值(g/s)	0.500	0.496 7	0.546 9	0.386 6	0.649 4	0.334 0
相对误差(%)	0	0.66	9.38	22.68	29.89	33.19
标准差(g/s)	0	0.026	0.119	0.253	0.507	0.876
变异系数(%)	0	5.23	21.76	65.44	78.07	262.28

② 监测断面位置的影响

监测断面的位置可能会对污染源反演的结果产生影响，算例 3-1 中采用的断面位置为下游 $L=800$ m 处，即距离排污口下游 500 m 处，现分析在同一噪声水平的情况下，不同监测断面位置对反演精度的影响。在算例 3-1 的基础上，利用水质模型获取 $L=500$ m、$L=800$ m、$L=1\ 000$ m、$L=1\ 200$ m、$L=1\ 400$ m、$L=1\ 600$ m、$L=1\ 800$ m 和 $L=2\ 000$ m 处的浓度数据，如表 3.2.1-2 所示。统一添加 1%的随机噪声，得到反演利用的“观测数据”，进行 50 次的反演统计结果如表 3.2.1-3。

表 3.2.1-2 不同监测断面计算浓度数据

L(m)	500	800	1 000	1 200	1 400	1 600	1 800	2 000
断面浓度 C(mg/L)	1.099 4	1.099 0	1.098 8	1.098 5	1.098 3	1.098 0	1.097 7	1.097 5

表 3.2.1-3 同一噪声水平下不同监测断面连续源强反演结果

L(m)	500	800	1 000	1 200	1 400	1 600	1 800	2 000
反演均值(g/s)	0.488 6	0.501 8	0.512 2	0.522 3	0.505 8	0.505 2	0.481 9	0.498 1
相对误差(%)	2.28	0.36	2.44	4.46	1.16	1.04	3.62	0.38
标准差(g/s)	0.028	0.021	0.042	0.027	0.031	0.039	0.028	0.038
变异系数(%)	5.73	4.18	8.20	5.17	6.13	7.72	5.81	7.63

由表 3.2.1-3 可见，在添加同一噪声 1%的水平下，不同监测断面多次反演源强均值总体相差不大，基本接近真实源强。断面 $L=800$ m 处反演源强数据最为集中，变异系数最小，其他监测断面多次反演的源强分布较为分散。本算例中，监测断面对污染源源强的影响不显著，可能与所选的监测断面距离污染源均较近有关，最远仅为 2 000 m，考虑到在实际河流中，监测断面距离污染源越远，污染源所诱导的浓度越小，沿途污染的汇入等干扰因素越多，污染源反演的难度也越大。如果断面距离污染源太近，又难以满足断面均匀

混合的假定。因此，监测断面位置对污染源反演的影响比较复杂，对于特定的污染源，应当存在较优的监测断面位置。

③ 监测断面数量的影响

算例 3-1 中仅利用一个监测断面数据对连续污染源源强进行反演，而排污口下游可能有多个监测断面，若采用多个监测断面的数据进行反演结果会怎样？现构造算例开展研究。

【算例 3-2】 均匀河道上游源头处来水浓度为 $C_0=1.0$ mg/L，流量 $Q=5$ m^3/s；下游 300 m 处有一点源连续稳定排放，废水排放流量 q 为 0.1 m^3/s，排放浓度 C 为 5.0 mg/L，流速 u 为 1.0 m/s，降解系数 K 为 0.1 d^{-1}。为模拟实际监测情况，在噪声水平为 1% 的情况下，分别取距上游源头位置 $L=500$ m、$L=800$ m、$L=1\ 000$ m、$L=1\ 200$ m、$L=1\ 400$ m、$L=1\ 600$ m、$L=1\ 800$ m、$L=2\ 000$ m 和 $L=2\ 200$ m 进行污染源源强反演。通过水质正演模型计算得到不同监测断面的监测浓度，具体数据见表 3.2.1-4。将表 3.2.1-4 中的每组数据统一添加 1%的随机噪声，得到反演利用的"观测数据"。进行 50 次数值试验的反演结果如表 3.2.1-5 所示。

表 3.2.1-4 多个监测断面计算浓度数据

距源位置(m)	监测数量				
	1	3	5	7	9
500	1.099 4	1.099 4	1.099 4	1.099 4	1.099 4
800	—	1.099 0	1.099 0	1.099 0	1.099 0
1 000	—	1.098 8	1.098 8	1.098 8	1.098 8
1 200	—	—	1.098 5	1.098 5	1.098 5
1 600	—	—	—	1.098 0	1.098 0
1 800	—	—	—	1.097 7	1.097 7
2 000	—	—	—	—	1.097 5
2 200	—	—	—	—	1.097 2

表 3.2.1-5 多个监测断面反演结果

监测断面数量	1	3	5	7	9
反演均值(g/s)	0.506 0	0.502 4	0.501 1	0.502 4	0.500 8
相对误差(%)	1.190	0.484	0.216	0.484	0.161

续表

监测断面数量	1	3	5	7	9
标准差(g/s)	0.029	0.026	0.028	0.031	0.026
变异系数(%)	5.672	5.158	5.499	6.089	5.162

由表 3.2.1-5 可见，随着采用监测断面数的增多，变异系数变化不大，均在 5.1%～6.1%之间，大大超过了 1%的噪声水平，但相对误差明显减小，当监测断面为 9 个时，反演源强相对误差仅为 0.161%。可见，监测断面数据的增加，并不能保证反演误差的降低，但通过多次反演取均值的方法，可以有效提高反演的精度。

④ 种群规模的影响

上述算例中种群粒子规模都是设置为 3 个粒子，现设置不同种群粒子规模：1、2、3、4、5、6 个粒子，分别在 $L=800$ m 处进行反演，考察添加不同种群规模对反演的影响。将每组数据添加 1%的随机噪声后反演的结果见表 3.2.1-6 所示。不同粒子反演的污染源源强轨迹见图 3.2.1-7。

表 3.2.1-6　不同粒子种群污染源源强反演结果

粒子数(个)	真实源强(g/s)	反演均值(g/s)	相对误差(%)	标准差(g/s)	变异系数(%)
1	0.5	0.279 4	44.12	0.764	273.45
2	0.5	0.504 6	0.92	0.038	7.652
3	0.5	0.496 7	0.66	0.026	5.287
4	0.5	0.506 6	1.32	0.039	7.844
5	0.5	0.503 9	0.78	0.039	7.706
6	0.5	0.501 1	0.22	0.044	8.708

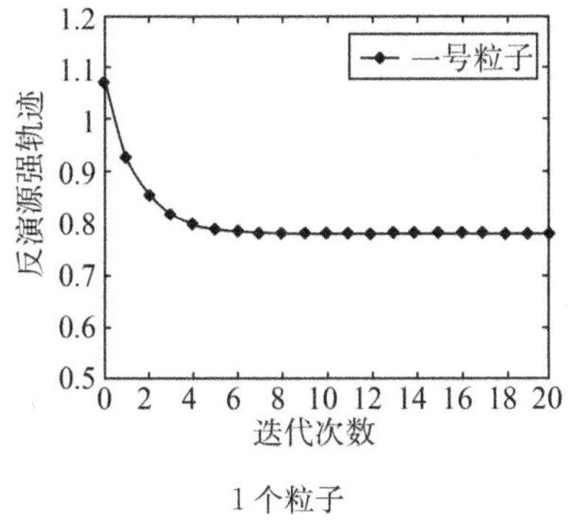

1 个粒子

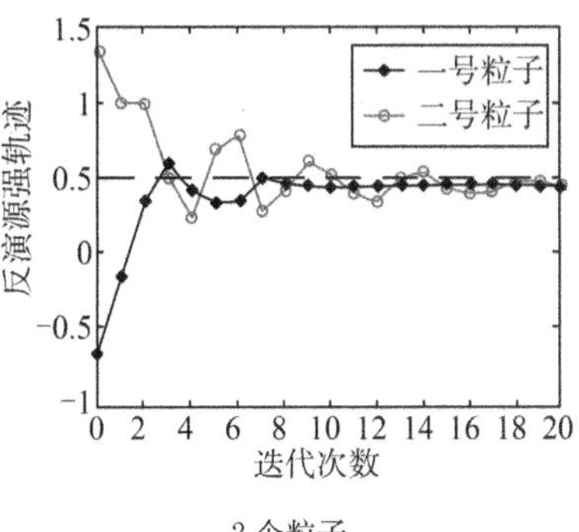

2 个粒子

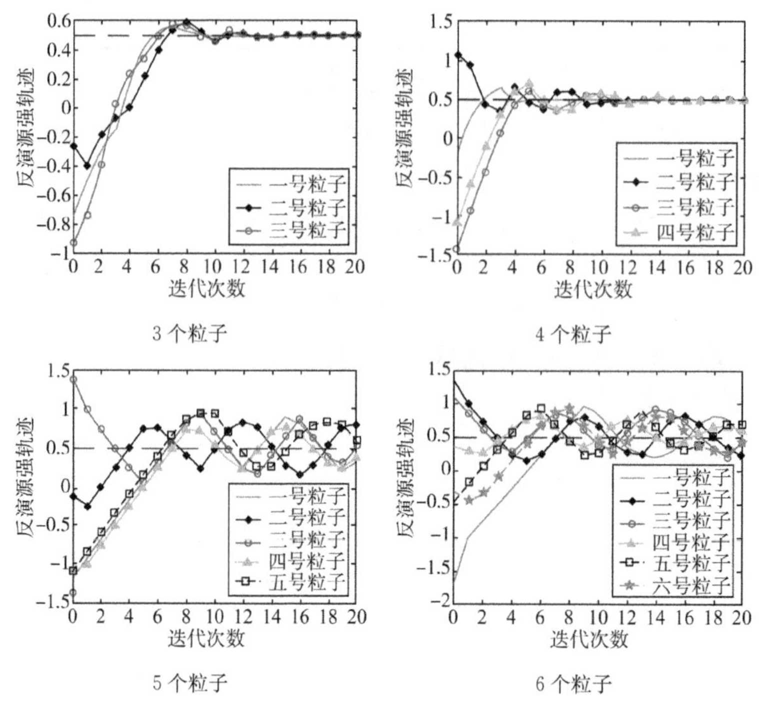

图 3.2.1-7　不同粒子反演的污染源源强轨迹

由图 3.2.1-7 和表 3.2.1-6 可见，当粒子数为 1 时，反演源强迭代不能收敛到真实源强，导致反演源强均值误差较大，相对误差达到 44.12%，且分散度较大，变异系数达到 273.45%。当粒子数为 2 个或更多时，反演源强迭代均能收敛到真实源强附近，多次识别的源强分布更加集中，相对误差和变异系数均较小。2、3、4、5 和 6 个粒子的源强分别为 0.504 6 g/s、0.496 7 g/s、0.506 6 g/s、0.503 9 g/s 和 0.501 1 g/s，相对误差基本在 1%左右浮动，变异系数亦相差不大。可见，粒子数的增加并不能提高反演源强精度，相反，粒子数增加到 5、6 时，收敛速度明显减慢。就本例而言，由于反演变量只有 1 个，粒子数设置在 3 时能很好地反演出准确的源项信息，变异系数最小。

(2) 多源反演

在实际情况中，往往存在着不止一个污染源的情况，这里考虑多个污染源。以双污染源为例，两个污染源源强大小都是未知的，如何通过排污口下游断面浓度数据来反推双污染源的相关信息呢？假设污染源 W_1 和 W_2 下游 $x=L_1$ 处有一个监测断面，如图 3.2.1-8 所示。

根据一维稳态水质模型解析解，下游监测断面浓度：

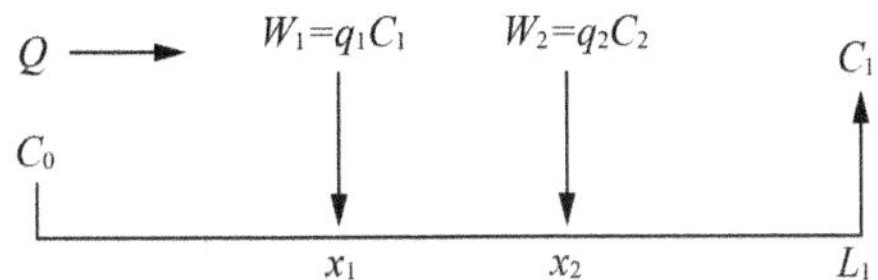

图 3.2.1-8　监测方案布置图

$$C_1 = C_0 \exp\left(-\frac{KL_1}{u}\right) + \frac{W_1}{Q}\exp\left(-\frac{K(L_1 - x_1)}{u}\right) + C_0 \exp\left(-\frac{KL_1}{u}\right) + \frac{W_2}{Q}\exp\left(-\frac{K(L_1 - x_2)}{u}\right)$$

其中，x_1、x_2、L_1 已知，C_1 可通过监测数据得知，但式中有两个未知数 W_1 和 W_2，而通过一个等式无法求解出两个未知数，所以从理论上说，稳态水流条件下此种监测方案难以同时反演出两组污染源的源强大小。

考虑取两个监测断面的情形，一个监测断面设于两个污染源之间，另一个监测断面设于两个污染源下游，见图 3.2.1-9。

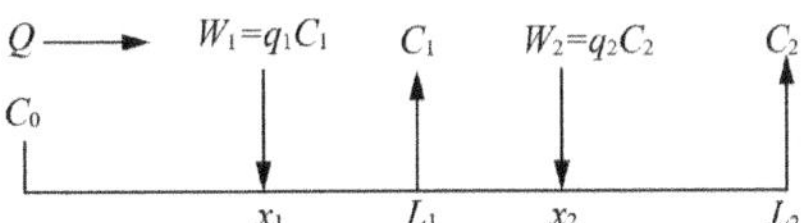

图 3.2.1-9　监测方案布置图

根据一维稳态水质模型解析解，两个监测断面的浓度理论数据分别为

$$\begin{cases} C_1 = C_0 \exp\left(-\frac{KL_1}{u}\right) + \frac{W_1}{Q}\exp\left(-\frac{K(L_1 - x_1)}{u}\right) \\ C_2 = C_0 \exp\left(-\frac{KL_2}{u}\right) + \frac{W_1}{Q}\exp\left(-\frac{K(L_2 - x_1)}{u}\right) + \\ \qquad C_0 \exp\left(-\frac{KL_2}{u}\right) + \frac{W_2}{Q}\exp\left(-\frac{K(L_2 - x_2)}{u}\right) \end{cases}$$

通过转化可得：

$$\begin{cases} W_1 = Q\left[C_1 - C_0 \exp\left(-\frac{KL_1}{u}\right)\right]\exp\left(\frac{K(L_1 - x_1)}{u}\right) \\ W_2 = Q\left[C_2 \exp\left(\frac{KL_2}{u}\right) - C_1 \exp\left(\frac{KL_1}{u}\right) - C_0\right]\exp\left(-\frac{Kx_2}{u}\right) \end{cases}$$

由于实际情况中监测浓度会存在一定的扰动，故将计算得到的浓度添加

一定的扰动进行反演，现构造算例说明。

【算例 3-3】 河道上游来水浓度为 $C_0=1.0$ mg/L，流量 $Q=5$ m^3/s，上游源头 $x_1=0$ m 和下游 $x_2=1\ 000$ m 处分别有一点源连续稳定排放，上游源头处废水排放流量 q_1 为 0.1 m^3/s，排放浓度 C_1 为 5.0 mg/L；下游 1 500 m 处废水排放流量 q_2 为 0.1 m^3/s，排放浓度 C_2 为 10.0 mg/L，流速 u 为 1.0 m/s，降解系数 K 为 0.1 d^{-1}。将监测下游 $L_1=800$ m 和下游 $L_2=1\ 500$ m 处的浓度数据 C_1 和 C_2，作为污染源识别所需要的观测数据，通过两个监测断面对污染源源强进行反演。根据水质模型计算获得两个监测断面的浓度数据如表 3.2.1-7 所示。

表 3.2.1-7 监测断面的计算浓度

监测断面 x_i(m)	800	1 500
计算浓度 C_i(mg/L)	1.099 0	2.296 2

① 两组监测断面同时反演两组污染源源强

将表 3.2.1-7 中两组监测断面的计算浓度添加 1%的随机噪声，得到的浓度作为反演的“观测数据”，通过两组监测断面的浓度运用标注粒子群算法进行污染源源强反演。设定迭代次数为 20 次，种群粒子数为 3 个，种群每代反演的最优源强见图 3.2.1-10，种群粒子源强轨迹见图 3.2.1-11。两组污染源源强的反演结果如表 3.2.1-8 所示。

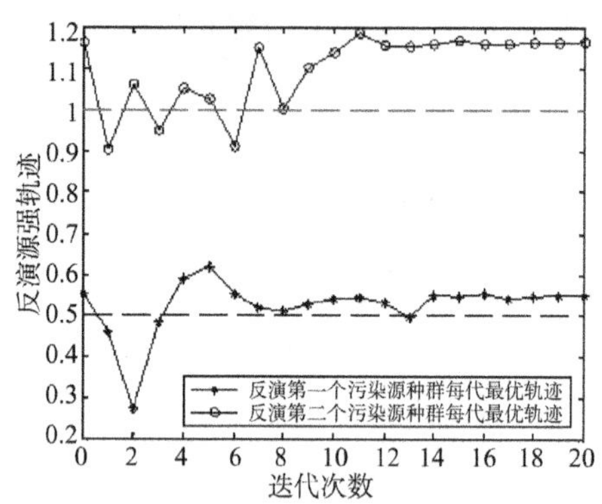

图 3.2.1-10 双断面同时反演的双污染源种群每代反演的最优源强

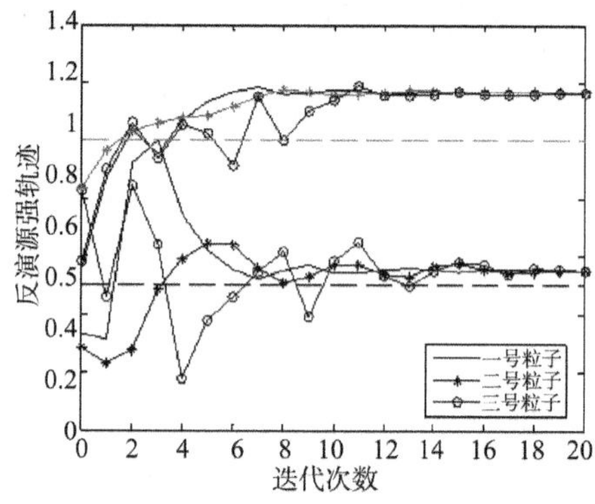

图 3.2.1-11 双断面同时反演的双污染源种群粒子源强轨迹

表 3.2.1-8　两组污染源源强的反演结果

监测断面 L(m)	源强均值(g/s)	相对误差(%)	标准差(g/s)	变异系数(%)
800	0.504 5	0.903	0.034 3	6.818
1 500	1.303 4	30.38	0.167 8	12.87

由表 3.2.1-8 可知，利用粒子群算法可以反演出双污染源源强，反演结果分别为 0.504 5 g/s、1.303 4 g/s，相对误差分别为 0.903%、30.38%。第一个污染源源强误差较小，而第二个污染源源强误差较大。可能是由于第二个污染源源强距离两个监测断面均较近，其反演结果同时受两个监测断面噪声的影响。

② 分别采用两个监测断面反演两个污染源源强

也可以考虑另一种反演方法，先根据第一个监测断面数据反演第一个污染源源强，再利用第一个污染源源强的反演结果以及第二个断面观测数据反演第二个污染源源强。粒子群算法设定与同时反演相同，种群每代反演的最优源强见图 3.2.1-12，种群粒子源强轨迹见图 3.2.1-13。两组污染源源强的反演结果如表 3.2.1-9 所示。

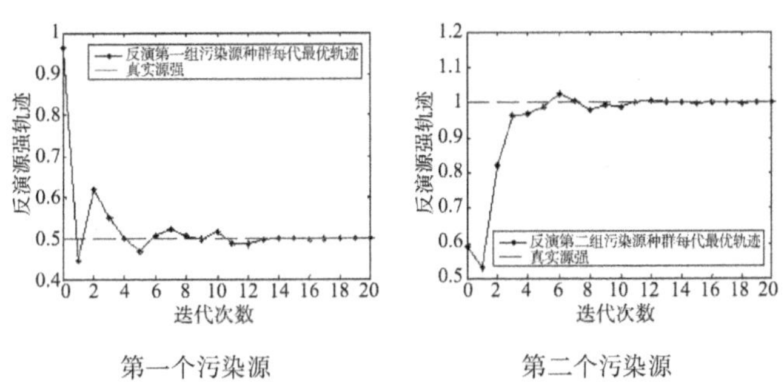

图 3.2.1-12　双断面分别反演的双污染源种群每代反演的最优源强

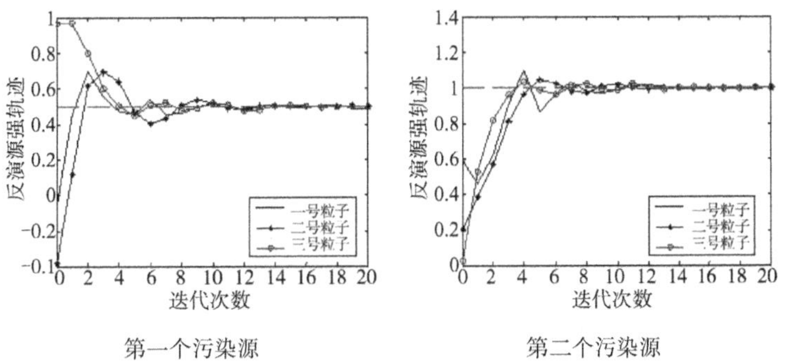

图 3.2.1-13　双断面分别反演的双污染源种群粒子源强轨迹

表 3.2.1-9 两组污染源源强的反演结果

监测断面 L(m)	真实源强(g/s)	源强均值(g/s)	相对误差(%)	标准差(g/s)	变异系数(%)
800	0.5	0.504 8	0.477	0.038 8	7.690
1 500	1.0	1.020 1	2.006	0.056 9	5.577

由图 3.2.1-12、图 3.2.1-13 和表 3.2.1-9 可见,双污染源源强反演结果分别为 0.504 8 g/s、1.020 1 g/s,与真实源强的相对误差仅为 0.477%、2.006%。与表 3.2.1-8 相比反演精度有明显提高,尤其第二组污染源源强,从 30%的相对误差降低到 2%,且波动都在真实源强附近。利用两组监测断面分别反演两个污染源源强比同时反演的效果要好。

2) 连续源源强与位置同时反演研究

(1) 单个污染源源强与位置反演

前面分析了在已知污染源位置的情况下对污染源源强的反演,但在实际环境污染问题中,有可能不知道污染源排放位置,这就需要同时进行排放源强和排放位置的联合反演,同样构造算例进行研究。

【算例 3-4】 均匀河道上游来水浓度为 $C_0=1.0$ mg/L,流量 $Q=5$ m^3/s,下游 300 m 处有一点源连续稳定排放,废水排放流量 q 为 0.1 m^3/s,排放浓度 C 为 5.0 mg/L,流速 u 为 1.0 m/s,降解系数 K 为 0.1 d^{-1}。利用解析解模型计算得到下游 $L=800$ m 处的浓度数据为 1.099 0 mg/L,再添加 1%的随机噪声作为污染源识别所需要的"观测数据"。通过该浓度数据,并利用粒子群算法对污染源源强 W 以及污染源排放位置 x 进行反演。反演污染源源强与位置的种群粒子轨迹见图 3.2.1-14,反演污染源源强与位置的种群粒子轨迹三维图见图 3.2.1-15。污染源源强与位置同时反演结果如表 3.2.1-10 所示。

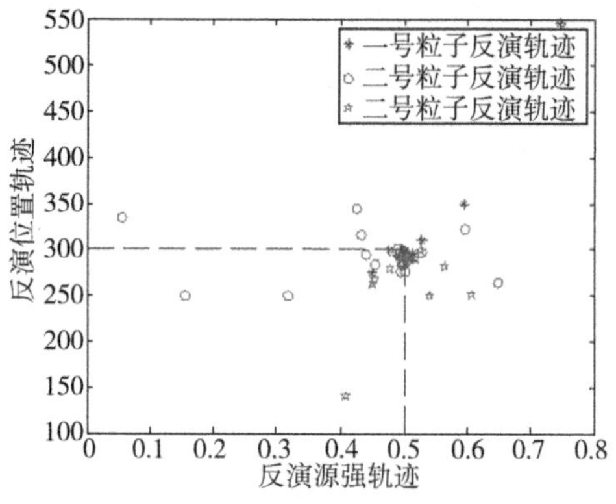

图 3.2.1-14 反演污染源源强与位置的种群粒子轨迹

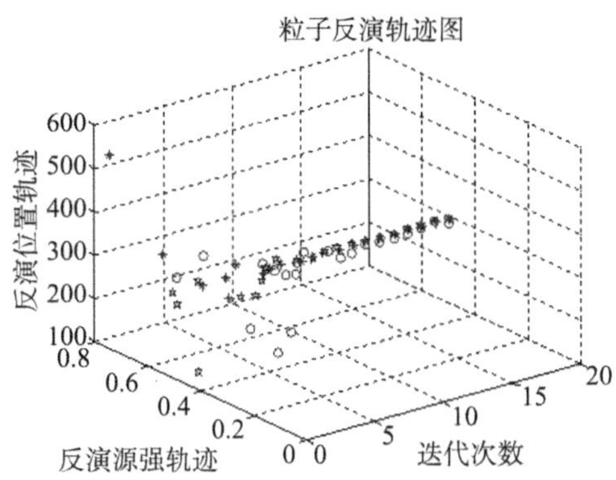

图 3.2.1-15　反演污染源源强与位置的种群粒子轨迹三维图

表 3.2.1-10　污染源源强与位置同时反演结果

	污染源源强(g/s)	污染源位置(m)
反演均值(g/s)	0.504 6	292.891
相对误差(%)	0.915 6	2.369 4
标准差(g/s)	0.038 6	28.795 6
变异系数(%)	7.666 3	9.831 5

由图 3.2.1-14、图 3.2.1-15 和表 3.2.1-10 可见，基于粒子群优化算法的反演模型能够成功实现污染源源强与位置的同时反演，源强均值与位置均值分别为 0.504 6 g/s、292.891 m，相对误差分别为 0.915 6%、2.369 4%，变异系数分别为 7.666 3%、9.831 5%。

(2) 多个污染源源强与位置联合反演

在实际水环境管理中，当污染源排污口距离较近时，监测断面浓度可能受多个污染源排放的叠加影响，此时需要进行多个污染源的联合反演。若排污口位置亦不确定，如水下暗排，则需要多个源强与位置的联合反演，现构造稳态水流条件下反演双连续源源强 W_i(g/s)以及排放位置 x_i(m)算例进行数值试验。

【算例 3-5】 河道上游来水浓度为 $C_0=1.0$ mg/L，流量 $Q=5$ m^3/s。下游$x_1=300$ m 和 $x_2=700$ m 处分别有一点源连续稳定排放，下游 300 m 处废水排放流量 q_1 为 0.1 m^3/s，排放浓度 C_1 为 5.0 mg/L；下游 700 m 处废水排放流量 q_2 为 0.1 m^3/s，排放浓度 C_2 为 10.0 mg/L，流速 u 为 1.0 m/s，降解系数 K 为 0.1 d^{-1}。假设在排污影响区域内有 2 个监测断面：$L_1=550$ m、

L_2=750 m。通过水质模型得到这 2 个监测断面的浓度为 C_1=1.099 3 mg/L、C_2=2.298 2 mg/L，再添加 1%随机噪声利用粒子群算法同时反演污染源源强 W_1、W_2 以及排放位置 x_1、x_2。

反演污染源源强 w_1 与位置 x_1 的种群粒子轨迹见图 3.2.1-16，反演污染源源强 W_1 与位置 x_1 种群粒子轨迹三维图见图 3.2.1-17。反演污染源源强 W_2 与位置 x_2 的种群粒子轨迹见图 3.2.1-18，反演污染源源强 W_2 与位置 x_2 种群粒子轨迹三维图见图 3.2.1-19。污染源源强与位置同时反演统计结果如表 3.2.1-11 所示。

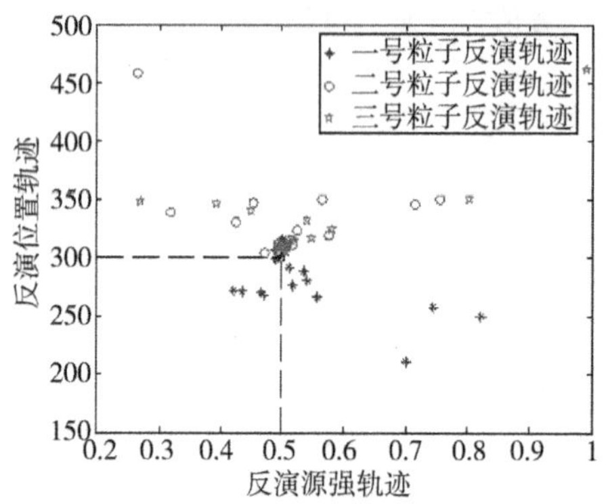

图 3.2.1-16　反演污染源源强 W_1 与位置 x_1 的种群粒子轨迹

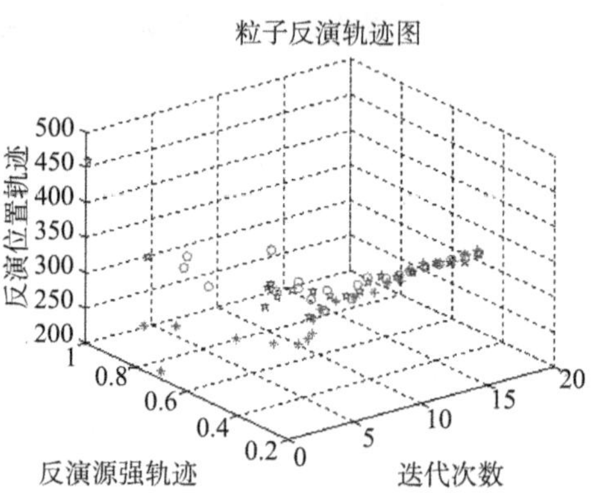

图 3.2.1-17　反演污染源源强 W_1 与位置 x_1 种群粒子轨迹三维图

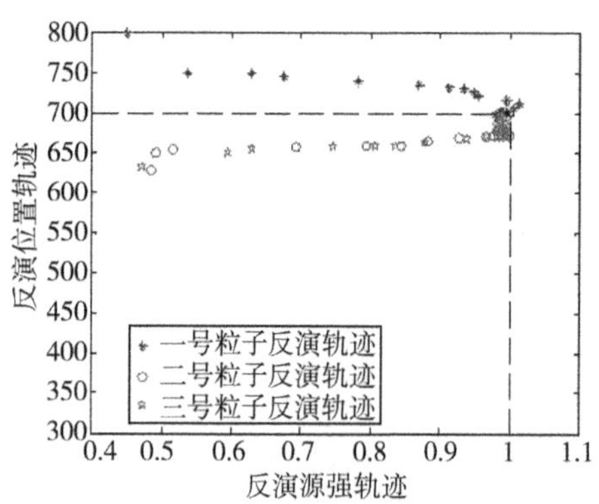

图 3.2.1-18　反演污染源源强 W_2 与位置 x_2 的种群粒子轨迹

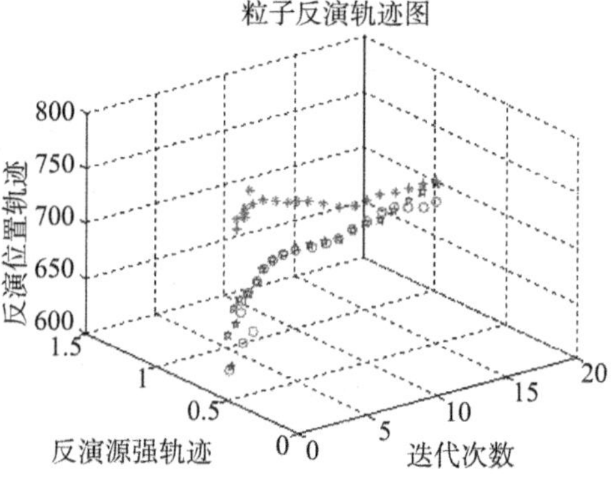

图 3.2.1-19　反演污染源源强 W_2 与位置 x_2 种群粒子轨迹三维图

表 3.2.1-11 污染源源强与位置同时反演结果

		第一个污染源 W_1	第二个污染源 W_2
源强	均值(g/s)	0.492 4	0.930 3
	相对误差(%)	1.517 0	6.967 5
	标准差(g/s)	0.034 3	0.044 2
	变异系数(%)	6.966 4	4.756 2
位置	位置均值(m)	308.647	701.112
	相对误差(%)	2.882	0.158 9
	标准差(m)	26.002	13.565
	变异系数(%)	8.424	1.935

由图 3.2.1-16～图 3.2.1-19 和表 3.2.1-11 可见，随着不断更新速度与位置粒子逐渐接近真实源强与位置，直到迭代结束输出种群的最优解。第一个污染源源强均值与位置均值分别为 0.492 4 g/s、308.647 m，相对误差分别为 1.517 0%、2.882%，变异系数分别为 6.966 4%、8.424%。第二个污染源源强均值与位置均值分别为 0.930 3 g/s、701.112 m，相对误差分别为 6.967 5%、0.158 9%，变异系数分别为 4.756 2%、1.935%。可见，基于粒子群优化算法的污染源反演模型可以依据两个监测断面数据同时反演出两个污染源的源强与位置。

3.2.1.3 河流瞬时源反演

(1) 瞬时源源强反演研究

瞬时源也是污染源常见的排放方式之一，突发性污染事故排放大多可概化为瞬时源，其排放往往具有随机性和突发性，一般难以确定污染物排放源强和排放位置。事故发生后，环保等部门会立即在下游受污染范围内对水质进行监测，获取不同时刻的污染物浓度数据，从而对上游的污染源源强进行反演，对于风险评估和管理具有指导意义。

一维稳态水流环境下的瞬时污染源识别反问题可提为

$$\begin{cases}\dfrac{\partial C}{\partial t}+u\dfrac{\partial C}{\partial x}=E_x\dfrac{\partial^2 C}{\partial x^2}-KC\\ C(x,0)=0\\ C(0,t)=C_0\delta(t)\\ C(L,t_1)=C_i,\ i=1,2,\cdots,n\end{cases}\tag{3.2-7}$$

通过监测下游断面 $x=L$ 处在不同时刻的浓度数据值 C_i 来识别瞬时污染源源强。由瞬时源正演模型的解析解，得到

$$C(L,t)=\frac{M}{A\sqrt{4\pi E_x(t-t_0)}}\exp\left[-\frac{(x-x_0-ut+ut_0)^2}{4E_x(t-t_0)}\right]\exp[-K(t-t_0)] \tag{3.2-8}$$

式中，$C(L,t)$为 $x=L$ 处 t 时刻污染物浓度在水体的时空分布，mg/L；M 为瞬时投放的污染物质量，kg；A 为河流断面面积，m^2；E_x 为纵向弥散系数，m^2/s；x 为下游监测断面位置，m；u 为河流平均速度，m/s；t_0 为污染源初始排放时刻，s；x_0 为污染源初始排放位置，m；K 为污染物一级反应动力学衰减速率系数，d^{-1}。

假设某均匀流河道上游来水浓度为 C_0，流速为 u，设在河流起始端即 $t_0=0$，$x_0=0$，瞬时源排放量为 M，如图 3.2.1-20 所示。现要根据 $x=L$ 处浓度数据值来识别瞬时污染源源强。

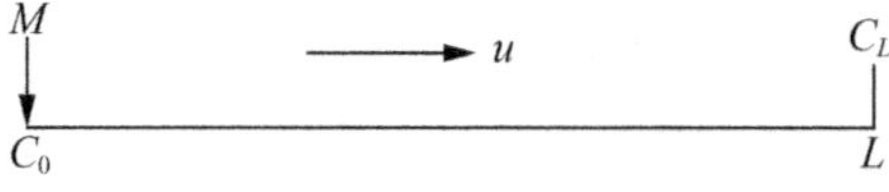

图 3.2.1-20　一维河道示例

假定纵向离散系数、降解系数等变量为已知，则可推导得到瞬时源识别公式为

$$M=C(L,t)A\sqrt{4\pi E_x t}\exp\left[\frac{(L-ut)^2}{4E_x t}\right]\exp(Kt) \tag{3.2-9}$$

原则上，根据浓度数据值 $C(L,t)$利用式(3.2-9)即可识别污染源源强 M。但考虑到观测数据的不确定性，这里仍采用基于粒子群算法的反演模型来进行污染源识别。在粒子群算法中，学习因子 c_1、c_2 分别取 1.494 45，惯性权重 ω 取 0.5。现构造瞬时源反演算例如下。

【算例 3-6】 在某均匀河段上游投放 30 kg 污染物，河流断面面积为 20 m^2，平均流速为 1.0 m/s，纵向离散系数 $E_x=30\ m^2/s$，污染物的降解系数 $K=0.1\ d^{-1}$。确定污染源排放位置后，在污染源下游 $L=1\ 200$ m 处进行浓度数据监测。这里仍然采用孪生试验的方法，利用解析解正演模型计算得到的污染物投放后不同时刻浓度过程数据见表 3.2.1-12，表中的数据添加 1%

的随机噪声作为污染源反演的“观测数据”。

表 3.2.1-12 瞬时源源项反问题 $L=1\ 200$ m 的浓度数据 mg/L

t(min)	10	12	14	16	18	20	22	24
C(mg/L)	0.021	0.200	0.736	1.512	2.103	2.230	1.941	1.458
t(min)	26	28	30	32	34			
C(mg/L)	0.978	0.601	0.343	0.185	0.095			

粒子群算法污染源源强反演结果见表 3.2-13，利用反演源强计算的污染物浓度与“观测数据”对比图见图 3.2.1-21，种群粒子源强轨迹图见图 3.2.1-22。

表 3.2.1-13 污染源源强反演结果

监测断面(m)	反演真值(g)	反演均值(g)	相对误差(%)	标准差(g)	变异系数(%)
1 200	30 000	30 031	0.103	9.115	0.030

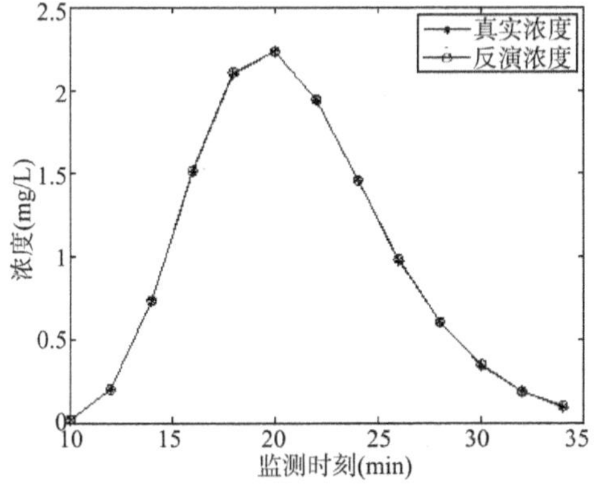

图 3.2.1-21 真实浓度与反演浓度对比图

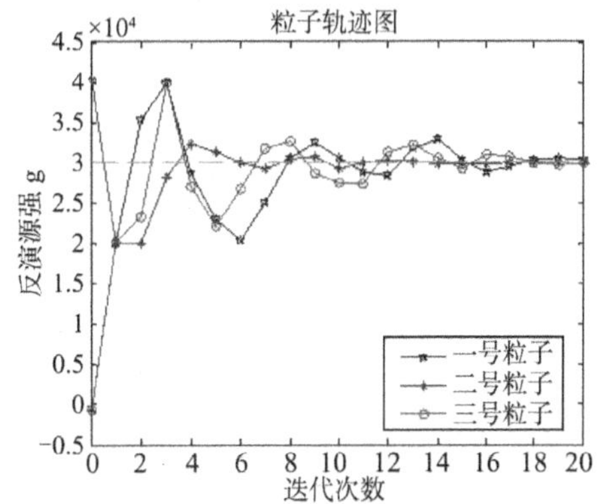

图 3.2.1-22 种群粒子源强轨迹图

由表 3.2.1-13 可知，反演源强的均值为 30.031 kg，相对误差为 0.103%，标准差为 9.115 g，变异系数为 0.030%，小于观测数据噪声水平 1%。表明反演方法具有较高的精度，且对观测数据噪声水平具有一定的抑制作用。在同等扰动水平下，瞬时源反演精度和稳定性明显优于连续源反演。下面探讨一下反演的影响因素。

① 监测时间间隔的影响

在断面 $L=1\ 200$ m 处监测时段[10 min，34 min]内设置 6 种不同的取样时间间隔：2 min、4 min、6 min、8 min、10 min、24 min，所对应的数据量分别为 13、7、5、4、3、2，如表 3.2.1-14 所示。将表中的计算数据添加 1%的随机噪

声模拟“观测数据”，进行了多次数值试验，统计分析结果如表 3. 2. 1-15 所示。

表 3. 2. 1-14 不同监测时间间隔的计算浓度 mg/L

监测时刻	时间间隔(min)					
	2	4	6	8	10	24
10	0. 021	0. 021	0. 021	0. 021	0. 021	0. 021
12	0. 200	—	—	—	—	—
14	0. 736	0. 736	—	—	—	—
16	1. 512	—	1. 209	—	—	—
18	2. 103	2. 103	—	2. 103	—	—
20	2. 230	—	—	—	2. 230	—
22	1. 941	1. 941	1. 941	—	—	—
24	1. 458	—	—	—	—	—
26	0. 978	0. 978	—	0. 978	—	—
28	0. 601	—	0. 601	—	—	—
30	0. 343	0. 343	—	—	0. 343	—
32	0. 185	—	—	—	—	—
34	0. 095	0. 095	0. 095	0. 095	—	0. 095

表 3. 2. 1-15 不同监测时间间隔反演结果

时间间隔(min)	2	4	6	8	10	24
真实源强(g)	30 000	30 000	30 000	30 000	30 000	30 000
反演均值(g)	30 036. 5	30 104. 0	30 372. 0	30 827. 0	31 136. 9	31 373. 1
相对误差(%)	0. 121	0. 346	1. 240	2. 756	3. 789	4. 577
标准差(g)	128. 8	189. 7	484. 6	1 789. 0	2 257. 0	5 377. 6
相对标准差(%)	0. 429	0. 630	1. 595	5. 803	7. 248	17. 14

由表 3. 2. 1-15 可见，在相同的时间段内，采样时间间隔越小，反演结果越接近于真值，相对误差和相对标准差也越小，主要原因在于采样时间间隔越小获得的观测数据量越大。但反演精度与数据量并不呈线性关系，当数据量≥7(时间间隔为 4 min)时，反演相对误差和相对标准差均小于观测数据噪声水平 1%，反演精度较好，实际监测时需要在采样成本与反演精度间取得较好的平衡。

② 监测断面位置的影响

监测断面与事故点间的距离亦会对反演结果产生影响，在上述算例的基础上，变换采样断面距离 L＝600、800、1 000、1 200、1 400、1 600 m，采样时间 t＝10、14、18、22、26、30、34 min，获得污染浓度数据如图 3.2.1-23 和表 3.2.1-16 所示。将表 3.2.1-16 中的计算数据添加 1%的随机噪声作为溯源所依据的"观测数据"，多次数值试验的溯源结果如表 3.2.1-17 所示。

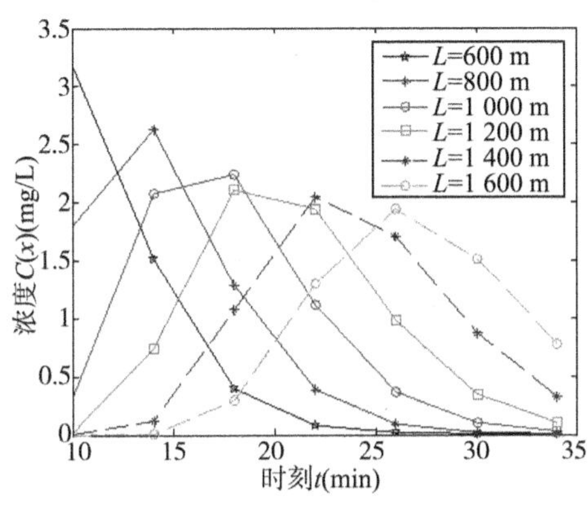

图 3.2.1-23　同一监测时刻不同监测断面的浓度数据分布图

表 3.2.1-16　瞬时源源项反问题不同监测断面所选用的浓度数据　mg/L

监测时刻(min)	监测断面距离(m)					
	600	800	1 000	1 200	1 400	1 600
10	3.153	1.809	0.341	0.021	0.000	0.000
14	1.505	2.623	2.067	0.736	0.118	0.008
18	0.397	1.283	2.237	2.103	1.066	0.291
22	0.081	0.385	1.113	1.941	2.042	1.296
26	0.014	0.089	0.366	0.978	1.705	1.939
30	0.002	0.017	0.094	0.343	0.868	1.513
34	0.000	0.003	0.020	0.095	0.320	0.775

表 3.2.1-17　不同监测断面反演结果

监测断面距离(m)	600	800	1 000	1 200	1 400	1 600
真实源强(g)	30 000	30 000	30 000	30 000	30 000	30 000
反演源强(g)	30 169.5	30 156.4	29 932.8	30 032.7	30 056.6	29 893.7
相对误差(%)	0.565	0.521	0.224	0.109	0.189	0.354

续表

监测断面距离(m)	600	800	1 000	1 200	1 400	1 600
标准差(g)	416.6	327.9	313.6	201.3	225.7	271.3
变异系数%	1.381	1.087	1.048	0.670	0.751	0.908

由表 3.2.1-17 可见，监测断面距离事故源过远或过近反演精度均有所下降，在规定的监测时段内，存在一个最优的监测断面位置，本算例为 1 200 m，相对误差为 0.109%，变异系数为 0.670%。究其原因，从浓度分布图 3.2.1-23 中可以看出，$L=1\ 200$ m 处的监测断面能很好地反映出瞬时源的正态浓度变化过程线，故而反演瞬时源强的精度也就最好。所以监测断面要与监测时刻相互契合，保证两者匹配使得监测浓度曲线能够很好地表现出浓度过程曲线，这一结论与参数反演研究结论类似。

③ 降解系数的影响

一般污染物都存在一定的生化降解，现在前述算例的基础上，假设某污染物 $K=0.1\ d^{-1}$，监测数据取 7 个，监测时间间隔取 3 min，从发生污染后 10 min 开始监测，事故点下游 1 200 m 监测断面的浓度如表 3.2.1-18 所示。将表中的浓度数据分别添加 1%的随机噪声作为反演的“观测数据”，分考虑降解和不考虑降解两种计算工况，50 次数值试验的统计结果如表 3.2.1-19 所示。

表 3.2.1-18 计算浓度

监测时刻(min)	10	13	16	19	22	25	28
监测浓度(mg/L)	0.021	0.419	1.510	2.225	1.938	1.207	0.599

由表 3.2.1-19 可知，在考虑降解系数的情况下反演的源强均值为 29 902.1g，相对误差为 0.326%，标准差和变异系数分别为 110.6g、0.370%。在不考虑降解系数的情况下反演的源强均值为 29 840.4g，相对误差为 0.532%，标准差和变异系数分别为 127.2g、0.426%。当不考虑污染物的降解系数时，反演得到的源强小于考虑污染物降解系数时的反演结果。可见，对于存在污染物降解作用的常规污染物(如 COD、氨氮)，考虑降解后的溯源结果较不考虑污染物降解更精确，若忽略污染物降解，溯源结果较真值偏小。但较短时间尺度内，降解作用的影响不大。本算例中污染物降解系数为 $0.1\ d^{-1}$ 时，对反演精度的影响不大。

表 3.2.1-19 反演结果

降解系数(d^{-1})	真实源强(g)	反演均值(g)	相对误差(%)	标准差(g)	变异系数(%)
0.1	30 000	29 902.1	0.326	110.6	0.370
0	30 000	29 840.4	0.532	127.2	0.426

④ 观测数据量的影响

观测数据的数量可能会对污染源反演结果产生影响。在前述算例的基础上，监测断面取 $L=1\ 200$ m 处，时间间隔取 3 min，开始监测时刻取事故发生后 10 min。取样数据分别取 1、3、5、7、10、13 个，对应的计算浓度如表 3.2.1-20 所示。将表中的浓度数据分别添加 1%的随机噪声作为反演的"观测数据"，进行 50 次数值实验的反演结果如表 3.2.1-21 所示。

表 3.2.1-20 不同取样数据下的计算浓度 mg/L

监测时刻(min)	取样数据数量(个)					
	1	3	5	7	10	13
10	0.02	0.02	0.02	0.02	0.02	0.02
13	—	0.42	0.42	0.42	0.42	0.42
16	—	1.51	1.51	1.51	1.51	1.51
19	—	—	2.23	2.23	2.23	2.23
22	—	—	1.94	1.94	1.94	1.94
25	—	—	—	1.21	1.21	1.21
28	—	—	—	0.60	0.60	0.60
31	—	—	—	—	0.25	0.25
34	—	—	—	—	0.10	0.10
37	—	—	—	—	0.03	0.03
40	—	—	—	—	—	0.01
43	—	—	—	—	—	0.00
46	—	—	—	—	—	0.00

表 3.2.1-21 不同取样数据反演结果

取样个数	1	3	5	7	10	13
真实源强(g)	30 000	30 000	30 000	30 000	30 000	30 000
反演均值(g)	28 025.3	29 414.9	30 227.0	30 133.9	30 103.7	30 084.1
相对误差(%)	6.582	1.950	0.756	0.446	0.345	0.280

续表

取样个数	1	3	5	7	10	13
标准差(g)	761.4	674.6	439.5	127.8	45.72	4.852
变异系数(%)	2.717	2.293	1.454	0.424	0.151	0.016

由表 3.2.1-21 可知，随着取样数据量的增大，反演误差和变异系数均逐渐降低，表明数据量越丰富，反演精度和稳定性越好，但两者不呈线性关系，从 1 增加到 7 时，影响较明显，7 以后数据量再增加影响较小。考虑到噪声水平为 1%，数据量为 7 时可以满足相对误差和变异系数均小于 1%。就本算例而言，数据量达到 7 以上是适宜的。

(2) 瞬时源源强与位置反演

在事故发生后，除了源强未知外，事故发生的位置也可能是未知的，需要对污染源的源强与位置同时进行反演。现构造算例具体加以说明。

【算例 3-7】 假设在某均匀河段上游瞬时排放 30 kg 污染物，以污染物排放的位置为坐标原点，河流断面面积为 20 m^2，平均流速为 1.0 m/s，纵向离散系数 $E_x=30\ m^2/s$，污染物的降解系数 $K=0.1\ d^{-1}$。假设事故点下游 $L=$ 1 000 m 处设置有一监测断面，预警系统发现水质浓度曲线有一定的波动。利用水质模型计算可得到污染发生后 $t=$10、12、14、16、18、20、22、24、26、28、30、32、34 min 的浓度数据如表 3.2.1-22 所示。将表中的计算数据分别添加 1%的随机噪声作为反演的“观测数据”，利用标准粒子群算法开展 50 次反演试验的统计结果见表 3.2.1-23 所示。

源强与位置的种群粒子轨迹二维和三维图见图 3.2.1-24、图 3.2.1-25。

由相关图表可知，污染源源强和污染源位置的相对误差都不超过 1%，取得了较为满意的反演结果。究其原因，本算例所依据的观测数据的数量和质量均较充分。

表 3.2.1-22 瞬时源源项反问题 L=1 000 m 的浓度数据

t(min)	10	12	14	16	18	20	22	24
C(mg/L)	0.341	1.161	2.067	2.458	2.237	1.689	1.113	0.664
t(min)	26	28	30	32	34			
C(mg/L)	0.366	0.190	0.094	0.044	0.020			

表 3.2.1-23　污染源源强与位置同时反演结果

	污染源源强(g)	污染源位置(m)
反演均值(g)	29 954.5	1 000.1
绝对误差(g)	45.5	0.1
相对误差(%)	0.151	0.015
标准差(g)	414.7	23.56
变异系数(%)	1.384	2.355

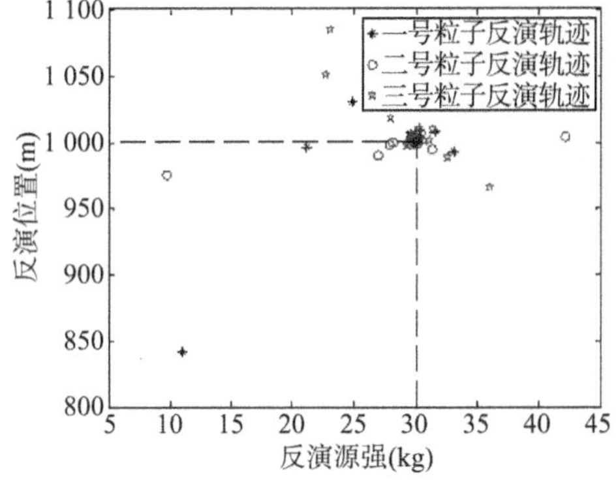

图 3.2.1-24　反演污染源源强与位置的种群粒子轨迹

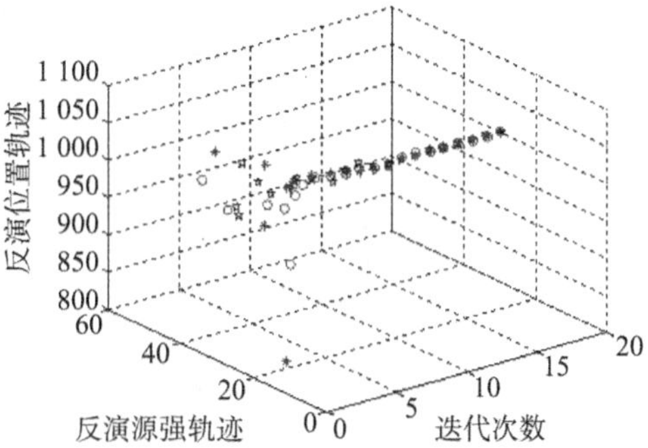

图 3.2.1-25　反演污染源源强与位置的种群粒子轨迹三维图

3.2.1.4　污染源与参数的联合反演

在实际问题中，流速、纵向离散系数等往往是未知的，流速、纵向离散系数的确定往往需要耗费大量的人力、物力，若能进行风险源强、纵向离散系数、平均流速的联合反演，则可极大地节省野外工作量。这里尝试进行一维稳态水流条件下污染源和参数的联合反演，仍采取利用正问题解构反问题的方法进行算例验证。

【算例 3-8】　在某均匀河段上游瞬时投放 10 kg 惰性示踪剂，河流断面面积为 20 m^2，平均流速为 0.5 m/s，纵向离散系数 E_x 真值取 50 m^2/s，利用解析解模型可计算得到投放断面下游 1 500 m 处不同时间的示踪剂浓度过程，叠加噪声水平为 10%的随机噪声取 4 位小数后如表 3.2.1-24 所示。

表 3.2.1-24　瞬时源示踪数值试验选用的计算数据

t_i(min)	25	30	35	40	45
C_i(mg/L)	0.080 9	0.173 8	0.262 7	0.304 2	0.369 4
t_i(min)	50	55	60	65	70
C_i(mg/L)	0.370 7	0.366 2	0.229 1	0.198 1	0.268 2

将表 3.2.1-24 中的数据假设为观测数据，采用反演模型计算得到污染源源强和水力水质参数见表 3.2.1-25。由表 3.2.1-25 可见，各反演值与真值较为接近，最大误差仅为 4.02%，验证了方法的可靠性。

表 3.2.1-25　瞬时源一维稳态水质模型多参数反演结果

参数	M(g)	u(m/s)	E_x(m^2/s)
真值	10 000	0.5	50
反演值	9 728.6	0.500 3	47.992 5
相对误差(%)	2.71	0.06	4.02

3.2.2　基于微分进化算法的污染源反演

3.2.2.1　基于微分进化算法的一维河流污染源反演模型的建立

上一章将微分进化算法应用于参数估计取得了较好的效果，本节拟将微分进化算法应用于源项识别。上一节利用粒子群优化算法进行了连续源和瞬时源的反演识别，实际上，还存在另外一种常见的排放方式，即间断源排放，指污染源在某一段时间内连续排放后终止，又称间歇式排放。例如，某企业在夜间 1:00～4:00 偷排，其余时间不排。间断源相比于瞬时源和连续源，排放形式更复杂，需要识别的源项参数更多。本节将重点研究利用微分进化算法进行瞬时源和间断源的反演，这两种排放方式在企业非正常排放时最为常见。

(1) 水质正演模型

根据优化反演法的基本原理，选定了优化算法后，还需要建立水质正演模型。在稳态水流环境下，瞬时源排放的解析解为

$$C(x,t)=\frac{M}{A\sqrt{4\pi E_x(t-t_0)}}\exp\left[-\frac{(x-x_0-ut+ut_0)^2}{4E_x(t-t_0)}\right]\exp[-K(t-t_0)] \tag{3.2-10}$$

式中，$C(x,t)$为污染物浓度的时空分布，mg/L；M 为瞬时投放的污染物质

量,g;A 为河流断面面积,m^2;E_x 为纵向弥散系数,m^2/s;x 为下游监测断面位置,m;u 为河流平均速度,m/s;t_0 为污染源初始排放时刻,s;x_0 为污染源初始排放位置,m;K 为污染物一级反应动力学衰减速率系数,s^{-1}。

间断源只排放一段时间就停止污染物的排放,其排放过程可由下式表示

$$s(t)=C_s[S(t-t_0)-S(t-t_0-T_s)],0<t-t_0<T \tag{3.2-11}$$

式中,C_s 为污染物排放浓度,mg/L;t_0 为污染物初始排放时刻,s;T_s 为污染物排放持续时间,s;$S()$为阶跃函数。经过一系列的推导,可以得到间断源解析解为

$$C(x,t)=\frac{C_s}{2}\exp\left(\frac{ux}{2E_x}\right)\{[erfc(B_1+B_3)-erfc(B_2+B_4)S(t-t_0-T_s)]$$
$$\exp(B_0)+[erfc(B_1-B_3)-erfc(B_2-B_4)S(t-t_0-T_s)]\exp(-B_0)\}$$

其中,

$$B_0=\frac{x}{\sqrt{E_x}}\sqrt{\frac{u^2}{4E_x}+K},B_1=\frac{x}{2\sqrt{E_x(t-t_0)}},B_2=\frac{x}{2\sqrt{E_x(t-t_0-T_S)}},$$

$$B_3=\sqrt{\frac{u^2(t-t_0)}{4E_x}+K(t-t_0)},B_4=\sqrt{\frac{u^2(t-t_0-T_S)}{4E_x}+K(t-t_0-T_S)}$$

(2) 反演模型构建

观测数据一般可分为两种,一种是监测同一位置不同时刻的浓度值,另一种是监测不同位置同一时刻的浓度值,根据不同的监测方式可以转化为不同的目标函数极值问题,然后再对目标函数采用优化算法进行求解。这里采用的是同一位置不同时刻的浓度值作为观测数据,这种方式在水环境管理中更为常见,具体的目标函数如下:

$$\min f(C,x)=\min\sum_{i=1}^{m}[C(x,t_i)-C^*(x,t_i)] \tag{3.2-12}$$

式中,$f(C,x)$为目标函数;$C(x,t_i)$为污染物浓度计算值;$C^*(x,t_i)$为污染物浓度实际观测值;m 为观测值的个数。将构建的目标函数嵌入微分进化算法中,从而构建出污染源反演识别模型,模型的计算流程如图 3.2.2-1 所示。

3.2.2.2 瞬时源识别及影响因素分析

仍采用孪生试验的方法来检验基于微分进化算法的污染源反演模型的可行性,构造算例分析其影响因素。

【算例 3-9】 假设在均匀河道上游排放 30 kg 污染物,河流断面面积为 20 m^2,河流的平均流速为 0.2 m/s,纵向离散系数 $E_x=35\ m^2/s$,不考虑污染物的降解系数。假设在污染源下游 1 000 m 处有一个自动监测站,该自动监测站在浓度超过 0.1 mg/L 时开始监测,每隔 15 min 监测一次。利用解析解模型计算得到下游 1 000 m 处的浓度数据作为该监测站的实际"观测浓度",浓度变化曲线见图 3.2.2-2。

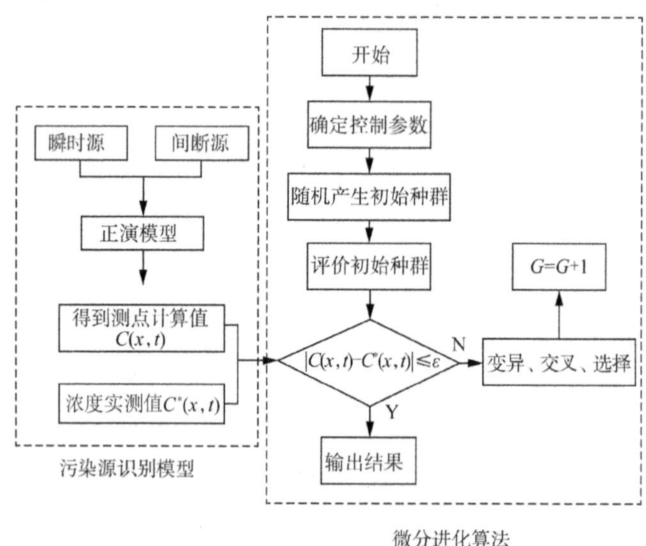

图 3.2.2-1 基于微分进化算法的污染源识别流程

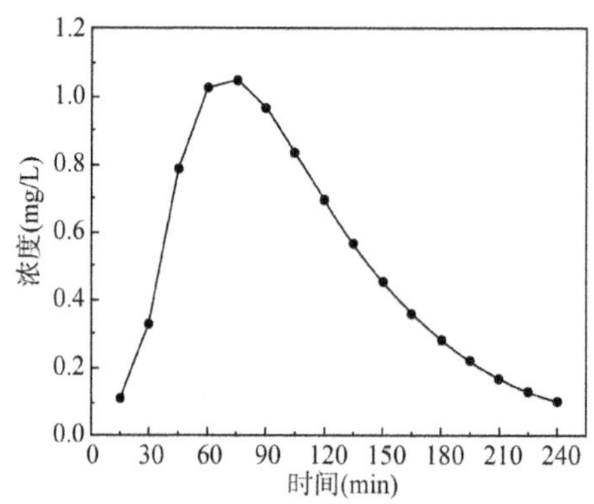

图 3.2.2-2 监测站不同时间浓度变化曲线图

采用微分进化算法反演污染源的源强和位置，结果见表 3.2.2-1，源强和位置反演误差均在 5%之内，取得了较为满意的结果，说明所建立的反演模型是可行的，下面利用该模型来分析不确定性因素。

表 3.2.2-1　瞬时源源项反演结果

	真实值(g)	反演值(g)	绝对误差(g)	相对误差(%)
源强(g)	30 000	29 096.84	903.16	3.01
位置(m)	1 000	1 013.92	13.92	1.39

1）观测断面位置的不确定性

突发水污染事故时，往往不知道事故发生的位置，处于不同位置的自动监测站所测得的浓度也有一定的差异。假设在污染源下游每隔 500 m 有一个自动监测站，选取 20 km 范围内的监测站作为研究对象，监测站在浓度大于 0.1 mg/L 时开始监测，选取事故发生之后一天内的浓度数据作为反演所需的数据。不同监测断面反演误差如图 3.2.2-3 所示。

从图 3.2.2-3 中可以看出，随着断面位置向下游的变化，反演误差呈现先降低后增加的趋势，极值点在 0～2 500 m 的范围内，因此，为了更准确地识别出极值点位置，选取 0～3 000 m 范围内的监测断面来具体分析，则不同监测站对应的浓度分布曲线见图 3.2.2-4，反演结果如表 3.2.2-2 所示。

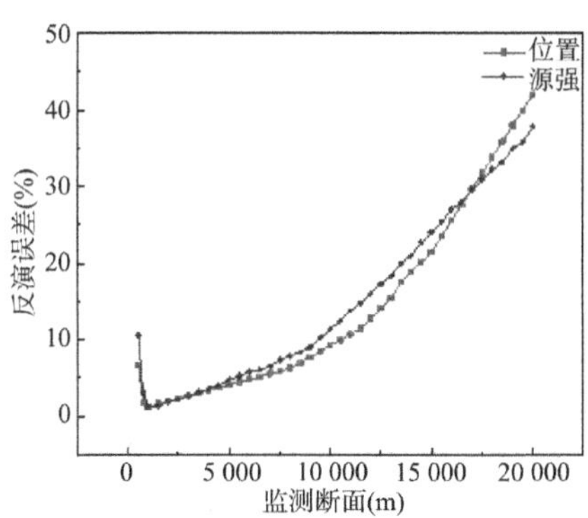

图 3.2.2-3　不同监测断面位置反演参数相对误差图

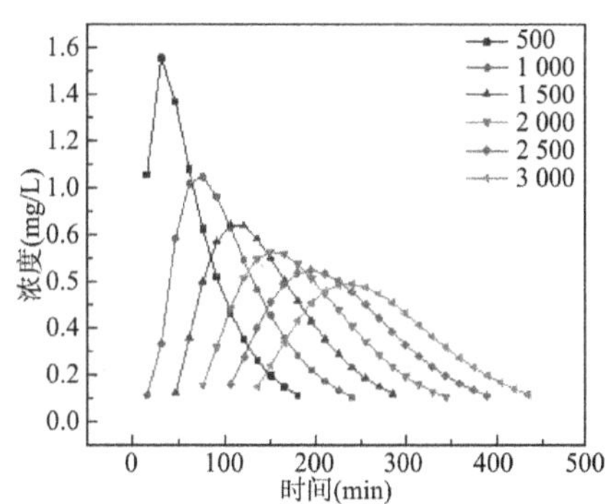

图 3.2.2-4　不同监测断面浓度分布曲线

表 3.2.2-2　不同监测断面位置反演结果

断面位置(m)	源强			位置		
	反演值(g)	绝对误差(g)	相对误差(%)	反演值(m)	绝对误差(m)	相对误差(%)
500	26 823	3 177	10.59	533.75	33.75	6.75
1 000	29 646	354	1.18	988.22	11.78	1.18
1 500	30 411	411	1.37	1 523.55	23.55	1.57
2 000	29 451	549	1.83	2 038.60	38.60	1.93
2 500	30 642	642	2.14	2 442.75	57.25	2.29
3 000	29 226	774	2.58	3 079.54	79.54	2.65

由表 3.2.2-2 可以看出，在 1 000 m 处，反演误差达到最小值。结合图 3.2.2-4 浓度分布曲线来看，原因可能是 1 000 m 处所监测到的浓度能更好地捕捉到污染物浓度变化过程曲线特征。

2）观测数据的不确定性

（1）观测噪声

在实际监测过程中，会存在一定的扰动，使得监测结果存在一定的误差。为了贴合实际，则需要在解析解计算出的观测数据中添加一定的扰动，作为实际的“观测数据”。设计 1%、5%、10%、15%、20%和 30%六种不同扰动水平，进行 50 次数值试验，反演结果如表 3.2.2-3 和图 3.2.2-5 所示。

表 3.2.2-3　不同观测噪声反演结果

扰动水平		1%	5%	10%	15%	20%	30%
源强	相对误差(%)	0.48	0.82	1.18	1.44	1.97	3.14
	标准差(g)	161.50	273.03	395.24	496.49	644.50	1 106.33
	变异系数(%)	1.33	2.25	2.60	3.48	4.71	7.92
位置	相对误差(%)	1.33	2.25	2.60	3.48	4.71	7.92
	标准差(m)	15.12	23.78	31.44	39.35	53.13	86.75
	变异系数(%)	1.51	2.38	3.14	3.94	5.31	8.68

由表 3.2.2-3、图 3.2.2-5 可见，随着扰动水平的增加，源强和位置的反演相对误差和变异系数均逐步增加，表明扰动越小，反演结果越好。但是在实际过程中，扰动的误差难以避免，从总体上看，即使存在 30%的随机扰动，反演误差的均值也仅有 3.14%，变异系数也仅有 8.68%，均小于扰动水平，这进一步验证了基于微分进化算法的污染源反演模型具有更好的反演精度与稳定性。

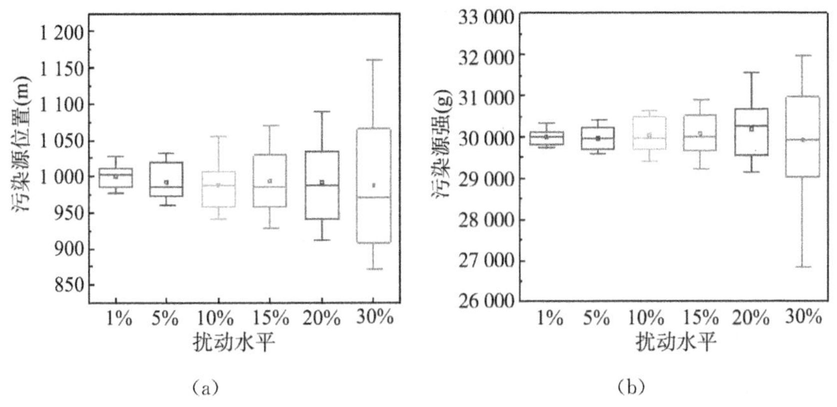

图 3.2.2-5 不同扰动水平下的源项反演分布统计图

(2) 取样时间间隔

取样时间间隔的不同对污染源识别存在着一定的影响，因此，可假设自动监测站监测的时间间隔不同，比较其对结果的影响。假定监测时间间隔为 1～30 min，每个监测时间均取 10 个监测数据，研究该范围内污染源的反演结果，所得到的反演结果误差曲线如图 3.2.2-6 所示。

由图 3.2.2-6 可以看出，随着时间间隔的增加，反演误差先降低后增加，监测时间间隔过长或者过短均会影响反演结果，反演误差在 15～20 min 范围内取得最小值，因此选取 15 min、16 min、17 min、18 min、19 min、20 min 6 个时间间隔来具体分析，不同时间间隔下的污染源反演结果如表 3.2.2-4 所示。

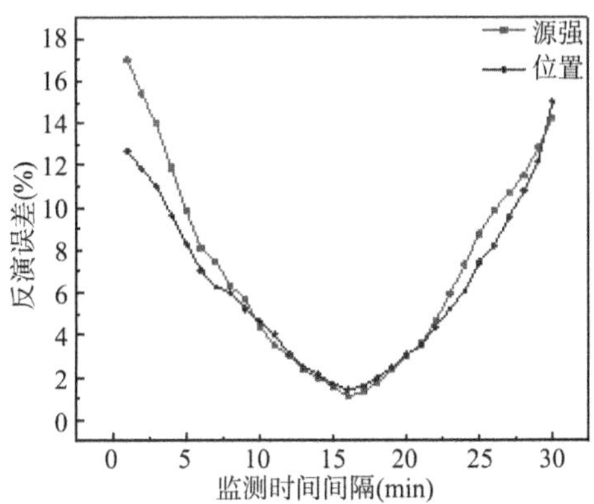

图 3.2.2-6 不同时间间隔下源项反演误差折线图

表 3.2.2-4　不同时间间隔下的污染源反演结果

监测时间间隔(min)		15	16	17	18	19	20
源强	反演值(g)	30 468	30 324	29 598	30 534	29 298	29 103
	绝对误差(g)	468	324	402	534	702	897
	相对误差(%)	1.56	1.08	1.34	1.78	2.34	2.99
位置	反演值(m)	983.27	985.69	1 015.6	1 019.82	975.54	1 030.32
	绝对误差(m)	16.73	14.31	15.6	19.82	24.46	30.32
	相对误差(%)	1.67	1.43	1.56	1.98	2.45	3.03

从表 3.2.2-4 的反演结果看，在 15～20 min 范围内，反演结果相对较为准确，当监测时间间隔在 16 min 时，反演相对误差最低。因此，当采样数据量一定时，采样时间间隔对反演结果有一定的影响，过小或过大的时间间隔均不利于反演精度的提高，选择一个合适的时间间隔，将会获得更为准确的反演结果。

(3) 监测频次

监测频次即监测数据量的多少。假定监测时间不同，监测总时长相同，则在相同时间段内监测数量会存在差异。因此，设定监测总时长为 300 min，在该时间范围内，假定监测次数为 1～30 次，从而研究监测数据量的多少对反演结果的影响，反演结果如图 3.2.2-7。

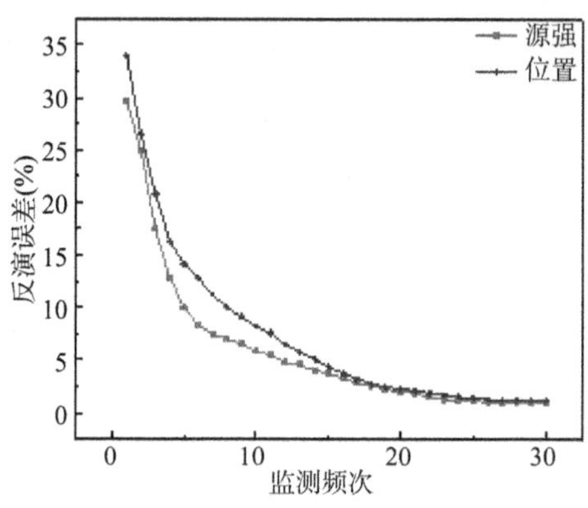

图 3.2.2-7　不同监测频次下源项反演误差折线图

从图 3.2.2-7 可以看出，监测频次越大，数据量越大，反演误差越小，反演结果越准确。当监测频次大于 20 时，反演误差趋向于稳定，监测频次的增加并不能明显改善反演结果。选取监测次数分别为 5 次、10 次、15 次、20

次、25次、30次时，对反演结果进行具体分析，反演结果如表3.2.2-5所示。

表3.2.2-5 不同监测频次下的污染源反演结果

监测频次		5	10	15	20	25	30
源强	反演值(g)	25 407	27 294	31 764	30 618	30 333	30 297
	绝对误差(g)	4 593	2 706	1 764	618	333	297
	相对误差(%)	15.31	9.02	5.88	2.06	1.11	0.99
位置	反演值(m)	1 141.6	917.8	1 043.3	976.9	1 014.4	988.4
	绝对误差(m)	141.6	82.2	43.3	23.1	14.4	11.6
	相对误差(%)	14.16	8.22	4.33	2.31	1.44	1.16

从表3.2.2-5中的反演结果可以看出，在监测频次为25、30次时，反演结果相对误差均小于2%，相对来说较准确。但是考虑到监测成本问题，监测频次越小，成本相对越低。因此，应选取较为合适的监测频次以在最小的成本下获得较为精确的反演值。

3）微分进化算法参数的不确定性

（1）种群大小 *NP*

对于 *NP* 的取值，一般根据经验选择在5D到10D之间，*D* 为反演变量的个数。则假定 *NP* 分别为5D、6D、7D、8D、9D、10D的时候，保持其他参数条件不变，只改变 *NP* 的值，考察污染源的反演情况。反演结果如表3.2.2-6所示。

根据表3.2.2-6的反演结果以及图3.2.2-8的误差曲线可知，按照经验范围选取的种群大小进行反演，基本都能得到一个较精确的值，但是从误差曲线中可以看出，当 *NP* 取8D时，所得到的误差最小，源强反演值与位置反演值都更接近于真值。因此，在该反演问题中，将 *NP* 设定为8D更为合适。

表3.2.2-6 不同种群大小下的污染源反演结果

种群大小 *NP*		5D	6D	7D	8D	9D	10D
源强	反演值(g)	30 790.19	29 416.04	29 301.79	30 128.29	30 470.14	30 510.39
	绝对误差(g)	790.19	583.96	698.21	128.29	470.14	510.39
	相对误差(%)	2.63	1.95	2.33	0.43	1.57	1.70
位置	反演值(m)	1 066.80	1 071.21	941.40	983.90	983.85	1 027.98
	绝对误差(m)	66.80	71.21	58.6	16.1	16.15	27.98
	相对误差(%)	6.68	7.12	5.86	1.61	1.62	2.80

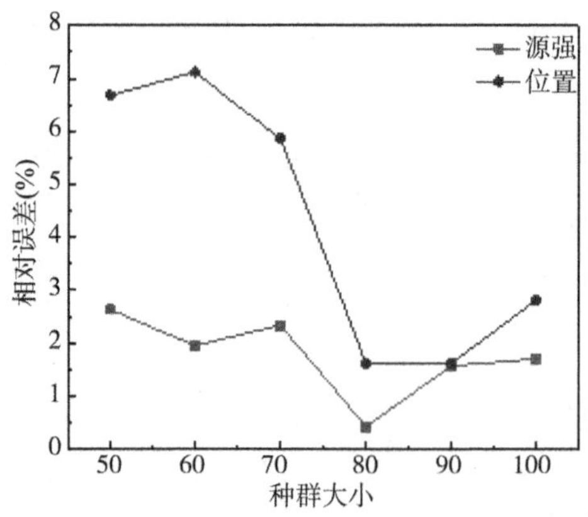

图 3.2.2-8　不同种群大小下源项反演误差折线图

(2) 缩放因子 F

缩放因子一般设置在[0.4,1]之间。则假定缩放因子 F 分别为 0.4、0.5、0.6、0.7、0.8、0.9、1 时，在保持其他参数不变的情况下，分析缩放因子的改变对反演结果的影响。结果如表 3.2.2-7 所示，相对误差见图 3.2.2-9。

表 3.2.2-7　不同缩放因子的污染源反演结果

缩放因子		0.4	0.5	0.6	0.7	0.8	0.9	1.0
源强	反演值(g)	29 620.84	30 212.19	29 806.39	30 538.81	30 358.83	30 137.81	28 945.75
	绝对误差(g)	379.16	212.19	806.39	538.81	358.83	137.81	1 054.25
	相对误差(%)	1.26	0.71	2.69	1.80	1.20	0.46	3.51
位置	反演值(m)	1 028.23	992.95	983.92	971.98	1 009.86	1 034.88	940.05
	绝对误差(m)	28.23	7.05	16.08	28.02	9.86	34.88	59.95
	相对误差(%)	2.82	0.71	1.61	2.80	0.99	3.49	6.00

根据表 3.2.2-7 得到的反演值可知，反演值与真实值的吻合较好，在选用的缩放因子范围内，反演值的误差均小于 10%。具体从图 3.2.2-9 中可以看出，误差随缩放因子的变化并未呈现一定的规律，但当缩放因子为 0.5 时，源强反演值与位置反演值误差最小，均小于 1%，因此，将缩放因子设定为 0.5 最为合适。

(3) 杂交概率 CR

通常交叉概率 CR 在[0,1]之间取值。则设置杂交概率分别为 0.2、0.4、0.6、0.8、1.0，并保证其他参数不变，探究不同的杂交概率对反演结果的影

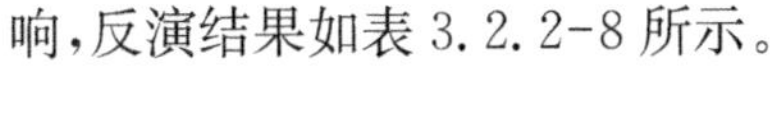

响,反演结果如表 3.2.2-8 所示。

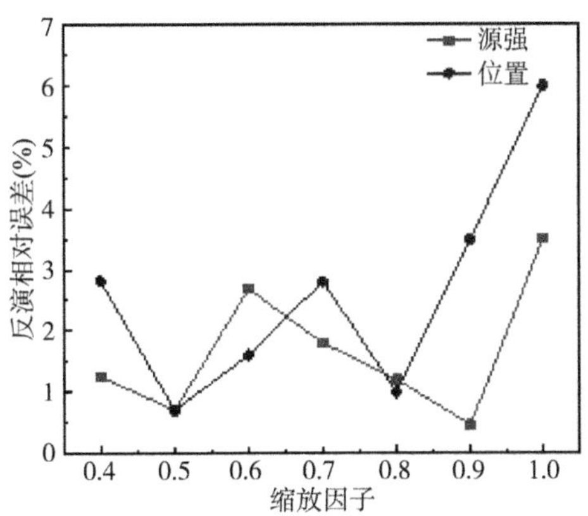

图 3.2.2-9　不同缩放因子下源项反演误差折线图

表 3.2.2-8　不同杂交概率下的污染源反演结果

杂交概率		0.2	0.4	0.6	0.8	1.0
源强	反演值(g)	29 365.35	30 369.48	29 769.69	30 130.35	29 616.39
	绝对误差(g)	634.65	369.48	230.31	130.35	383.61
	相对误差(%)	2.12	1.23	0.77	0.43	1.28
位置	反演值(m)	1 025.70	964.16	973.35	987.09	1 037.26
	绝对误差(m)	25.70	35.84	26.65	12.91	37.26
	相对误差(%)	2.57	3.58	2.67	1.29	3.73

由表 3.2.2-8 可知,杂交概率的不同对反演结果的影响并不大,最大误差仅为 3.73%,尤其当杂交概率为 0.8 时,误差最小,反演值最接近于真实值。因此,为了得到更为精确的反演值,可将杂交概率设置为 0.8。

(4) 进化代数

进化代数一般取 100～200。从理论上来说,进化代数越多则越能得到最优个体,但是进化代数越多同样也意味着所需时间也越多。因此,一个合适的进化代数可以以最快的速度得到最优解。设置进化代数分别为 100、125、150、175、200、225、250,在此范围内找到最优进化代数,反演的结果如图 3.2.2-10 所示。

由图 3.2.2-10 可以看出,随着进化代数的增加,源强与位置的反演值与真实值的误差越来越小,到进化代数为 250 时,反演值最接近于真实值。由于进化代数影响反演过程的时间，进化代数越高，所需要花费的时间越多。从误差曲线图来看，当进化代数为 200 时，反演值已经较为精确，且进化代数越大，误差曲线呈现较为稳定的趋势。综合考虑反演的精确度及时间成本，将进化代数设置为 200 最为合适。

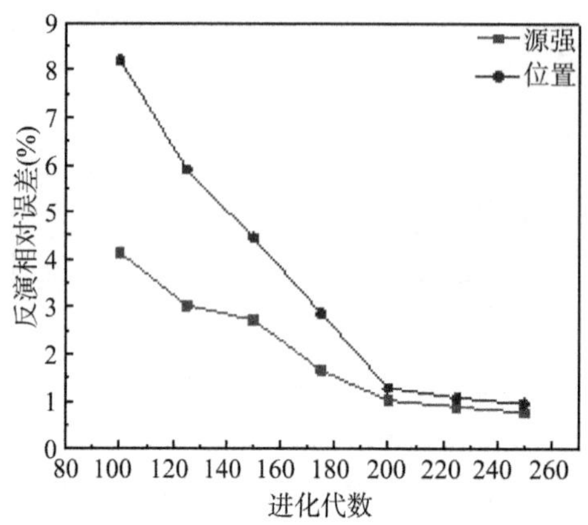

图 3.2.2-10　不同进化代数下源项反演值与真值对比图

3.2.2.3　间断源识别及影响因素分析

【算例 3-10】　假设某化工企业在均匀河道上游偷排化工废水，废水排放量为 10 g/s，从凌晨 2 点偷排直至凌晨 4 点结束。该条河流的平均流速为 0.5 m/s，纵向离散系数 $E_x=35\ \mathrm{m^2/s}$。假设在污染源下游 1 000 m 处有一个自动监测站，根据解析解计算得到的浓度数据作为该监测站的实际“观测浓度”，浓度曲线如图 3.2.2-11 所示。选取间隔 10 min 的浓度数据用于污染源识别，如表 3.2.2-9 所示。

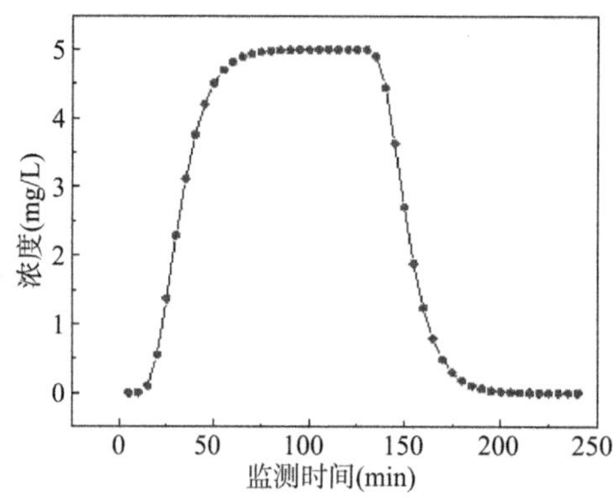

图 3.2.2-11　监测站不同时间浓度变化曲线图

表 3.2.2-9　间断源源项反问题 $L=1\ 000$ m 的浓度数据

t(min)	10	20	30	40	50	60	70
C(mg/L)	0.011	0.554	2.292	3.756	4.507	4.820	4.937
t(min)	80	90	100	110	120	130	140
C(mg/L)	4.978	4.993	4.997	5.000	5.000	4.997	4.446
t(min)	150	160	170	180	190	200	
C(mg/L)	2.708	1.244	0.493	0.180	0.063	0.021	

采用微分进化算法进行污染源识别，参数设置如下：变量维数 $D=2$，种群大小规模 $NP=15$，交叉概率 CR 为 0.8，缩放因子 F 为 0.8。间断源需要识别的变量有 4 个，分别是污染源源强、污染源位置、污染物排放的持续时间、初始排放时刻。由表 3.2.2-10 可知，各个污染源参数反演误差均在 5%左右，取得了较好的反演结果，表明基于微分进化算法的污染源反演模型可以应用于间断源信息的识别，下面进一步开展影响因素分析。

表 3.2.2-10　间断源源项反演结果

间断源参数	源强(g/s)	位置(m)	初始排放时刻	持续排放时间(min)
真实值	10	1 000	2	120
反演值	9.60	1 051.51	1.91	125.86
绝对误差	0.40	51.51	0.09	5.86
相对误差(%)	4	5.15	4.5	4.88

1) 监测断面位置的不确定性

处于不同位置的自动监测站所测得的浓度也有一定的差异。选取 20 km 范围内的监测站作为研究对象，每隔 500 m 即有一个自动监测站，监测站在浓度大于 0.1 mg/L 时开始监测，则不同监测断面反演误差如图 3.2.2-12 所示。

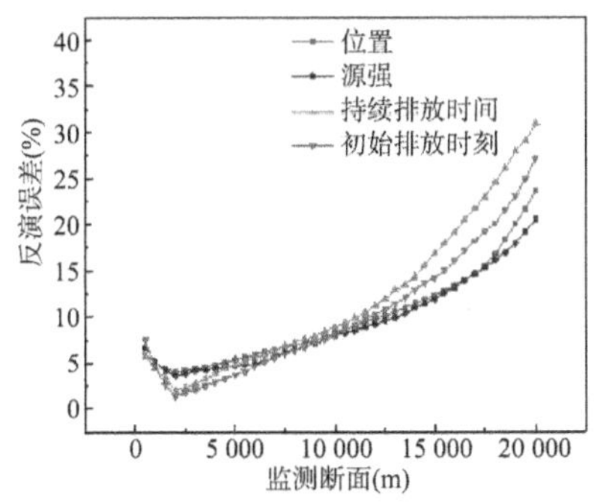

图 3.2.2-12　不同断面位置下源项反演误差折线图

由图 3.2.2-12 可以看出，随着监测断面距离的增加，反演误差呈现先降低后增加的趋势，误差最小值点大约在 0～3 000 m 范围内。为了确定具体在哪个监测断面的反演误差最小，选取 0～3 000 m 内的监测断面进行分析，浓度曲线如图 3.2.2-13 所示，反演结果如表 3.2.2-11 所示。

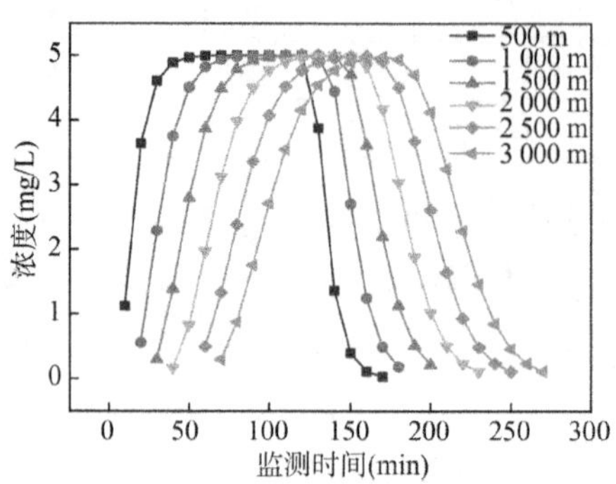

图 3.2.2-13　不同断面浓度变化曲线图

表 3.2.2-11　不同断面位置下的污染源反演结果

断面位置(m)		500	1 000	1 500	2 000	2 500	3 000
源强(g/s)	反演值	9.33	10.52	9.59	9.64	9.62	10.41
	绝对误差	0.67	0.52	0.41	0.36	0.38	0.41
	相对误差(%)	6.7	5.2	4.1	3.6	3.8	4.1
位置(m)	反演值	528.95	948.8	1 564.95	1 919.8	2 395.5	3 130.8
	绝对误差	28.95	51.2	64.95	80.2	104.5	130.8
	相对误差(%)	5.79	5.12	4.33	4.01	4.18	4.36
持续排放时间(min)	反演值	126.96	114.76	124.04	117.67	117.22	123.28
	绝对误差	6.96	5.24	4.04	2.33	2.78	3.28
	相对误差(%)	5.8	4.37	3.37	1.94	2.32	2.73
初始排放时刻(h)	反演值	1.85	2.091	2.052	1.972	2.035	1.958
	绝对误差	0.15	0.091	0.052	0.028	0.035	0.042
	相对误差(%)	7.5	4.55	2.6	1.4	1.75	2.1

从表 3.2.2-11 可以看出，在断面位置为 2 000 m 处，污染源反演结果最精确，结合图 3.2.2-13 各个断面浓度曲线可以得知，可能是由于在 2 000 m 处所捕捉到的浓度范围能更好地反映浓度过程线特征。

2）观测数据的不确定性

(1) 监测噪声

分别取噪声扰动水平为 1%、5%、10%、15%、20%和 30%，同样进行多次数值实验，污染源反演结果统计如表 3.2.2-12 所示。

表 3.2.2-12 不同噪声水平下的污染源反演结果

扰动水平		1%	5%	10%	15%	20%	30%
源强(g/s)	反演精度	1.21%	1.61%	2.24%	2.63%	3.17%	4.50%
	标准差	0.14	0.18	0.25	0.31	0.36	0.50
	变异系数	1.40%	1.80%	2.50%	3.10%	3.60%	5.00%
位置(m)	反演精度	0.99%	1.51%	1.70%	2.13%	2.25%	2.52%
	标准差	11.51	16.99	19.77	23.65	25.42	29.47
	变异系数	1.15%	1.70%	1.98%	2.37%	2.54%	2.95%
持续排放时间(min)	反演精度	0.95%	1.18%	3.32%	3.70%	5.18%	7.11%
	标准差	1.24	1.67	3.04	4.90	6.83	9.57
	变异系数	1.03%	1.39%	2.53%	4.08%	5.69%	7.98%
初始排放时刻(h)	反演精度	1.77%	2.37%	3.84%	4.50%	4.78%	5.86%
	标准差	0.04	0.05	0.08	0.10	0.11	0.14
	变异系数	2.00%	2.50%	4.00%	5.00%	5.50%	7.00%

结合表 3.2.2-12 与图 3.2.2-14 可知，不同扰动水平下的反演结果均在真值附近上下波动，但是不同扰动水平的波动幅度存在差异。随着扰动水平的增加，反演值在真值附近波动幅度越大。但反演值相对误差和变异系数最大仅为 7.11%、7.98%，均小于噪声扰动水平，可见基于微分进化算法的间断源反演模型具有很好的抗噪性。

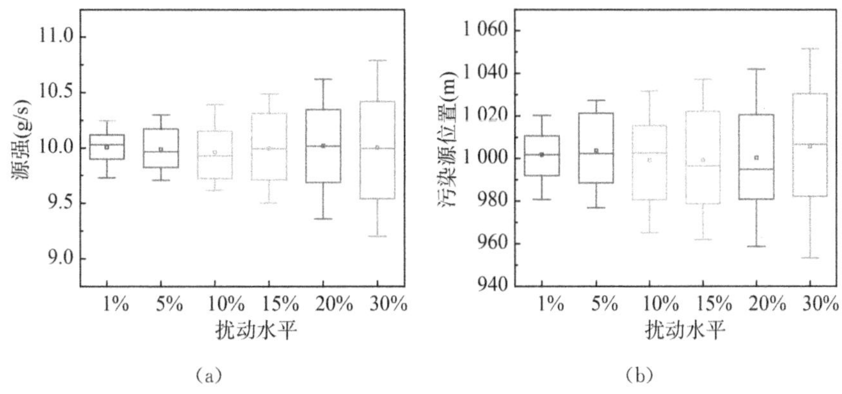

(a) (b)

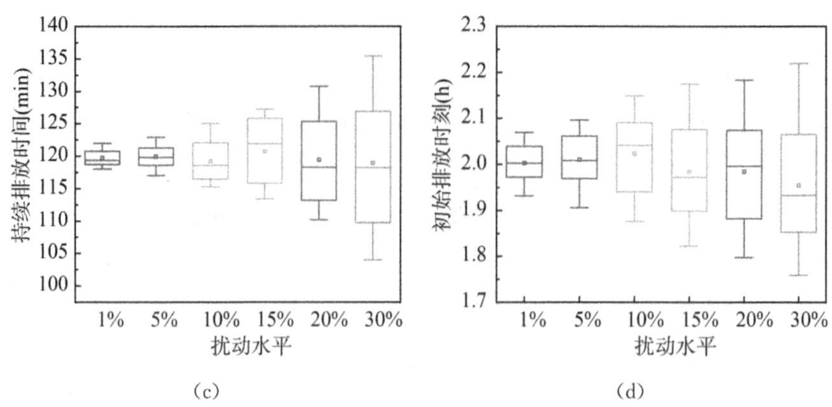

（c）　　　　　　　　　　（d）

图 3.2.2-14　不同扰动水平下的源项反演分布统计图

（2）取样时间

取样时间间隔不同对污染源识别存在着一定的影响，因此，假设自动监测站监测的时间间隔不同，以比较其对结果的影响。假定监测时间间隔为 1～30 min，每个监测时间均取 12 个监测数据，研究该范围内污染源的反演结果，所得到的反演结果误差曲线如图 3.2.2-15 所示。

由图 3.2.2-15 误差折线图可知，不同的监测时间间隔对反演误差的影响较大。随着监测时间间隔的增大，反演结果误差先减小后增大，监测时间间隔在 10～15 min 范围内，误差相对较小，因此，选取 10～15 min 内的反演结果进行具体分析，如表 3.2.2-13 所示。

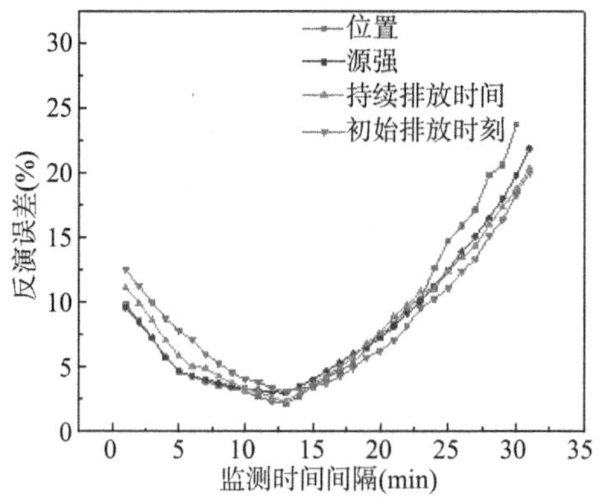

图 3.2.2-15　不同监测时间间隔的源项反演误差折线图

表 3.2.2-13 不同监测时间间隔的污染源反演结果

监测时间间隔(min)		10	11	12	13	14	15
源强(g/s)	反演值	10.3	9.74	10.23	9.79	10.27	10.34
	绝对误差	0.3	0.26	0.23	0.21	0.27	0.34
	相对误差(%)	3	2.6	2.3	2.1	2.7	3.4
位置(m)	反演值	1 032.3	1 031	1 030.1	1 029.17	965.6	1 039.9
	绝对误差	32.3	31	30.1	29.17	34.4	39.9
	相对误差(%)	3.23	3.1	3.01	2.92	3.44	3.99
持续排放时间(min)	反演值	116.12	123.58	123.06	122.76	116.56	124.37
	绝对误差	3.88	3.58	3.06	2.76	3.44	4.37
	相对误差(%)	3.23	2.98	2.55	2.3	2.87	3.64
初始排放时刻(h)	反演值	1.92	2.074	1.933	2.06	2.064	1.931
	绝对误差	0.08	0.074	0.067	0.06	0.064	0.069
	相对误差(%)	4	3.7	3.35	3	3.2	3.45

由表 3.2.2-13 的反演数据可知，在这一范围内反演结果较为接近，误差均不大，监测时间间隔为 13 min 时反演值最精确。因此，在实际应用中，选择一个较为合适的监测时间间隔，有助于得到更为精确的反演结果。

3.2.3 河流污染源识别实例验证

3.2.3.1 室内水槽试验

前面的反演模型验证均基于孪生试验所生成的计算浓度，而非真实的实测数据，本节拟依据实际观测数据来进行源反演，以进一步验证反演模型的可靠性。利用实验室水槽作为物理缩尺模型来模拟河道污染物的迁移规律是环境水力学研究的重要手段，在水槽上游以不同的投放方式投加示踪剂，在水槽下游监测获得污染物浓度。污染源反演则是要根据下游浓度数据，反演出上游所投放的示踪剂质量。本节选用的水槽试验包括浙江大学水槽试验、Fischer 水槽试验以及哈尔滨工业大学水槽试验。

1）案例 1

本案例选取浙江大学朱剑[5]在实验室所做的水槽实验的部分数据来完成反演模型的验证，该试验采用缩尺水槽模型来模拟瞬时污染源的迁移规律。

(1) 实验环境及数据

① 水槽参数

水槽长 8.0 m,宽 0.2 m。实验时控制水槽水深 0.15 m,水槽流速为 0.04 m/s。

② 实验方案

Step1:在水槽初始端投加 100 g 的 NaCl(污染物),将水槽初始端定义为时间和空间上的原点;

Step2:在投放污染物后,于 270 s、300 s、330 s 时刻在下游 7.5 m 处监测水的电导率;

Step3:将 Step2 中获得的电导率分别转化为 NaCl 溶液浓度信息。

③ 数据

水槽的纵向离散系数为 0.048 m^2/s,浓度数据如表 3.2.3-1 所示。

表 3.2.3-1 溶液电导率及浓度换算表

采样时间(s)	采样位置(m)	电导率值(μs/cm)	NaCl 浓度值(g/L)
270	7.5	564	0.201
300	7.5	520	0.174
330	7.5	464	0.141

(2) 反演计算得到的结果

采用粒子群优化算法反演模型计算得到的结果如表 3.2.3-2 所示,反演出的污染物排放总量为 88.31 g,与实际值的相对误差为 11.69%。本试验在断面上只测量了 3 个数据,取样数据较少,影响了反演精度。朱剑利用污染物传质模型在时间域和空间域上的导数,直接推导出污染物排放总量为 122 g,相对误差为 22%。相比之下,粒子群优化算法取得了更精准的反演结果。

表 3.2.3-2 反演结果

反演参数	实际值	反演值	相对误差(%)
污染物排放总量(g)	100	88.31	11.69

2) 案例 2

本案例摘自 Fischer[6] 的水槽实验,该试验利用示踪试验法确定水槽的纵向离散系数,这里将 Fischer 反演得到的纵向离散系数作为已知数据,将投放的示踪剂量作为未知数,应用粒子群优化算法反演模型对污染源源强进行反演验证。

(1) 实验环境及数据

水槽长 40 m,宽 1.1 m,水深 6.9 cm,水流速度为 0.371 5 m/s,水槽纵向离散系数为 0.021 03 m^2/s。在下游 25.06 m 处进行浓度监测,实测浓度曲线如图 3.2.3-1 所示。

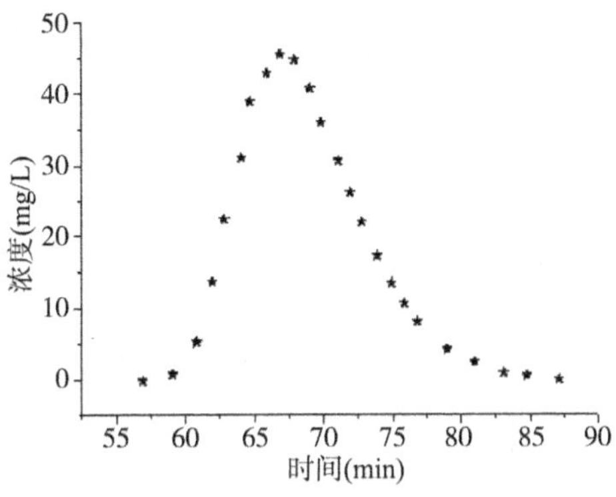

图 3.2.3-1 实测浓度散点图

(2) 反演计算结果

将上述实测浓度数据输入粒子群优化算法反演模型,计算结果如表 3.2.3-3 所示。反演的示踪剂投放总量为 25.84 g,与实际值 25 g 的绝对误差为 0.84 g,相对误差仅为 3.37%,进一步验证了模型的可靠性。

表 3.2.3-3 反演结果

反演参数	真值(g)	反演值(g)	绝对误差(g)	相对误差(%)
示踪剂投放总量(g)	25	25.84	0.84	3.37

3) 案例 3

本案例摘自哈尔滨工业大学陈媛华[7]所做的水槽实验。

(1) 实验环境及数据

① 水槽参数

水槽长 33.58 m,宽 32 cm,高 30 cm。实验时,水槽平均深度断面的平均流速为 13.53 cm/s,则流量约为 0.006 2 m^3/s。

② 实验方案设计

实验所用的示踪剂选择 NaCl 溶液,通过对水样电导率的测量值来计算 NaCl 的浓度。本次实验示踪剂释放 200 g,采样断面沿水流方向布设,位于 10 m、12.3 m、15 m、19.85 m、22.5 m 和 25 m 处。在污染物排放 2.5 min 之后，每隔 20 s 采样一次，扩散系数为 0.04 m^2/s。

③ 实验数据

选取位置为 12.3 m 的监测点数据值，将电导率换算成浓度值。具体数据见表 3.2.3-4 所示。

表 3.2.3-4　监测点为 12.3 m 处的浓度监测值

采样时间(s)	电导率值(μs/cm)	浓度(g/L)
150	155	0.028 7
170	133	0.016 3
190	121	0.009 5
210	117	0.007 3
230	114	0.005 6
250	112	0.004 5

(2) 反演计算结果

将示踪剂浓度数据输入微分进化算法反演模型，获得的源强和位置反演结果见表 3.2.3-5。由表 3.2.3-5 可以看出，源强反演值与真实值之间的绝对误差为 7.81 g，相对误差为 3.91%。位置的反演值与真值之间仅相差 0.2 m，相对误差为 1.67%。陈媛华采用相关系数优化法进行源强反演识别，相对误差为 17.83%，本研究所采用的微分进化算法取得了更好的反演结果。

表 3.2.3-5　实验室实验反演结果

	真实值	反演值	绝对误差	相对误差(%)
源强(g)	200	207.81	7.81	3.91
位置(m)	12.3	12.5	0.2	1.67

3.2.3.2　野外河流案例

室内水槽试验数据尚不能完全代替野外河流中的观测数据，本节利用实际河流中的野外观测数据来进行污染源识别，可以进一步检验反演模型的实际应用能力。

1) 案例 1

本案例摘自龙炳清等[8]的河流野外示踪试验，用于确定河流的纵向离散系数。

（1）试验环境及数据

① 示踪剂的投放

采用罗丹明作为示踪剂，投放点设在岷江蕨溪镇攀钢二基地拟建工程排污口所在断面的河中心，将 16 kg 的罗丹明瞬时投放，模拟污染物瞬时排放。

② 采样与分析

设 4 组监测断面，分别在投放点下游 6 525 m、7 933 m、11 197 m、13 020 m；采用日本岛津公司 RF－510 荧光分光光度计分析污染物罗丹明的浓度。

③ 观测数据

4 组河流监测断面的浓度数据见图 3.2.3-2。通过测量与查阅河流相关参数信息，4 组断面的参数数据见表 3.2.3-6。

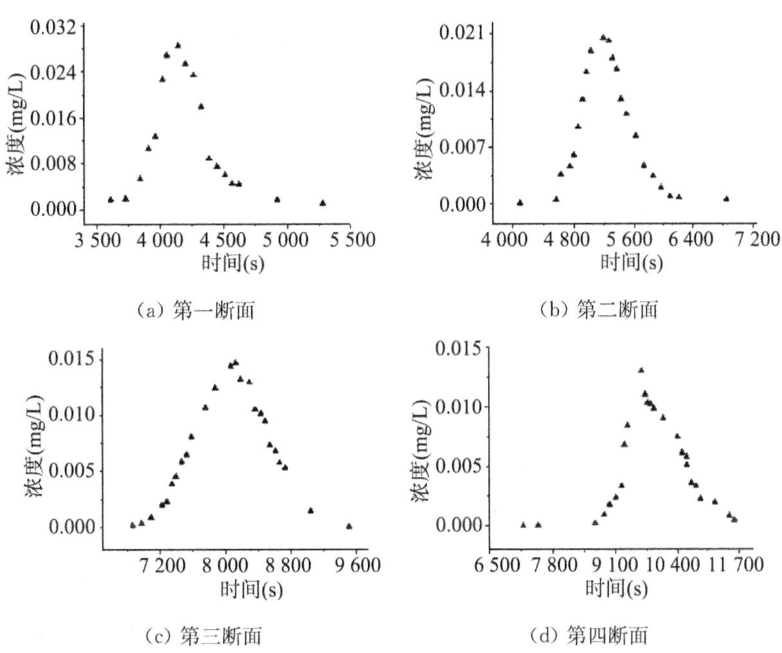

（a）第一断面　　（b）第二断面

（c）第三断面　　（d）第四断面

图 3.2.3-2　实测浓度散点图

表 3.2.3-6　参数数据

断面编号	监测位置(m)	流速(m/s)	横截面积(m^2)	纵向离散系数(m^2/s)
1	6 525	1.574	641.27	13.26
2	7 933	1.537	645.80	23.43

续表

断面编号	监测位置(m)	流速(m/s)	横截面积(m^2)	纵向离散系数(m^2/s)
3	11 197	1.394	711.98	23.19
4	13 020	1.326	748.20	23.29

(2) 反演计算结果

根据河流参数信息及河流下游各监测断面污染物浓度数据，利用粒子群优化算法反演模型计算结果见表 3.2.3-7。可以看出，反演值与实际值的相对误差都不超过 10%，取得了较好的反演结果。

表 3.2.3-7 反演结果

断面编号	真实源强(kg)	反演源强(kg)	绝对误差(kg)	相对误差(%)
1	16	15.03	0.97	6.07
2	16	15.57	0.43	2.70
3	16	16.73	0.73	4.54
4	16	15.82	0.18	1.15

2) 案例 2

(1) 污染事故情景

公开的真实污染事故监测数据很少，本案例为 2005 年发生的松花江水污染事故。该事故是由于化工厂发生爆炸，导致苯、硝基苯、苯胺等污染物流入松花江，污染带长达 80 km，松花江水质受到了严重影响，使周围居民的饮用水安全受到威胁。事故发生后，相关环保监测部门对受污染断面进行监测，获得了大量的浓度数据。

突发性事故发生后，河流流速大约为 0.96 m/s，扩散系数为 91.89 m^2/s，河流的平均水深为 4 m，河流宽 50 m，污染物排放量约为 100 t(数据来源于新闻报道)。选取排放位置下游 124 km 处的东港监测断面的浓度数据，见图 3.2.3-3。

(2) 反演计算结果

根据监测得到的浓度数据，采用基于微分进化算法的河流溯源模型进行污染源反演，所得到的反演结果如表 3.2.3-8 所示。反演结果表明，采用微分进化算法反演得到的污染物源强与位置大致在真实值附近，反演的源强值为 98.59 t，与真实源强的绝对误差为 1.41 t，相对误差仅为 1.41%；位置的反演值为 118.29 km，与实际值的相对误差为 4.36%，说明本模型反演精度较

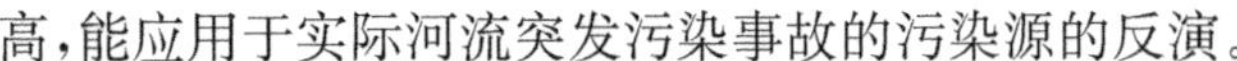

高，能应用于实际河流突发污染事故的污染源的反演。

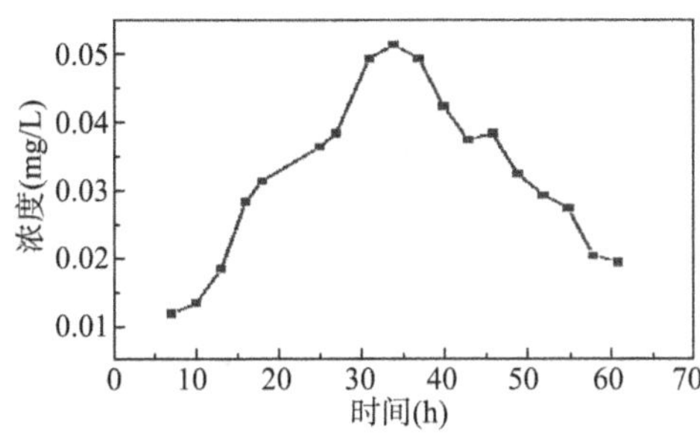

图 3.2.3-3 监测点不同时间浓度值

表 3.2.3-8 松花江突发事故源项反演值

	真实值	反演值	绝对误差	相对误差(%)
源强(t)	100	98.59	1.41	1.41
位置(km)	124	118.29	5.41	4.36

3.3 一维河流非稳态水流环境下污染源识别与控制反问题

3.3.1 一维非稳态水流环境下污染源识别反问题

3.3.1.1 污染源识别反问题的提法

设有长为 L 的河道，上游来水浓度为 C_u，河道及排污情况满足一维河道的要求，则污染物的断面平均浓度 C 沿河道的分布遵循一维对流扩散方程。其水环境系统定解问题可提为

$$\begin{cases} \dfrac{\partial(AC)}{\partial t}+\dfrac{\partial(QC)}{\partial x}=\dfrac{\partial}{\partial x}(AE_x\dfrac{\partial C}{\partial x})-AKC+\sum_{i=1}^{n}f_i, x\in[0,L] \\ C(0,t)=C_u \\ \dfrac{\partial C(L,t)}{\partial x}=0 \end{cases} \tag{3.3-1}$$

根据污染源信息可以求解定解问题(式 3.3-1)得到污染物的分布和随时间的演化，这就是通常研究的正问题。在非稳态水流情况下，该问题不存在

解析解，需要通过数值离散方法求解，这里通过有限差分法求解。源项反问题则是根据污染物浓度的时空分布数据推求式(3.3-1)中的源项。污染源反问题又可分为识别反问题和控制反问题。污染源识别反问题就是要根据水质观测数据识别相应的污染源信息，其在环境保护工作中的应用相当于通过布设水质断面来识别污染源排放信息。

3.3.1.2　连续源反演识别

基于优化反演法的一般步骤，将非恒定流一维水质模型 FDM 解法与单纯形法、微分进化算法相结合，分别编制了非恒定流一维水质模型污染源识别的程序 FDM-NMS1DSIP.m 和 FDM-DEA1DSIP.m。为了检验该反演模型的可靠性，仍利用正问题的数值解构造源项反问题。

【算例 3-11】　假设一维河道流量为 $Q(t)=10+0.001*t$ m^3/s，河长为 3 km，上游来水浓度为 1.0 mg/L，流速沿程分布为 $u=0.5+0.0001x$，纵向离散系数 $E_x=50$ m^2/s。采用水质正演模型计算下游断面($x=3\,000$ m)的浓度值四舍五入后取 3 位小数作为反问题的观测数据。为了分析污染源数目对反演结果的影响，设计了 5 个计算方案，见表 3.3.1-1。

表 3.3.1-1　计算方案设计

方案	污染源数目	污染源位置(m)	单个污染源源强真值(g/s)
1	1	1 500	0.2
2	2	1 000,2 000	0.2
3	3	1 000,1 500,2 000	0.2
4	4	1 000,1 500,2 000,2 500	0.2
5	5	500,1 000,1 500,2 000,2 500	0.2

分别采用 FDM-NMS1DSIP.m(FDM-NMS)和 FDM-DEA1DSIP.m(FDM-DEA)反演的结果见表 3.3.1-2。由表可见，当污染源数目较少($n\leqslant 3$)时，两种方法都能获得较好的反演结果，而当污染源数目较多($n>3$)时，FDM-DEA 法的反演结果明显优于 FDM-NMS 法。这主要是因为单纯形法(NMS)是一种局部搜索算法，当反演变量较多时，目标函数呈现出高度的非线性，使得其难以得到全局最优解，而微分进化算法则是一种全局搜索算法，对目标函数要求低，当变量较多时仍能够收敛到全局最优解。本算例研究表明，在非稳态水流环境下，仅用 1 个断面观测数据就能成功反演出多个连续源源强。

表 3.3.1-2　污染源反演识别结果　g/s

方案	FDM-NMS	FDM-DEA
1	0.200 0	0.200 0
2	0.200 0，0.200 0	0.200 0，0.200 0
3	0.199 9，0.200 1，0.200 0	0.200 2，0.199 8，0.200 1
4	0.532 9，−0.199 1，0.340 1，0.183 5	0.203 4，0.196 1，0.200 7，0.200 3
5	−1.287 7，2.202 8，−0.598 7，0.302 0，0.196 3	0.188 6，0.202 2，0.209 0，0.196 3，0.200 2

3.3.1.3　瞬时源反演识别

瞬时源是另外一种典型的污染源排放方式，同样构造算例开展数值试验。

【算例 3-12】　在某均匀河段上游瞬时投放真值为 8 kg 的惰性示踪剂，河流断面面积为 10 m^2，平均流速为 $u=(0.8+0.0001*t)$m/s，纵向离散系数 $E_x=30\ m^2/s$，利用水质模型计算得到投放断面下游 500 m 处不同时间的示踪剂浓度变化过程，计算结果取 4 位小数后如表 3.3.1-3 所示。

表 3.3.1-3　反演数值试验选用的计算数据

t_i(min)	6	8	10	12	14
C_i(mg/L)	0.964 0	1.640 6	1.184 8	1.265 4	0.851 4
t_i(min)	16	20	22	24	26
C_i(mg/L)	0.528 4	0.178 6	0.100 1	0.055 4	0.030 3

以表 3.3.1-3 中的数据假设为观测数据，采用 FDM-NMS 法计算得到污染源源强约为 8 012 g，与真实值 8 000 g 非常接近，相对误差仅为 0.15%，精确度较高，验证了该方法的可行性。

设计观测噪声水平为 δ=1%、5%、10%、30%条件下的污染源识别，计算结果见表 3.3.1-4。由表可见，FDM-NMS 法具有较好的抗噪性，除了 δ=1%外，相对误差均低于噪声水平，即使噪声水平达到 30%，相对误差仅为 9.21%，表明 FDM-NMS 法具有较好的抗噪性。

表 3.3.1-4　单纯形法在不同噪声水平下的瞬时源反演误差统计

噪声水平	污染源 M(g)	
	均值(g)	相对误差(%)
δ=1%	7 903	1.21
δ=5%	8 206	2.58

续表

噪声水平	污染源 M(g)	
	均值(g)	相对误差(%)
$\delta=10\%$	8 258	4.23
$\delta=30\%$	8 737	9.21

3.3.2 一维非稳态水流环境下污染源控制反问题

3.3.2.1 污染源控制反问题的求解方法

一维非稳态水流环境下污染源控制反问题的提法与污染源识别反问题类似。污染源识别反问题是根据河道断面的水质观测数据识别相应的污染源源强，污染源控制反问题是根据河道断面的水质目标等约束条件推求污染源允许排放量。一维河道污染源控制常采用断面达标控制，即保证下游某个断面水质不超过功能区水质标准。根据文献[9]，一维水质模型的控制方程式通常为一线性方程，因此其解满足叠加原理，数学表示为

$$C(x,t)=C_0(x,t)+C_B(x,t)+\sum_{i=1}^{n}C_{W_i}(x,t) \tag{3.3-2}$$

式中右端第一项为仅由初始条件诱导的浓度场，第二项为仅由边界条件诱导的浓度场，第三项为仅由污染源条件诱导的浓度场。前两项之和为区域内污染源无污染负荷排入时的浓度，称为背景浓度或本底浓度 C_h，即这 n 个污染源污染物排放强度均为 0 时的浓度值，可以通过水质模型计算获得。但在实际研究中，由于很难保证区域内除了所考虑的这 n 个污染源外没有其他污染源，因而往往通过水质监测获得。第三项中的 $C_{W_i}(x,t)$ 表示由污染源 W_i 诱导的浓度场，可以分解为 $a_i \cdot w_i$，因而式(3.3-2)又可变换为

$$C(x,t)=C_h(x,t)+\sum_{i=1}^{n}C_{W_i}(x,t)=C_h(x,t)+\sum_{i=1}^{n}a_i \cdot w_i \tag{3.3-3}$$

式中，w_i 为污染源排放强度；a_i 为第 i 个污染源在控制断面的响应系数。

单纯依靠水质达标约束的多污染源控制问题是一个不适定的问题，需要通过最优化方法将其转化为适定问题。基于排污总量最大目标的一维河道污染源控制反问题可提为如下的最优化问题：

目标函数：

$$\max L = \sum_{i=1}^{n} w_i \tag{3.3-4}$$

约束条件：

$$C_h(x,t) + \sum_{i=1}^{n} a_i \cdot w_i \leqslant C_s \tag{3.3-5}$$

$$w_i \geqslant 0,\ i = 1,2,\cdots,n$$

由于目标函数与约束条件均为线性函数，因而可以采用线性规划的方法求解。目前，线性规划的求解方法主要有单纯形法[10]、投影法[11]、LIPSOL法[12]等。其中，单纯形法是求解线性规划的通用方法，这里通过单纯形法求解得到相应的 w_i 。需要指出的是，这里的单纯形法与前面求解非线性规划的 NM 单纯形法不是同一种方法。本研究将非恒定流一维水质模型 FDM 解法与线性规划单纯形法相结合，编制了一维非稳态水质模型污染源反演控制的程序 LIN-1DSIP. m。

3.3.2.2 算例验证

为了检验该反演程序的可靠性，仍利用正问题的数值解构造源项反问题，以便验证反问题数值解的精度。

【算例 3-13】 假设某一维河道流量为 $Q(t) = 10 + 0.001 * t$ m^3/s，河长为 3 km，上游来水浓度为 1.0 mg/L，假设流速分布为 $u = 0.5 + 0.0001x$，纵向离散系数 $E_x = 50$ m^2/s。3 个排污口分别位于 $x = 1\,000$ m、1 500 m、2 000 m 的位置。假设要求控制断面处的水质标准为 2.0 mg/L，据此推求 3 个排污口的允许排放量。

首先，通过 FDM 法求解水质正演模型，计算得到控制断面 $x = 3\,000$ m 处对应污染源的响应系数随时间的变化过程，如图 3.3.2-1 所示。

其次，利用单纯形法求解优化问题式(3.3-4)、式(3.3-5)，得到各排污口的排放量分别为 13.35 g/s、0.000 0 g/s、0.000 0 g/s。可见，以排放总量最大(总量最优法)为目标，若仅考虑断面达标约束条件时，会出现某些排污口被“优化掉”的情况，即某些距离控制断面较近的排污口的允许排放量为 0。这在数学上确实可以取得极值，但与客观实际不符。因此，仅考虑断面达标约束往往不能满足污染源控制的实际需要，需要从环境保护、社会效益、经济效益等角度，通过增加约束条件的方法来计算各个污染源的允许排放量。例如，增加混合区约束条件：排污口下游 200 m 必须达标（2 mg/L），则得到各排污口的排放量分别为 2.56 g/s、2.23 g/s、2.11 g/s。

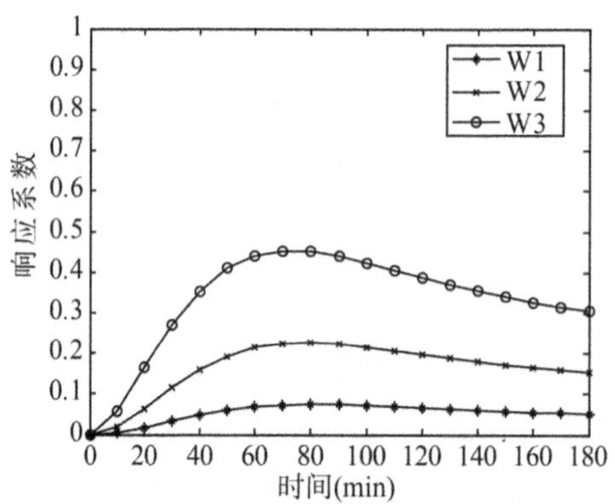

图 3.3.2-1　响应系数随时间的变化过程

3.4　二维河流稳态水流环境下污染源识别与控制反问题

对于宽浅型水域，如大江大河、浅水湖泊，需要采用二维水质模型来模拟其污染物输移扩散规律。根据水流条件，可以分为稳态水流条件和非稳态水流条件。

3.4.1　二维稳态水流环境下污染源识别反问题

3.4.1.1　连续源识别

(1) 污染源反演识别

在水流均匀、污染源为稳态点源条件下，二维稳态水质模型的解析解为

$$C(x,y,t)=\frac{W}{2hu\sqrt{\pi E_y x/u}}\exp\left(-\frac{uy^2}{4E_y x}\right)\exp\left(-K\frac{x}{u}\right) \tag{3.4-1}$$

与此相对应，二维稳态水流环境下源项反问题可提为

$$\begin{cases} u\dfrac{\partial C}{\partial x}=E_x\dfrac{\partial^2 C}{\partial x^2}+E_y\dfrac{\partial^2 C}{\partial y^2}-KC+S \\ C(0,y)=C_0 \\ C(L,y_i)=C_{Li},\ i=1,2,\cdots,n \end{cases} \tag{3.4-2}$$

根据 $x=L$ 断面上的观测数据，反演源项 S。

根据正演模型解析解式(3.4-1)，得到

$$C(L,y_i)=C_0\exp\left(-K\frac{L}{u}\right)+\frac{W}{2hu\sqrt{\pi E_y L/u}}\exp\left(-\frac{uy_i^2}{4E_yL}\right)\exp\left(-K\frac{L}{u}\right)=C_{Li} \tag{3.4-3}$$

由式(3.4-3)可以看出，当污染源的位置确定时，污染源源强的反演识别公式为

$$W_1=2hu\sqrt{\pi E_y L/u}\left[C_{Li}-C_0\exp\left(-\frac{KL}{u}\right)\right]\exp\left(\frac{uy_i^2}{4E_yL}\right)\exp\left(K\frac{L}{u}\right) \tag{3.4-4}$$

由式(3.4-4)可知，当横向扩散系数等参数均已知时，只需要一个观测数据就能反演出污染源源强。当污染源为 m 个时，根据叠加原理，理论上需要至少 m 个观测数据通过求解方程组(3.4-5)才能反演源强 W_j。

$$C(L,y_i)=C_0\exp\left(-K\frac{L}{u}\right)+\sum_{j=1}^{m}\frac{W_j}{2hu\sqrt{\pi E_y L/u}}\exp\left(-\frac{uy_i^2}{4E_yL}\right)\exp\left(-K\frac{L}{u}\right) \tag{3.4-5}$$

(2) 污染源与水质参数的联合反演

在实际问题中，通常横向扩散系数也是未知的，需要进行横向扩散系数与污染源源强的联合反演。在第二章中编制了利用单纯形法进行连续源二维稳态水质模型多参数估计的程序 NMS2DMPEP.m，将该程序稍做修改，反演参数增加污染源源强，即可得到利用单纯形法进行二维稳态水质模型源项和水质参数联合反演的程序 NMS2DSPIP.m，以下仍采用利用正问题解构造反问题的方法进行算例验证。

【算例 3-14】 某二维河道宽为 100 m，水深为 2 m，上游来水浓度为 0.0 mg/L。在 x=1 000 m 和 1 500 m 河中心处各有 1 个污染源 W1 和 W2，污染源源强均为 100 g/s。流速 u=0.5 m/s，v=0 m/s，E_y=0.1 m^2/s，K=0.3 d^{-1}。在下游 x=3 000 m(断面 S1)上布设 3 条垂线，观测点取(3 000,0)、(3 000,20)和(3 000,40)，如图 3.4.1-1 所示。用解析解模型计算得到观测点浓度数据取 3 位小数后作为假设的观测数据，见表 3.4.1-1。

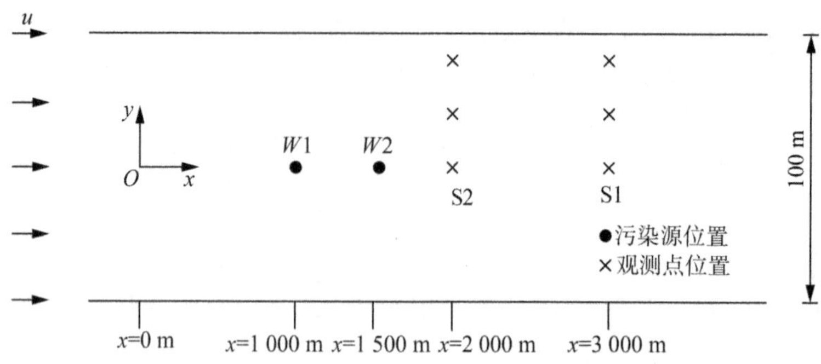

图 3.4.1-1　二维河道污染源及测点位置示意图

表 3.4.1-1　反问题所采用的浓度数据

假设的观测断面	S1		
观测点位置(m)	(3 000,0)	(3 000,20)	(3 000,40)
观测点浓度(mg/L)	3.003	2.238	0.937

以表 3.4.1-1 中的数据作为观测数据,采用单纯形反演优化程序计算污染源源强和横向扩散系数、降解系数的反演结果见表 3.4.1-2。由表可见,除降解系数反演误差较大外,其余参数反演值与真值较为接近,最大误差仅为 10.90%。

表 3.4.1-2　连续源二维稳态水质模型污染源及水质参数反演结果

参数	$W1$(g/s)	$W2$(g/s)	E_y(m^2/s)	K(d^{-1})
真值	100	100	0.1	0.3
反演值	110.902 7	92.830 1	0.098 8	0.745 7
相对误差(%)	10.90	7.17	1.20	148.57

为提高反演精度,增加 1 条观测断面 x = 2 000 m(断面 S2),位置如图 3.4.1-1 所示,观测数据见表 3.4.1-3。

表 3.4.1-3　反问题所采用的新增浓度数据

观测断面	S2		
观测点位置(m)	(2 000,0)	(2 000,20)	(2 000,40)
观测点浓度(mg/L)	4.792	2.236	0.320

利用断面 S1 和 S2 的观测数据,采用单纯形反演程序计算污染源源强和横向扩散系数、降解系数的结果见表 3.4.1-4。由表可见,反演精度有较大提

高，最大误差仅为0.7%。表明增加观测信息可以提高反演精度。

表 3.4.1-4　连续源二维稳态水质模型污染源及水质参数反演结果

参数	W1(g/s)	W2(g/s)	$E_y(m^2/s)$	$K(d^{-1})$
真值	100	100	0.1	0.3
反演值	100.089 5	99.944 1	0.100 0	0.302 1
相对误差(%)	0.09	0.06	0.00	0.70

3.4.1.2　瞬时源识别

(1) 瞬时源反演

当二维河流中污染源发生风险事故排放时，在事故点下游布设测点监测水质浓度变化过程，以反演推测突发事故源强，这样的问题可以概化为二维情况下的风险源识别反问题。

假设某均匀流河道上游来水浓度为 C_0，流速为 u，设在河流起始端($t=0,x=0$)瞬时源排放量为 M 克，二维稳态水流环境下瞬时源识别反问题可提为

$$\begin{cases}\dfrac{\partial C}{\partial t}+u\dfrac{\partial C}{\partial x}=E_x\dfrac{\partial^2 C}{\partial x^2}+E_y\dfrac{\partial^2 C}{\partial x^2}-KC\\ C(x,0)=0\\ C(0,y_0,t)=C_0\delta(t)\\ C(L,y_i,t_j)=C_{ij},\ i=1,2,\cdots,n,\ j=1,2,\cdots,m\end{cases}\tag{3.4-6}$$

通过下游 $x=L$ 断面在不同时刻的浓度数据 $\tilde{c}(x_L,t_i)$ 值来识别瞬时污染源源强。

根据正演模型的解析解，得到：

$$C(L,y_i,t_j)=\frac{M}{4\pi ht\sqrt{E_xE_y}}\cdot\exp\left(-\frac{(L-ut_j)^2}{4E_xt_j}-\frac{{y_i}^2}{4E_yt_j}\right)\cdot\exp(-Kt_j)\tag{3.4-7}$$

若纵向扩散系数、横向扩散系数和降解系数已知，则可得到二维稳态水流环境下瞬时源识别公式为

$$M=4\pi ht\sqrt{E_xE_y}C_{ij}\cdot\exp\left(\frac{(L-ut_j)^2}{4E_xt_j}+\frac{{y_i}^2}{4E_yt_j}\right)\cdot\exp(Kt_j)\tag{3.4-8}$$

(2) 瞬时源与水质参数的联合反演

当横向扩散系数等水质参数未知，需要进行污染源源强、水质参数的联合反演。在第二章中编制了利用单纯形法进行瞬时源二维稳态水质模型多参数估计的程序 NMS2DMPEP. m，将原程序中已知变量污染源源强转变为反演参数，即可得到用于瞬时源二维稳态水质模型源项和水质参数的联合反演的程序 NMS2DSPIP. m，以下仍采用利用正问题解构造反问题的方法进行算例验证。

【算例 3-15】 在某均匀河段上游发生事故排放，已知该河断面面积为 20 m^2，流速 $u=0.5$ m/s，$v=0$ m/s，20 min 后在下游 1 500 m 处设 3 条垂线获得观测数据，如图 3.4.1-2 所示。假设污染源源强为 10 kg，水质参数真值为 $E_x=50\ m^2/s$，$E_y=0.1\ m^2/s$，$K=0.3\ d^{-1}$，利用解析解模型计算得到的各测点浓度数据叠加 10%随机扰动再取 3 位小数后作为假设的观测数据，如表 3.4.1-5 所示。需要根据观测数据推求污染源源强 W、E_x、E_y 和 K。

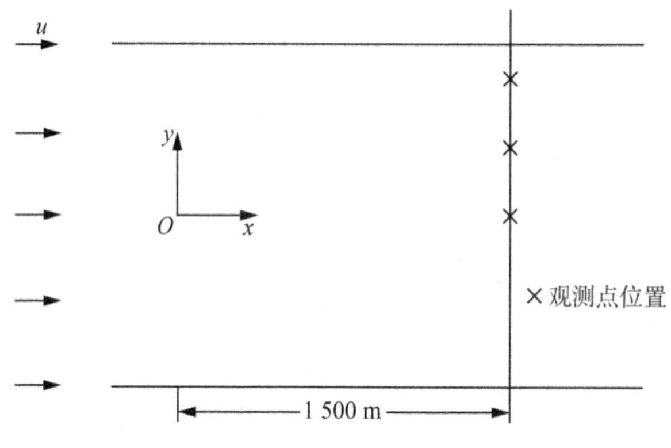

图 3.4.1-2 观测点位置示意图

表 3.4.1-5 瞬时源示踪试验观测数据

采样时间(min)	横向距离(m)		
	0	20	40
25	0.018	0.009	0.001
30	0.034	0.022	0.004
35	0.051	0.033	0.008
40	0.056	0.044	0.012
45	0.062	0.043	0.014

续表

采样时间(min)	横向距离(m)		
	0	20	40
50	0.056	0.042	0.016
55	0.055	0.040	0.016
60	0.042	0.035	0.014
65	0.034	0.029	0.013
70	0.027	0.022	0.011

利用表 3.4.1-5 的观测数据，初始值取 1 000，100，1，0.5，采用单纯形反演优化程序计算污染源源强和横向扩散系数、降解系数的反演结果见表 3.4.1-6。除降解系数反演误差较大外，其余参数反演值与真值较为接近，最大误差仅为 6.80%。

表 3.4.1-6 瞬时源与水质参数的联合反演结果

参数	M	E_x	E_y	K
真值	10.000	50	0.1	0.3
反演值	10.064	49.362 9	0.106 8	0.067 1
相对误差(%)	0.64	1.27	6.80	77.63

但当初始值偏离真值较大时，如取 1，1，1，1，反演结果为 2.280 1、0.000 0、0.124 7、1.212 7，与真值偏离很远。究其原因，单纯形法本质上属于局部搜索算法，当初值偏离较大时，有可能会收敛于局部最优解。

3.4.2 二维稳态水质模型污染源控制反问题

要实现污染源控制，首先得确定污染源排污影响的评价指标，即污染源的控制指标。对于宽浅型大江大河的污染源控制问题，由于污染物往往很难达到横向均匀混合，对污染源的约束一般不采用断面达标控制，而将污染带的范围作为其控制条件。当污水排入宽浅型河流后，受环境水体的紊动扩散及输移影响，将在排放口邻近水域形成高浓度区（或高温度区），这一区域称为污染带。污染带又称排污混合区，通常是指排污口附近环境水域某污染物浓度超过该水体水质标准的区域[13-14]。这一定义将污染带范围与环境水质标准紧密联系起来，有利于进行环境水质控制，也能够反映污水排放对环境水体的影响范围。在实际问题中，污染带的范围常通过一些几何特征参数来表示，如污染带最大长度 L_m、最大宽度 H_m 及最大宽度对应的位置 x_m、污染带面积 S_m 等。掌握了这几个特征参数，就能了解污染带范围的概貌。图 3.4.2-1 为污染带主要特征参数示意图，图中坐标原点取在排污口位置。反问题的研究是以正问题研究为基础的，要解决如何由污染带几何特征参数来控制污染源的问题，首先要研究已知污染源源强如何获得相应的污染带几何特征参数问题。

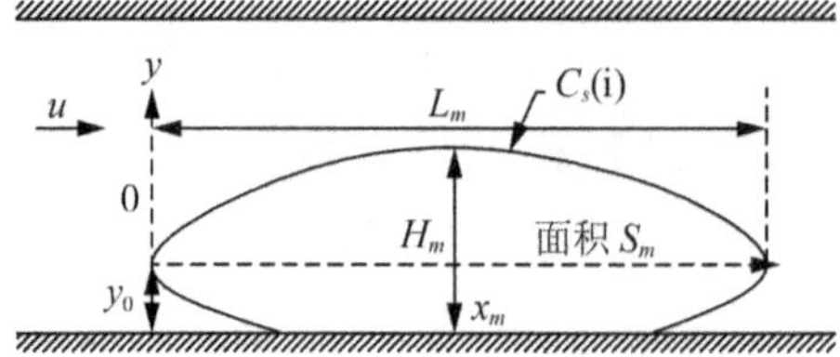

图 3.4.2-1　污染带几何特征参数示意图

3.4.2.1　河流污染带几何特征参数预测模式

(1) 水质预测正演模型

污染物与河水的混合过程经历垂向、横向及纵向 3 个阶段，由于河流一般水深远小于河宽，故假定污染物在排放口水域已经与河水在垂向上均匀混合，若受纳水体为顺直矩形断面河道，水流均匀及污染源源强稳定，不考虑纵向分散，则得到河流的二维稳态水质模型的基本方程为[15-16]

$$u\frac{\partial C}{\partial x}=E_y\frac{\partial^2 C}{\partial y^2}-KC+S \tag{3.4-9}$$

式中，x，y 为纵向、横向坐标，m；u 为河流纵向平均流速，m/s；C 为污染物浓度，mg/L；K 为降解系数，s^{-1}；S 为源(汇)项，$g/(m^3\cdot s)$；E_y 为横向扩散系数，m^2/s。

若 $S=0$，考虑对岸一次反射，式(3.4-9)可利用分离变量法得到浓度公式：

$$C(x,y)=\left\{C_h+\frac{m}{2H\sqrt{\pi E_y xu}}\left[\exp\left(-\frac{uy^2}{4E_y x}\right)+\exp\left(-\frac{u(2y_0+y)^2}{4E_y x}\right)+\exp\left(-\frac{u(2B-2y_0-y)^2}{4E_y x}\right)\right]\right\}\exp\left(-\frac{Kx}{u}\right) \tag{3.4-10}$$

式中，C_h 为河流背景浓度，mg/L；H 为河流平均水深，m；m 为污染物排放速率，

g/s;B 为河流的宽度,m;y_0 为排放口距岸边的距离,m;其余同式(3.4-9)。式(3.4-10)考虑了河流背景值、污染物的降解和两岸一次反射的作用,既可以满足计算精度要求,计算又不复杂,具有一定的通用性。令 $C(x,y)=C_s$,$\alpha=\dfrac{m}{2H\sqrt{\pi E_y u}}$,$\beta=-\dfrac{u}{4E_y}$,$\gamma=\dfrac{K}{u}$,得到污染带外边缘等浓度曲线方程:

$$f(x,y)=C_s\sqrt{x}\exp(\gamma x)-C_h\sqrt{x}-\alpha\left[\exp\left(\beta\frac{y^2}{x}\right)+\exp\left(\beta\frac{(2y_0+y)^2}{x}\right)+\exp\left(\beta\frac{(2B-2y_0-y)^2}{x}\right)\right]=0 \tag{3.4-11}$$

(2) 污染带几何特征参数

① 污染带的最大长度 L_m

污染带的最大长度应为污染带边缘的等浓度线与直线 $y=0$ 两交点之间的距离。取 $y=0$,由(3.4-11)式得出如下方程:

$$C_s\sqrt{x}\exp(\gamma x)-C_h\sqrt{x}-\alpha\left[1+\exp\left(\beta\frac{(2y_0)^2}{x}\right)+\exp\left(\beta\frac{(2B-2y_0)^2}{x}\right)\right]=0 \tag{3.4-12}$$

式(3.4-12)即为考虑降解和两岸一次反射时污染带最大长度 L_m 的求解方程,用牛顿迭代法或二分法求得该方程的根 x,即为污染带的最大长度 L_m。

若不考虑降解和对岸反射,可得到简化后的岸边排放和中心排放的污染带最大长度公式:

岸边排放,$L_m=\dfrac{m^2}{\pi u E_y H^2(C_s-C_h)^2}$;中心排放,$L_m=\dfrac{m^2}{4\pi u E_y H^2(C_s-C_h)^2}$。

② 污染带的最大宽度 H_m 及最大宽度出现的位置 x_m

污染带最大宽度公式为[17]

$$H_m=\left(\frac{2}{\pi e}\right)^{\frac{1}{2}}\cdot\frac{m}{uH(C_s-C_h)} \tag{3.4-13}$$

根据极值原理,在最大宽度的位置 $\dfrac{dy}{dx}=0$。式(3.4-11)对 x 求偏导得到:

$$\frac{C_s}{2\sqrt{x}}\exp(\gamma x)+C_s\sqrt{x}\gamma\exp(\gamma x)-\frac{C_h}{2\sqrt{x}}+$$
$$\alpha\left[\exp\left(\beta\frac{y_m{}^2}{x}\right)\frac{\beta y_m{}^2}{x^2}+\exp\left(\beta\frac{(2y_0+y_m)^2}{x}\right)\beta\frac{(2y_0+y_m)^2}{x^2}+\right.$$
$$\left.\exp\left(\beta\frac{(2B-2y_0-y_m)^2}{x}\right)\beta\frac{(2B-2y_0-y_m)^2}{x^2}\right]=0$$
(3.4-14)

式中，$y_m=\begin{cases}H_m-y_0, & 当 H_m>2y_0 时\\ H_m/2, & 当 H_m\leqslant 2y_0 时\end{cases}$。进而用牛顿迭代法或二分法即可求得污染带最大宽度出现的距离 x_m。若不考虑降解和对岸反射，可简化得到：

岸边排放，$x_m=\dfrac{m^2}{\pi e u E_y H^2(C_s-C_h)^2}$；中心排放，$x_m=\dfrac{m^2}{4\pi e u E_y H^2(C_s-C_h)^2}$。

③ 污染带的面积 S_m

岸边排放时，污染带面积计算表达式为 $S_m=\int_0^{L_m}|y|\mathrm{d}x=\int_0^{L_m}\sqrt{\dfrac{x}{\beta}\ln\left(\dfrac{C_s\sqrt{x}\exp(\gamma x)-C_h\sqrt{x}}{2\alpha}\right)}\mathrm{d}x$，该函数的不定积分无法用初等函数来表示，可用数值积分法（如复化梯形公式法）求得污染带的面积 S_m。

中心排放时，污染带外边缘等浓度曲线为 $y^2=\dfrac{x}{\beta}\ln\left(\dfrac{C_s\sqrt{x}\exp(\gamma x)-C_h\sqrt{x}}{\alpha}\right)$，污染带面积计算表达式为 $S_m=2\int_0^{L_m}|y|\mathrm{d}x$，可用与岸边排放类似的解法求得污染带的面积 S_m。

3.4.2.2　基于污染带几何特征参数的污染源控制反问题

上文探讨了根据排污量计算污染带的几何参数的方法，通过其逆运算也可由污染带的几何参数计算允许排污量，从而建立污染带几何特性与排污量的动态响应关系。

根据式(3.4-12)，由污染带最大长度 L_m 反演排污口排污量 m 计算公式为

$$m=2H\sqrt{\pi E_y u}\left[C_s\sqrt{x}\exp(\gamma L_m)-C_h\sqrt{L_m}\right]\left\{1+\exp\left[\beta\frac{(2y_0)^2}{L_m}\right]+\exp\left[\beta\frac{(2B-2y_0)^2}{L_m}\right]\right\}^{-1}\qquad(3.4\text{-}15)$$

根据式(3.4-13)，由污染带最大宽度 H_m 反演排污口排污量 m 计算公式为

$$m = uH(C_s - C_h)H_m\left(\frac{2}{\pi e}\right)^{-\frac{1}{2}} \tag{3.4-16}$$

3.4.2.3 应用实例及验证

(1) 模型特点

为了得到污染带最大长度、最大宽度等特征参数，传统上采用“列表画图求峰值”的方法。其流程基本是先建立模型，再计算污染物浓度的二维分布，然后画出污染带的范围(等值线图)，最后再根据污染带范围图求峰值得到其特征参数。其缺点是工作量大、需要的网格上的浓度数据多，数据较少时得到的污染带范围不准确，人为因素较多，从而影响特征参数的精度要求。这里建立的二维稳态水流环境下河流污染带几何特征参数预测模型相比于传统方法，省去了一些中间环节，直接建立了污染源源强与污染带特征参数之间的关系，通过减少人工干预来提高精度。两者的对比见图3.4.2-2。

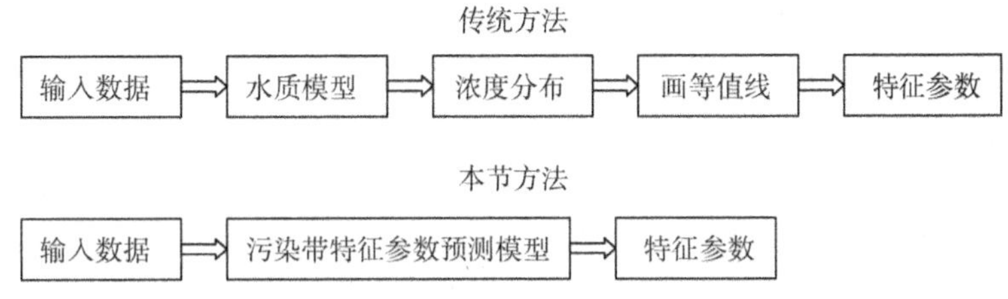

图 3.4.2-2 利用本节方法计算污染带特征参数流程与传统方法的对比

(2) 系统研制

基于以上原理，利用 VB 语言开发了河流污染带特征参数预测系统(RPZS)，系统主界面见图 3.4.2-3。该系统具有友好、直观的人机交互界面，适用于顺直河流的污染带预测，相关内容详见文献[17]。

图 3.4.2-3 系统主界面

(3) 实例应用

本章利用该系统对文献[13]、[14]中的实例进行验证计算。

实例：青山工业港位于长江武汉段下游，其酚排放量约为 49.66 t/a。最不利的水文条件采用保证率为 90%的最小月平均流速 $u=0.97$ m/s，河宽为 1 000 m，平均水深为 8 m，背景浓度 $C_h=0.0007$ mg/L。横向扩散系数取 0.6 m^2/s，根据功能区划的要求，附近水域执行Ⅲ类水质标准，即 $C_s=0.005$ mg/L。

由于长江武汉段宽深比 $B/h\gg 100$，利用 RPZS，不考虑降解时，求得污染带长度 $L_m=1\,148$ m。文献[14]考虑了边界的影响通过计算等值线的方法获得污染带的长度，分别计算了降解系数取不同值时的计算结果。降解系数分别取 0.0 d^{-1}、0.01 d^{-1} 和 0.1 d^{-1} 时，计算得到的污染带长度分别为 1 148 m、1 145 m、1 118 m，与本书计算结果一致，从而验证了本模型的可靠性。当降解系数取 $K=0.02$ d^{-1} 时，求得污染带长度 $L_m=1\,141$ m，可见，当输运距离较短时，降解对污染带长度影响不大。利用 RPZS 求得最大宽度 $H_m=22.8$ m。

若需将污染带长度控制在 800 m，宽度控制在 20 m，利用 RPZS 可推求排污口允许排放量和削减量。$L_m=800$ m 时，求得允许排放量为 43.84 t/a；$H_m=20$ m 时，求得允许排放量为 43.49 t/a。故要使污染带控制在长 800 m、宽 20 m 的范围内，排污口允许排放量 $M=\min(43.84, 43.49)=43.49$ t/a，必须将排放量削减 $49.66-43.49=6.17$ t/a。

另外，还可通过将排污口移向河中心的方法减小污染带长度，利用 RPZS 计算不同排污口距岸边的距离 y_0 所对应的污染带最大长度 L_m，计算结果见表 3.4.2-1。

表 3.4.2-1　污染带几何特征参数计算结果

排污口距岸边的距离 a(m)	污染带最大长度 L_m(m)	最大宽度出现的位置 X_m(m)	污染带面积 S_m(m^2)
5.0	984.24	357.17	17 452.25
10.0	870.97	274.04	16 083.17
11.0	837.95	229.81	15 598.70
12.0	801.01	134.61	15 021.06
12.5	781.11	116.33	14 693.84

由表 3.4.2-1 可知，当排污口外移至距岸边 12.5 m 时，污染带长度亦可缩短至 800 m 以下。

3.5 二维河流非稳态水流环境下污染源识别与控制反问题

3.5.1 二维非稳态水流环境下水质正演模型

3.5.1.1 直角坐标系下二维水量水质模型

在直角坐标系下，描述设水深平均的平面二维非恒定浅水方程组如下：

(1) 连续方程

$$\frac{\partial H}{\partial t}+\frac{\partial (Hu)}{\partial x}+\frac{\partial (Hv)}{\partial y}=0 \tag{3.5-1}$$

(2) 动量方程

$$\frac{\partial (Hu)}{\partial t}+\frac{\partial (Huu)}{\partial x}+\frac{\partial (Huv)}{\partial y}=\frac{\tau_{sx}-\tau_{bx}}{\rho}-gH\frac{\partial (H+Z_b)}{\partial x}+fHv+\frac{\partial}{\partial x}\left(\mu H\frac{\partial u}{\partial x}\right)+\frac{\partial}{\partial y}\left(\mu H\frac{\partial u}{\partial y}\right) \tag{3.5-2}$$

$$\frac{\partial (Hv)}{\partial t}+\frac{\partial (Huv)}{\partial x}+\frac{\partial (Hvv)}{\partial y}=\frac{\tau_{sy}-\tau_{by}}{\rho}-gH\frac{\partial (H+Z_b)}{\partial y}-fHu+\frac{\partial}{\partial x}\left(\mu H\frac{\partial v}{\partial x}\right)+\frac{\partial}{\partial y}\left(\mu H\frac{\partial v}{\partial y}\right) \tag{3.5-3}$$

(3) 水质输运方程

$$\frac{\partial (Hc)}{\partial t}+\frac{\partial (Huc)}{\partial x}+\frac{\partial (Hvc)}{\partial y}=\frac{\partial}{\partial x}\left(HE_x\frac{\partial c}{\partial x}\right)+\frac{\partial}{\partial y}\left(HE_y\frac{\partial c}{\partial y}\right)+s(x,y) \tag{3.5-4}$$

其中，$f=2\omega\sin\theta$ 为柯氏力系数，ω 为地球自转的速度，θ 为当地纬度；τ_{sx}、τ_{bx} 为风应力和河床面应力在 x 方向的分量，$\tau_{sx}=C_\omega\rho_a\omega_a^2\sin\varphi$，$\tau_{bx}=C'_f u$，$C'_f=\rho g(u^2+v^2)^{\frac{1}{2}}/C^2$，$C$ 为谢才系数，$C=\frac{1}{n}h^{\frac{1}{6}}$，$n$ 为河床底部糙率；τ_{sy}、τ_{by} 为风应力和河床面应力在 y 方向的分量，$\tau_{sy}=C_\omega\rho_a\omega_a^2\cos\varphi$，$\tau_{by}=C'_f v$；$u$、$v$ 分别为 x、y 方向的水深平均流速，ρ、ρ_a 分别为水和空气的密度，C_ω 是风的阻力系数，ω_a 为水面上空 10 m 的风速，φ 为风向与 y 轴的夹角；H 为全水深；Z_b 为河底到基准面的距离。E_x，E_y 为 x、y 方向的混合系数；s 为污染物质的源漏项。

水体的流动及污染物的迁移扩散主要由方程中对流、扩散作用支配，其他影响因素均可当作源漏项处理，因此，为了求解的方便可以把以上方程表达为统一的形式：

$$\frac{\partial(H\phi)}{\partial t}+\frac{\partial(Hu\phi)}{\partial x}+\frac{\partial(Hv\phi)}{\partial y}=\frac{\partial}{\partial x}\left(\Gamma_\phi H\frac{\partial\phi}{\partial x}\right)+\frac{\partial}{\partial y}\left(\Gamma_\phi H\frac{\partial\phi}{\partial y}\right)+s(x,y) \tag{3.5-5}$$

式中，ϕ 为通用变量；Γ_ϕ 为与 ϕ 相应的广义扩散系数；s 为广义源项。

对于不同的微分方程，ϕ 和 s 有不同的含义。其对应关系见表 3.5.1-1。

表 3.5.1-1　不同方程的 ϕ 和 s

方程	变量	
	ϕ	s
连续方程	1	0
x 方向动量方程	u	$\frac{\tau_{sx}-\tau_{bx}}{\rho}-gH\frac{\partial(H+Z_b)}{\partial x}+fHv$
y 方向动量方程	v	$\frac{\tau_{sy}-\tau_{by}}{\rho}-gH\frac{\partial(H+Z_b)}{\partial y}-fHu$
水质输运方程	c	$s(x,y)$

3.5.1.2　拟合坐标变换

在大江大河平面二维非恒定流计算中，由于天然河流边界形状的弯曲特性，若使用普通矩形网格坐标系统对天然河段进行计算，计算时必须对计算区域的平面边界进行概化处理，这样计算得到的边界处流场形态就难以准确、真实地反映出河流的实际情况，而排污口多位于岸边界处，这就给污染物输运扩散的数值模拟带来了较大的影响。因此，进行数值计算时，最理想的区域形状是各坐标轴与计算区域边界一一相符合的形状，此类坐标即为边界拟合坐标，又称贴体坐标或附体坐标。它通过坐标变换，把物理平面上的复杂区域转化为计算平面上的矩形区域，然后在规则的计算平面上求解坐标变换后的水流控制方程，然后再将计算结果转化到物理区域上。正是由于拟合坐标的出现，使得有限体积法、有限差分法等计算方法的实用性大为提高，计算精度也有了明显的改善。

目前，生成贴体坐标的方法有很多，主要可以分为三大类。其一为代数生成方法。代数生成方法实际上是一种插值方法，是通过一些代数关系式而不是微分方程把物理平面上的不规则区域转换成计算平面上矩形区域的方法。其二为保角变换法。保角变换法的数学基础是复变函数中的解析变换，它是利用复变函数的理论把相当一批二维不规则区域变换成矩形区域，而且可得出解析的或部分解析的变换关系式。为使计算平面中的区域变得最简单，常常采用正方形区域。其三为解微分方程的方法。通过求解微分方程的边值问题来建立物理平面与计算平面上各点间的对应关系。至于这一边值问题控制方程的类型，待解物理问题本身对此并无任何限定，这就给了我们一定的自由度，即我们可以按照待解物理问题本身对网格的疏密要求选择边值问题的控制方程。

对于二维问题，一般选择下列两个 Possion 方程并给以适当的边界条件进行坐标变换：

$$\begin{cases} \xi_{xx}+\xi_{yy}=P(\xi,\eta) \\ \eta_{xx}+\eta_{yy}=Q(\xi,\eta) \quad \text{在区域内} \\ \xi=\xi(x,y) \\ \eta=\eta(x,y) \quad \text{在边界上} \end{cases} \tag{3.5-6}$$

其中，ξ,η 为变换坐标系；x,y 为物理坐标系。

式中，函数 P,Q 的作用是调整物理平面中曲线网格的形状、疏密程度和正交性。J. E. Thmpson 等建议的 P,Q 为指数函数形式：

$$\begin{cases} P(\xi,\eta)=-\sum\limits_{i=1}^{n}a_i\operatorname{sgn}(\xi-\xi_i)\exp(-c_i|\xi-\xi_i|)-\sum\limits_{i=1}^{n}b_j\operatorname{sgn}(\xi-\xi_i)\cdot \\ \exp\{-d_j[(\xi-\xi_i)^2+(\eta-\eta_i)^2]^{\frac{1}{2}}\} \\ Q(\xi,\eta)=-\sum\limits_{i=1}^{n}a_i\operatorname{sgn}(\eta-\eta_i)\exp(-c_i|\eta-\eta_i|)-\sum\limits_{i=1}^{n}b_j\operatorname{sgn}(\eta-\eta_i)\cdot \\ \exp\{-d_j[(\xi-\xi_i)^2+(\eta-\eta_i)^2]^{\frac{1}{2}}\} \end{cases} \tag{3.5-7}$$

应用式(3.5-7)就可以把物理平面上的不规则区域转换成计算平面上的规则区域，如图 3.5.1-1 所示。对应于一定的不规则区域，计算平面上规则区域的选择有一定的自由度，为简便起见一般采用正方形均匀网格。

由于物理平面上不规则区域边界的边界条件较难确定，因此常常把坐标变换问题转换为计算平面上的边值问题。以(ξ,η)为独立变量，(x,y)为因变量的微分方程推导如下：

因为存在逆变换

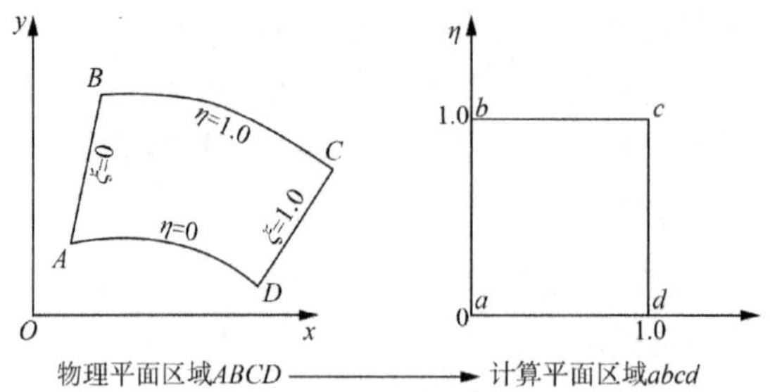

图 3.5.1-1　坐标变换示意图

$$\begin{cases} x = x(\xi, \eta) \\ y = y(\xi, \eta) \end{cases} \tag{3.5-8}$$

有

$$\begin{cases} \mathrm{d}x = x_{\xi}\mathrm{d}\xi + x_{\eta}\mathrm{d}\eta \\ \mathrm{d}y = y_{\xi}\mathrm{d}\xi + y_{\eta}\mathrm{d}\eta \end{cases} \tag{3.5-9}$$

可解得

$$\begin{cases} \mathrm{d}\xi = \dfrac{y_{\eta}\mathrm{d}x - x_{\eta}\mathrm{d}y}{J} \\ \mathrm{d}\eta = \dfrac{-y_{\xi}\mathrm{d}x + x_{\xi}\mathrm{d}y}{J} \\ J = x_{\xi}y_{\eta} - x_{\eta}y_{\xi} \end{cases} \tag{3.5-10}$$

因为有

$$\begin{cases} \mathrm{d}\xi = \xi_x \mathrm{d}x + \xi_y \mathrm{d}y \\ \mathrm{d}\eta = \eta_x \mathrm{d}x + \eta_y \mathrm{d}y \end{cases} \tag{3.5-11}$$

故可得

$$\begin{cases} \xi_x = \dfrac{y_{\eta}}{J} \\ \xi_y = -\dfrac{x_{\eta}}{J} \\ \eta_x = -\dfrac{y_{\xi}}{J} \\ \eta_y = \dfrac{x_{\xi}}{J} \end{cases} \tag{3.5-12}$$

设 $\varphi=\varphi(x,y)$ 是物理平面中的函数，据复合函数求导法则有

$$\begin{cases}\varphi_x=\dfrac{\partial\varphi}{\partial x}=\dfrac{\partial\varphi}{\partial\xi}\cdot\xi_x+\dfrac{\partial\varphi}{\partial\eta}\cdot\eta_x=\varphi_\xi\cdot\xi_x+\varphi_\eta\cdot\eta_x\\ \varphi_y=\dfrac{\partial\varphi}{\partial y}=\dfrac{\partial\varphi}{\partial\xi}\cdot\xi_y+\dfrac{\partial\varphi}{\partial\eta}\cdot\eta_y=\varphi_\xi\cdot\xi_y+\varphi_\eta\cdot\eta_y\end{cases}\tag{3.5-13}$$

因为 $\xi_{x\xi}=(\xi_\xi)_x=1_x=0$，同理 $\xi_{y\xi}=\eta_{x\eta}=\eta_{y\eta}=0$。所以有

$$\begin{cases}(\varphi\xi_x)_\xi=\varphi_\xi\cdot\xi_x+\varphi\cdot\xi_{x\xi}=\varphi_\xi\cdot\xi_x\\(\varphi\eta_x)_\eta=\varphi_\eta\cdot\eta_x+\varphi\cdot\eta_{x\eta}=\varphi_\eta\cdot\eta_x\\(\varphi\xi_y)_\xi=\varphi_\xi\cdot\xi_y+\varphi\cdot\xi_{y\xi}=\varphi_\xi\cdot\xi_y\\(\varphi\eta_y)_\eta=\varphi_\eta\cdot\eta_y+\varphi\cdot\eta_{y\eta}=\varphi_\eta\cdot\eta_y\end{cases}\tag{3.5-14}$$

将(3.5-14)代入方程(3.5-13)得

$$\begin{cases}\varphi_x=\varphi_\xi\cdot\xi_x+\varphi_\eta\cdot\eta_x=(\varphi\xi_x)_\xi+(\varphi\eta_x)_\eta\\ \varphi_y=\varphi_\xi\cdot\xi_y+\varphi_y\cdot\eta_y=(\varphi\xi_y)_\xi+(\varphi\eta_y)_\eta\end{cases}\tag{3.5-15}$$

$$\begin{aligned}\varphi_{xx}&=\frac{\partial}{\partial x}\left(\frac{\partial\varphi}{\partial x}\right)=\frac{\partial}{\partial x}(\varphi_\xi\cdot\xi_x+\varphi_\eta\cdot\eta_x)\\&=[(\varphi_\xi\xi_x+\varphi_\eta\eta_x)\cdot\xi_x]_\xi+[(\varphi_\xi\xi_x+\varphi_\eta\eta_x)\cdot\eta_x]_\eta\\&=(\varphi_\xi\cdot\xi_x^2+\varphi_\eta\eta_x\xi_x)_\xi+(\varphi_\xi\xi_x\eta_x+\varphi_\eta\cdot\eta_x^2)_\eta\end{aligned}\tag{3.5-16}$$

同理

$$\varphi_{yy}=(\varphi_\xi\cdot\xi_y^2+\varphi_\eta\eta_y\xi_y)_\xi+(\varphi_\xi\xi_y\eta_y+\varphi_\eta\cdot\eta_y^2)_\eta\tag{3.5-17}$$

两相加得

$$\begin{aligned}\varphi_{xx}+\varphi_{yy}=&[\varphi_\xi(\xi_x^2+\xi_y^2)+\varphi_\eta(\xi_x\eta_x+\xi_y\eta_y)]_\xi+\\&[\varphi_\xi(\xi_x\eta_x+\xi_y\eta_y)+\varphi_\eta(\eta_x^2+\eta_y^2)]_\eta=(\alpha\varphi_\xi+\beta\varphi_\eta)_\xi+(\beta\varphi_\xi+\gamma\varphi_\eta)_\eta\end{aligned}\tag{3.5-18}$$

$$\begin{cases}\alpha=\xi_x^2+\xi_y^2\\ \beta=\xi_x\eta_x+\xi_y\eta_y\\ \gamma=\eta_x^2+\eta_y^2\end{cases}\tag{3.5-19}$$

方程(3.5-18)就是拟合坐标生成的控制方程在计算平面上的表达式。

3.5.1.3 拟合坐标系下的基本方程

利用以上推导的转换关系，分别代入物理平面上的控制方程，即可求得二

维水流、水质基本方程(3.5-1)～(3.5-4)在拟合坐标系统(ξ、η)平面上的形式。

(1) 连续性方程

$$\frac{\partial H}{\partial t}+\frac{\partial (HU)}{\partial \xi}+\frac{\partial (HV)}{\partial \eta}=0 \tag{3.5-20}$$

(2) 动量方程

ξ 方向

$$\frac{\partial (Hu)}{\partial t}+\frac{\partial (HUu)}{\partial \xi}+\frac{\partial (HVu)}{\partial \eta}=\frac{\partial}{\partial \xi}(\alpha\mu Hu_{\xi}+\beta\mu Hu_{\eta})+\frac{\partial}{\partial \eta}(\beta\mu Hu_{\xi}+\gamma\mu Hu_{\eta})+s_1(\xi,\eta) \tag{3.5-21}$$

η 方向

$$\frac{\partial (Hv)}{\partial t}+\frac{\partial (HUv)}{\partial \xi}+\frac{\partial (HVv)}{\partial \eta}=\frac{\partial}{\partial \xi}(\alpha\mu Hv_{\xi}+\beta\mu Hv_{\eta})+\frac{\partial}{\partial \eta}(\beta\mu Hv_{\xi}+\gamma\mu Hv_{\eta})+s_2(\xi,\eta) \tag{3.5-22}$$

(3) 水质输运方程

$$\frac{\partial (Hc)}{\partial t}+\frac{\partial (HUc)}{\partial \xi}+\frac{\partial (HVc)}{\partial \eta}=\frac{\partial}{\partial \xi}(\alpha\mu Hc_{\xi}+\beta\mu Hc_{\eta})+\frac{\partial}{\partial \eta}(\beta\mu Hc_{\xi}+\gamma\mu Hc_{\eta})+s(\xi,\eta) \tag{3.5-23}$$

以上几式可共同表达为

$$\frac{\partial (H\phi)}{\partial t}+\frac{\partial (HU\phi)}{\partial \xi}+\frac{\partial (HV\phi)}{\partial \eta}=\frac{\partial}{\partial \xi}(\alpha\mu H\phi_{\xi}+\beta\mu H\phi_{\eta})+\frac{\partial}{\partial \eta}(\beta\mu H\phi_{\xi}+\gamma\mu H\phi_{\eta})+s(\xi,\eta) \tag{3.5-24}$$

其中，

$$\begin{cases}U=u\xi_x+v\xi_y\\V=u\eta_x+v\eta_y\\Z=h+Z_b\end{cases} \tag{3.5-25}$$

U、V 可视为计算平面上的流速分量。不同的微分方程 ϕ 和 s 的对应关系如表 3.5.1-2 所示。

表 3.5.1-2 不同方程的 ϕ 和 s

方程	变量	
	ϕ	s
连续性方程	1	0
ξ 方向动量系数	u	$\frac{\tau_{sx}-\tau_{bx}}{\rho}-(gHZ_{\xi}\xi_x+gHZ_{\eta}\eta_x)+fhv$
η 方向动量系数	v	$\frac{\tau_{sy}-\tau_{by}}{\rho}-(gHZ_{\xi}\xi_y+gHZ_{\eta}\eta_y)-fhu$
水质输运方程	c	$s(\xi,\eta)$

3.5.1.4 定解条件

(1) 初始条件

为了使方程有适定解，必须有边界条件和初始条件，初始条件往往只影响达到稳定的时间，而不影响计算的结果，因此，初始条件往往取为常数。

$$U(\xi,\eta,0)=U_0(\xi,\eta)\quad V(\xi,\eta,0)=V_0(\xi,\eta)$$
$$Z(\xi,\eta,0)=Z_0(\xi,\eta)\quad c(\xi,\eta,0)=c_0(\xi,\eta)$$

(2) 边界条件

a. 流场边界条件

岸边界：$U=V=0$。

上下游水边界：上游潮位过程 $Z_1(\mathrm{t})$。

下游潮位过程 $Z_2(\mathrm{t})$，$\frac{\partial U}{\partial \xi}=\frac{\partial Z}{\partial \xi}=0$。

左边水边界：$\frac{\partial U}{\partial \eta}=0, V=0$。

b. 浓度场边界条件

岸边界：$\frac{\partial c}{\partial \eta}=0$。

水边界：入流边界，$c=c_0(0,\eta)$；出流边界，$\frac{\partial c}{\partial \xi}=0$。

3.5.1.5 基本方程的离散及求解

本章利用有限体积法离散计算平面上的方程。利用有限体积法对控制方程进行离散，具有概念清晰、计算简单的特点，并能严格地保证物理量的守恒关系。在(ξ,η)平面上的计算网格取交错网格。

将方程(3.5-24)在主控制体积上进行积分，并代入连续方程，得到满足连续方程的离散形式：

$$a_P\phi_P = a_E\phi_E + a_W\phi_W + a_N\phi_N + a_S\phi_S + b \tag{3.5-26}$$

其中，a_E,a_W,a_N,a_S 为影响系数，取值取决于所采用的格式，各种格式的函数 A(|P|)可按所需要的离散格式在表 3.5.1-3 中选择。

表 3.5.1-3 各种离散格式的函数 A(|P|)

离散格式	A(|P|)
中心差分	1−0.5|P|
上风	1
混合	max(0, 1−0.5|P|)
幂函数	max(0, (1−0.5|P|)^5)
指数	|P|/(exp(|P|)−1)

对于本章采用的混合格式，有

$$\begin{cases} a_E = D_eA(|P_e|) + \max(-F_e,0) \\ a_W = D_wA(|P_w|) + \max(F_w,0) \\ a_N = D_nA(|P_n|) + \max(-F_n,0) \\ a_S = D_sA(|P_s|) + \max(F_s,0) \\ a_P^0 = h_P^0/\Delta t \\ a_P = a_E + a_N + a_W + a_S + a_p^0 - S_p \\ b = S_C + a_p^0\phi_p^0 + [\beta\mu H\phi_\eta]_w^e + [\beta\mu H\phi_\xi]_s^n \\ A(|P|) = [0, 1-0.5|P|],\ P = \dfrac{F}{D} \end{cases} \tag{3.5-27}$$

其中，F 为交界面上的对流强度；D 为交界面上的扩散率；P 为 Pelect 数。

$$\begin{cases} D_e = (\mu H\alpha)_e \\ D_w = (\mu H\alpha)_w \\ D_n = (\mu H\gamma)_n \\ D_s = (\mu H\gamma)_s \end{cases} \qquad \begin{cases} F_n = (HV)_n \\ F_s = (HV)_s \\ F_e = (HU)_e \\ F_w = (HU)_w \end{cases} \tag{3.5-28}$$

本章计算中采用了 SIMPLER 法来求解控制方程。SIMPLER 算法是 Patankar 于 1980 年提出的 SIMPLE 算法的改进。其基本思路是 P′只用来修正速度，压力（水位）场的改进则另谋更合适的方法。此外，在 SIMPLE 算法中，为了确定离散方程的系数，一开始就假定了一个速度分布，所以与这一速度分布相协调的压力场，即可由动量方程计算而得，不必再单独假定一个压力场。

采用 SIMPLER 算法用边界拟合坐标系统求解沿水深平均的二维非恒定浅水方程组的计算步骤如下：

（1）生成计算网格，计算物理平面上不规则区域与计算平面上规则区域内节点之间的对应关系。

（2）在 $t=0$ 时，置初始速度场 u、v，并计算动量离散方程的系数。

（3）根据已知（或假定）的流速计算假拟速度 $\hat{U}$、$\hat{V}$。

（4）求解压力（水位）方程。

（5）把解出的水位 Z 作为 Z^*，求解动量方程得流速 u^*、v^* 和相应的 U^*、V^*。

（6）根据 U^*、V^* 求解压力（水位）校正方程，得压力校正值 Z'。

（7）利用 Z' 修正速度，但不修正水位。

（8）利用修正后的速度，重新计算动量方程的系数，返回第（3）步，重复上述过程，直到计算收敛。

（9）进入下一个时间层次的计算，令 $t=t+1$，返回第（3）步，重复上述过程，直至得到稳定解。

3.5.2 二维非稳态水流环境下污染源识别反问题

3.5.2.1 研究区域概况

以长江泰州感潮河段为例，进行非稳态水流环境下的污染源识别研究。

(1) 水系水文

本江段处于长江潮区界与潮流界之间,水流运动主要受径流控制,但也受潮流的影响。汛期大部分时间处于潮区界范围,多呈单向流;在枯水期和小水年的汛期为双向流。据长江干流上最下游的水文站——大通水文站几十年的实测资料统计,其水文、泥沙特征如下:

多年最大流量:92 600 m^3/s (1954 年 8 月 1 日);

多年最少流量:4 620 m^3/s (1979 年 1 月 31 日);

多年平均流量:28 300 m^3/s。

大通站最小流量较多出现在 1、2 月份,4 月份流量开始增长,5 月份增幅最大,10 月份以后流量开始回落。长江下游以 5—10 月为汛期,以 7 月流量为最大,平均输沙率 25 220 kg/s,汛期水量和输沙量分别占全年的 70.6%和 87.5%;11 月至次年 4 月为枯水期,其平均径流量约占全年的 28%,并以 1 月平均径流量为最小。各月的多年平均流量见表 3.5.2-1。

表 3.5.2-1　大通水文站各月的多年平均流量

月份	月平均流量(m^3/s)	占径流总量的百分比(%)
1	10 300	3.0
2	11 000	3.2
3	15 100	4.4
4	23 500	6.9
5	34 200	10.2
6	40 000	11.9
7	43 400	14.3
8	43 000	12.4
9	40 200	12.0
10	34 300	10.2
11	28 300	7.2
12	14 000	4.3
汛期(5—10)	40 000	71.0
全年	28 100	100

(2) 潮汐及其对污染物质的影响

长江下游受潮汐影响的范围随天文潮周与径流量的不同而不同。丰水期的下泻流量大,潮汐对长江水位的影响止于安徽荻港与大通(长江干流上最下游的水文站)之间,感潮河段约 500 km。枯水期下泻流量小,潮汐对长江水位的影响可达安徽枞阳与大通之间,感潮河段近 700 km。本研究江段属长江下游感潮河段,平均涨潮历时约 3 h,落潮历时约 9 h。

研究江段在河川径流和潮汐的共同作用下,水文情势复杂,污染物随水流运移状况也十分复杂。丰水期,潮位顶托作用明显;枯水期,上游径流量较小,潮汐作用显著。对于该江段的污染源,其污染物进入长江后不仅随落潮流污染下游江段,而且还将随涨潮流上溯,影响排污口上游江段,同时江水随潮汐做往复运动,延长了污染物质向下游推移的时间。

3.5.2.2 长江泰州段水动力模拟

(1) 计算网格布置

本次计算范围为从高港到过船港断面,全长约 18 km,计算区域面积约 42 km^2,对计算水域采用贴体网格布置,以贴合长江河道天然岸线边界,如图 3.5.2-1 所示。网格数为 8 225 个,节点数为 8 496 个,在污染源一侧的岸边附近进行了局部网格加密,网格尺度变幅范围为 30 m×50 m~100 m×120 m。

(2) 设计水文条件及模型参数的选取

从季节来看,与洪水季节相比,平水期特别是枯水期,潮汐作用相对要强些,水流上溯的距离也可能更远些,为不利水文条件。根据大通站各月多年平均流量系列,最小流量出现在 1 月份,其多年平均流量为 10 300 m^3/s,2005 年 1 月 23 日、24 日大通站流量接近该值,故取 2005 年 1 月 23 日 0:00—25 日 0:00 高港与过船港实测潮位过程为计算上、下游边界条件,代表枯水期水文条件。

曼宁糙率系数 n 根据水深在计算中调整修正,约在 0.020~0.035 之间;柯氏力系数 $f=7.37\times10^{-5}$。

(3) 水动力模拟

采用上述二维水量模型,模拟评价区域水流运动状态,分涨急、落急两种典型时刻。图 3.5.2-2 为枯水期计算河段的典型时刻流场分布图,流场图较好地反映了该河段水流运动状况,主流基本沿主槽方向流动。从计算结果看,该江段落潮流比涨潮流强得多。净下泄水量占落潮总量的大部分,也就是说从潮流期(全潮)的总体来分析,河川径流仍起主导作用,因此污染物质总体上还是随水流向下游运动。然而,在涨潮期间水流沿河道上溯,江水携带污染物质向上游运动,影响了排污口上游江段。因此,涨潮作用是不容忽视的。

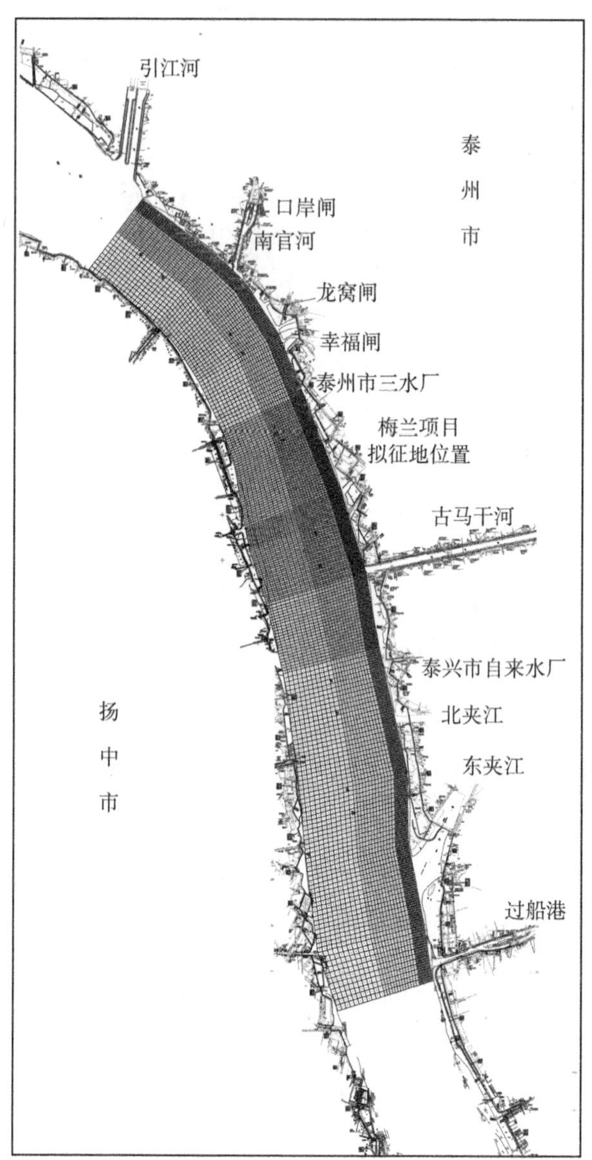

图 3.5.2-1　计算区域网格划分图

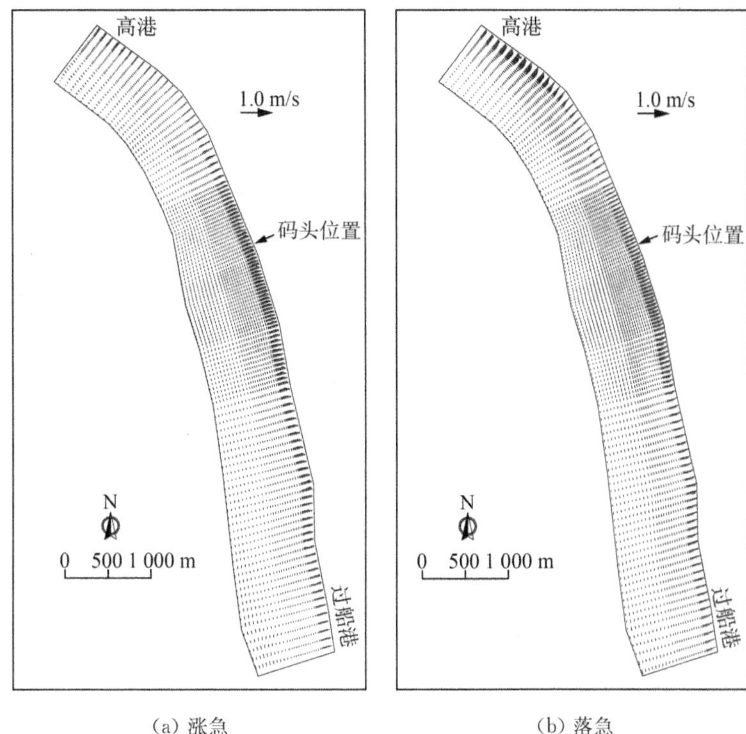

(a) 涨急　　(b) 落急

图 3.5.2-2　枯水期典型时刻流场分布图

3.5.2.3　污染源识别

对于非稳态水流条件下的污染源识别问题，可以采用与参数估计相同的优化反演方法计算，但需要多次调用正演模型，耗费大量的计算时间，常常使反问题的求解变得不可行。由于水质模型的解满足叠加原理，使得这一复杂问题大大简化。反问题可以归结为求解下列方程：

$$C_h(x_j,t_k)+\sum_{i=1}^{n}a_i\cdot w_i=C_{jk} \tag{3.5-29}$$

式中，C_{jk} 为 $x=x_j,t=t_k$ 处的浓度；C_h 为本底浓度；w_i 为第 i 个污染源的源强；a_i 为第 i 个污染源对该点的水质响应系数，可通过水质正演模型计算得到。已知观测数据 C_{jk}，如何来求解各个污染源源强 w_i，这是一个求解线性方程组的问题。原则上，只要有 n 个观测数据就能够唯一确定出 n 个污染源源强。但在实际应用中，由于观测数据往往包含有各种误差，为了减小各种观测误差的影响，可以通过线性拟合的办法得到 w_i。将二维非稳态水质 FVM

模型 SIMPLER 解法与线性拟合法相结合，编制了感潮河流二维非稳态水质模型污染源识别程序 FVM-REG2DSIP. m（简称 FVM-REG 法）。以下通过数值解构造算例对反演模型进行验证。

【算例 3-16】 以长江泰州段 2005 年 1 月 23 日、24 日水文条件为污染物输运的水动力背景，设有间距为 500 m 的污染源 $W1$、$W2$ 及观测点位置如图 3. 5. 2-3 所示，排放强度均为 10 g/s，观测时间为一个全潮周期 25 h，每小时采样 1 次。背景浓度取 1. 0 mg/L，通过正演计算模型计算值作为观测数据进行排放量的反演。计算出的响应系数和观测数据见表 3. 5. 2-2。

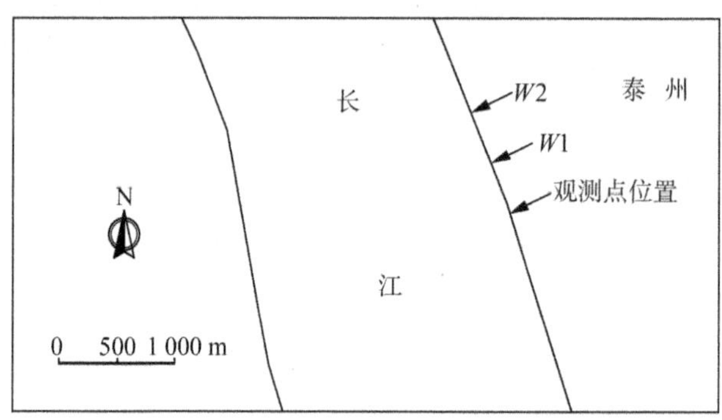

图 3. 5. 2-3 污染源及观测点位置示意图

表 3. 5. 2-2 污染源对观测点的响应系数及反问题采用的观测数据

观测时间(h)	响应系数		观测数据(mg/L)
	$W1$	$W2$	
1	0. 000 01	0. 007 44	1. 074 4
2	0. 005 68	0. 014 61	1. 202 7
3	0. 008 17	0. 013 9	1. 220 4
4	0. 006 99	0. 012 08	1. 190 5
5	0. 004 51	0. 006 31	1. 108 1
6	0. 003 11	0. 004 04	1. 071 4
7	0. 002 52	0. 003 34	1. 058 6
8	0. 003 64	0. 026 57	1. 301 8
9	0. 016 87	0. 022 57	1. 393 2

续表

观测时间(h)	响应系数		观测数据(mg/L)
	$W1$	$W2$	
10	0.014 68	0.016 61	1.312 3
11	0.009 83	0.014 01	1.238 1
12	0.008 1	0.013 79	1.218 7
13	0.007 72	0.014 14	1.218 4
14	0.007 97	0.015 57	1.235 2
15	0.005 96	0.009 31	1.152 6
16	0.003 05	0.004	1.070 5
17	0.002 55	0.002 81	1.053 6
18	0.003 16	0.003 29	1.064 4
19	0.002 61	0.003 08	1.056 8
20	0.002 15	0.002 8	1.049 4
21	0.004 61	0.019 34	1.239 1
22	0.011 56	0.014 93	1.264 4
23	0.010 3	0.016 67	1.269 3
24	0.010 52	0.014 92	1.254
25	0.009 79	0.015 85	1.256

若直接以表 3.5.2-2 中的观测数据输入反演模型,污染源识别结果见表 3.5.2-3。若在观测数据的基础上叠加 10%的随机噪声,反演结果见表 3.5.2-4。

表 3.5.2-3 污染源识别结果

污染源	$W1$			$W2$		
项目	真值	反演值	相对误差(%)	真值	反演值	相对误差(%)
数值	10	9.965 4	0.346	10	9.994 9	0.051

表 3.5.2-4 叠加噪声后的污染源识别结果

污染源	$W1$			$W2$		
项目	真值	反演值	相对误差(%)	真值	反演值	相对误差(%)
数值	10	10.814 3	8.134	10	10.121 6	1.216

对比表 3.5.2-3 和表 3.5.2-4，叠加噪声后的反演结果总体情况与观测值没有噪声时的反演结果相比无显著恶化，这表明了本章采用的 FVM-REG 方法具有良好的容错性。

3.5.3 二维非稳态水流环境下污染源控制反问题

3.5.3.1 污染源控制反问题数学模型的构建

污染源控制反问题广泛存在于水环境保护领域，如水环境容量问题。《中国大百科全书(环境科学)》中对水环境容量定义为水体在规定的环境目标下所能容纳的污染物的最大负荷，其大小与水动力特征、水质目标及污染物特性等因素有关，通常以单位时间内所能承受的污染物总量来表示[18]。尽管该定义没有明确水体与污染源的关系，但定义中环境目标的实现与污染源位置及排放方式密切相关，在实际计算时必须考虑污染源排放。欧美学者较少使用环境容量这一术语，而是用同化容量、最大允许纳污量和水体容许排污水平等概念[19-20]，一般将同化容量的计算和污染源负荷的分配在同一过程中进行[21-22]，在得到污染源最大允许排放量的同时得到同化容量。可见，水环境容量实质上类同于污染源控制反问题。虽然目前在水环境容量计算研究中较少从反问题的角度考虑，但在实际研究过程中往往自觉或不自觉地采用了反问题的求解方法，如用优化控制的方法研究水环境容量。类同于水环境容量的概念，污染源控制反问题的内涵可定义为污染源在规定的环境目标下所能排放的污染物的最大负荷，其大小与水动力特征、水质目标及污染物特性等因素有关，通常以单位时间内所能排放的污染物量来表示。

污染源控制反问题可以转化为最优化问题来求解，以污染物排放总量最大为优化的目标，以满足规定的环境目标为控制条件(约束条件)。

根据我国水质管理的要求，对污染源起控制作用的环境目标大致可以分为 3 类。

① 功能区总体水质目标要求

我国为合理利用水资源、保障水资源可持续利用，实施了水(环境)功能区管理，对划定的水(环境)功能区规定了相应的水质目标。以江苏省为例，全省在 749 条河流、43 个湖泊、73 座水库中共划分功能区 1 316 个，规定了相应的水质目标。因而功能区的总体平均水质应该达到功能区水质的要求，对于感潮河段，全河段全潮平均水质应当不超过功能区水质目标，即

$$\bar{C}=\frac{1}{T}\int_{0}^{T}\left(\frac{1}{V}\sum_{i=1}^{n}C_i(x,y,t)\cdot v_i\right)\mathrm{d}t\leqslant C_s \tag{3.5-30}$$

式中，T 为潮周期的时间长度；V 为功能区水体体积；$C_i(x,y,t)$为控制单元的水质浓度；v_i 为控制单元的体积；n 为单元个数。

② 断面水质目标要求

各功能区的起始断面、终止断面及控制(代表)断面必须满足相应的水质目标要求。

③ 混合区范围控制要求

混合区范围的控制通常通过混合区的几何特征参数来控制，如最大长度、最大面积、最大宽度等。可供参考的估算公式主要有以下 3 种。

a. Fetterolf 公式

$$R\leqslant 9.78Q^{\frac{1}{3}} \tag{3.5-31}$$

式中，R 为离排放点的任何方向混合区不应超过的限制尺度，m；Q 为污水排放量，m^3/d。

b. Mackenthen 公式

$$R\leqslant 0.991Q^{\frac{1}{2}} \tag{3.5-32}$$

c. 新田公式

$$\log A_a=1.2261\log Q+0.0855 \tag{3.5-33}$$

式中，A_a 为浓度稀释 100 倍的混合区面积，m^2。新田公式是用来估算以稀释度为 100 来规定混合区时的面积。

以上 3 种公式都是经验性公式，考虑因素只有污水排放量，对于相同的情形，各公式的计算结果也存在较大差异。实际上，世界各国主要以两种方式来规定混合区的范围，一种是以污染带几何特征参数绝对值来表示，如规定最大允许面积、长度及宽度等；另一种以相对比例值来表示，如规定混合区面积为水域表面积的百分比、宽度为河宽的百分比或者多个混合区允许范围之和占全河道的百分比等[23]。

以上 3 种环境目标对应最优化模型的 3 个约束条件。

① 功能区水质目标约束

若利用式(3.5-30)进行约束计算，每个时段需要计算全部单元的浓度值再取平均，计算量较大。本章采用简化的办法，根据全河道完全混合的零维

模型 $V\dfrac{dC}{dt}=QC_0-QC+W-KVC$ 进行计算。在稳态条件下，$\dfrac{dC}{dt}=0$，得稳态解析解为 $C=\dfrac{W+QC_0}{Q+VK}\leqslant C_s$。因而总体水质达标约束条件变为污染源总量 $W=\sum_{i=1}^{m}w_i\leqslant QC_s+KVC_s-QC_0$，式中，$C_0$ 为上游来水浓度。

② 断面水质目标约束

采用控制点法来实现：在功能区的起始断面、终止断面及控制(代表)断面处选择一系列代表性的控制点，只要这些控制点水质满足约束条件，断面水质就能满足约束条件。

③ 混合区范围约束

采用控制点法来实现：通过在混合区的边界设置控制点，用控制点水质约束代替混合区范围约束。

综上分析，本章针对感潮河流建立污染源控制反问题模型如下。

目标函数：$\max W=\sum_{i=1}^{m}w_i$

约束条件：$\sum_{i=1}^{m}w_i\leqslant Q_jC_s+KV_jC_s-QC_0,\ j=1,2,\cdots,l$

$$C_{hk}+\sum_{i=1}^{m}a_{ik}^{j}\cdot w_i\leqslant C_s,\ j=1,2\cdots,l,\ k=1,2,\cdots,n$$

$$w_i\geqslant 0,\ i=1,2\cdots,m$$

式中，W 为总排污量；w_i 为第 i 个污染源的排污量，为反演变量；m 为排污口的个数；n 为水质控制点的个数；l 为潮周期离散后的时段数；C_{hk} 为第 k 个控制点处的本底值；Q_j 为第 j 时段的流量；V_j 为第 j 时段的体积；a_{ik}^{j} 为第 j 时段第 i 个污染源与第 k 个水质控制点之间的响应系数；C_s 为功能区水质目标。

以上污染源控制反问题模型的目标函数和约束条件都是线性函数，可以利用线性规划的单纯形法求解得到最优控制解 w_i，即为该污染源的允许排放量。基于以上原理，本章利用 Fortran 语言编制了感潮河流二维非稳态水质模型污染源控制反问题求解的程序 FVM-SIM2DSCP. for，计算流程见图 3.5.3-1。

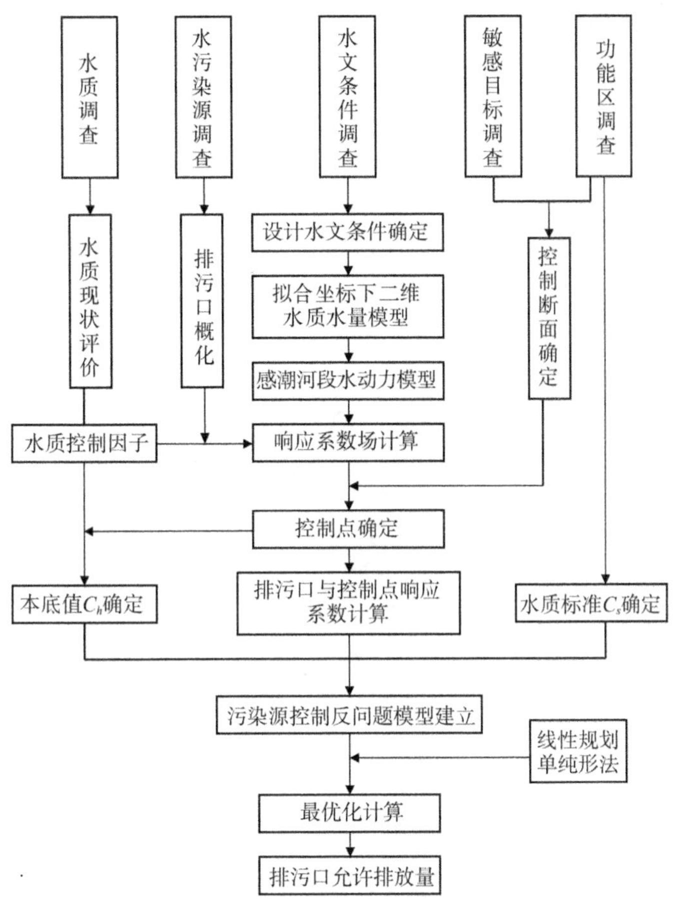

图 3.5.3-1 感潮河段污染源控制反演算法流程

3.5.3.2 控制污染源及约束条件的确定

根据评价区域废水污染源排放分布特征，概化为 4 个入江排污口，见表 3.5.3-1 和图 3.5.3-2。

表 3.5.3-1 长江泰州段入江排污口概化

排污口编号	名称
$W1$	扬子江药业排污口
$W2$	三泰船厂排污口
$W3$	古马干河排污口
$W4$	北夹江排污口

约束条件包含以下 3 种。

① 功能区总体水质目标约束

根据 2003 年 3 月发布的《省政府关于江苏省地表水环境功能区划的批复》(苏政复〔2003〕29 号)的要求,预评估区域水域的功能区划见表 3.5.3-2。

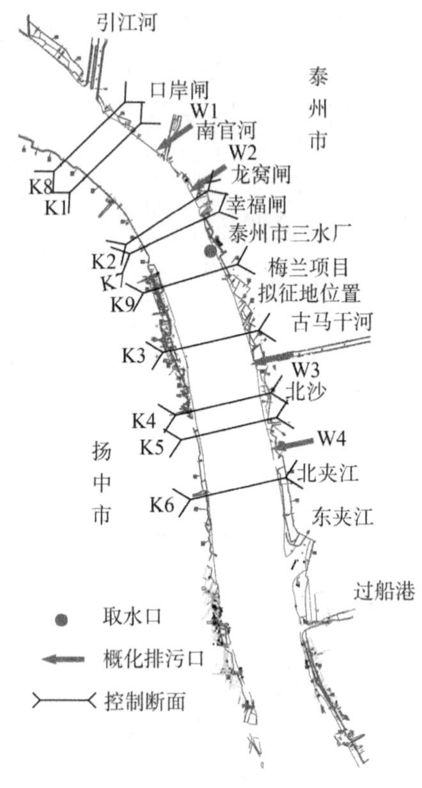

图 3.5.3-2 概化排污口位置及控制断面位置图

表 3.5.3-2 研究水域水体功能区划

河流	序号	起始～终止位置	水功能区名称	水环境功能区名称	水质目标 (GB 3838—2002)
长江	G1	泰州引江河口下游 1.4 km—龙窝口	长江泰州高港工业、农业用水区	工业用水区	Ⅱ
	G2	龙窝口—幸福闸	长江泰州口岸永安过渡区	工业用水区	Ⅱ
	G3	幸福闸—北沙	长江泰州永安饮用水水源区	饮用水水源保护区	Ⅱ

② 控制断面水质目标约束

控制断面包括功能区起始段面和终止段面：泰州引江河口下游 1.4 km（K8）、龙窝口（K2）、幸福闸（K7）、北沙（K4）。根据泰州市供水规划，未来泰兴水厂取水口搬迁至泰州水厂水源保护区内，故针对泰州水厂水源二级保护区范围设置控制断面为取水口上游 2 km 至下游 1 km（K7 至 K9），控制断面水质目标为Ⅱ类，COD≤15 mg/L。

③ 混合区范围约束

混合区长度约束设为排污口上游 1 km 至下游 1 km，由于排污口 W1 和 W2 相距较近，故中间不设控制断面。据此设置混合区范围控制断面为 K1、K7、K3、K4、K5 和 K6。

根据约束条件②和③共需设置 9 个控制断面，取消距离排污口较远的控制断面（K7、K8、K9），避免重复控制，最终概化为 6 个控制断面（K1～K6），如图 3.5.3-2 所示。

3.5.3.3 污染源允许排污量的反演

（1）水质控制点的确定

根据排污口概化位置、水动力条件，利用拟合坐标系下二维非稳态水质模型进行长江泰州段响应系数场计算。分析各个控制断面上响应系数的分布，选取响应系数最大的点位作为水质控制点，提取水质控制点处的响应系数。

（2）本底值的确定

各控制点处的水质本底值和上游来水浓度，根据水质现状监测资料确定，取枯水期监测均值。

（3）反问题模型的构建与求解

根据响应系数、水质本底值及水质标准，构建反问题模型。采用线性规划单纯形法求解该模型，得到各排污口的允许排放量见表 3.5.3-3。

表 3.5.3-3 排污口允许排放量计算结果

排污口编号	W1	W2	W3	W4	总量
允许排污量(t/a)	159.436 9	17.595 5	89.410 9	157.649 3	424.092 6

3.6 二维湖泊污染源识别与控制反问题

3.6.1 基于非结构网格的二维水质正演模型建立

3.6.1.1 基本方程

由于天然湖泊往往具有复杂的不规则边界，本章采用非结构网格拟合边界，建立基于非结构网格的二维水质正演模型。二维水流水质基本方程组的守恒形式可表达为

$$\frac{\partial q}{\partial t}+\frac{\partial f(q)}{\partial x}+\frac{\partial g(q)}{\partial y}=b(q) \tag{3.6-1}$$

式中，$q=[h,\ hu,\ hv,hC]^{\mathrm{T}}$ 为守恒物理量；$f(q)=[hu,hu^2+gh^2/2,huv,huC]^{\mathrm{T}}$ 为 x 向通量；$g(q)=[hv,huv,hv^2+gh^2/2,hvC]^{\mathrm{T}}$ 为 y 向通量；$b(q)=[b_1,b_2,b_3,b_4]^{\mathrm{T}}$ 为源项，其中 $b_1=0$，$b_2=gh(S_{0x}-S_{fx})$，$b_3=bh(S_{0y}-S_{fy})$，$b_4=\nabla\cdot(D_i\nabla(hC))+S/A-K\cdot hC$，$S_{0x}$ 和 S_{fx} 分别是 x 向的水底底坡和摩阻坡度，S_{0y} 和 S_{fy} 分别是 y 向的水底底坡和摩阻坡度，D_i 为水平不同方向上的混合系数，K 为降解系数，$\nabla\cdot\nabla$ 为 Laplace 算子；x、y、t 分别为空间及时间坐标系；h 为水深；u 和 v 分别为 x 和 y 向沿水深积分平均流速分量；C 为污染物沿水深积分的垂线平均浓度；g 是重力加速度。

3.6.1.2 边界条件

（1）入流边界

对于入流边界 Γ_0，须给定水位或流速随时间的变化值：

$$\xi(x,y,t)\,|\,\Gamma_0=\xi_i(t) \text{ 或 } u(x,y,t)\,|\,\Gamma_0=u_i(t),v(x,y,t)\,|\,\Gamma_0=v_i(t)C(x,y,t)\,|\,\Gamma_0=C_0(t)\text{ 。}$$

（2）出流边界

采用自由出流边界，即

$$\xi(x,y,t)\,|\,\Gamma=\xi_i(t),\ \frac{\partial u}{\partial s}=\frac{\partial v}{\partial s}=\frac{\partial \xi}{\partial s}=\frac{\partial C}{\partial s}=0\ (s\text{ 为流线方向})\text{。}$$

（3）固壁边界

在江岸等固壁边界采用不可入条件即可滑移条件，即 $v_\eta=0$（η 为边界法

线方向)。

(4) 动边界处理

在潮流计算中,滩地和潜洲时没时出,本章采用“干湿法”模拟动边界。当单元水深小于某一较小值时,视为干单元,不参与计算,反之则参与计算。

3.6.1.3 基本方程的有限体积法离散

无结构网格常用的有三角形网格和四边形网格,对于不同的网格,采用相同的离散方法计算,网格生成后各物理量的布置方式见图 3.6.1-1,采用单元中心形式。

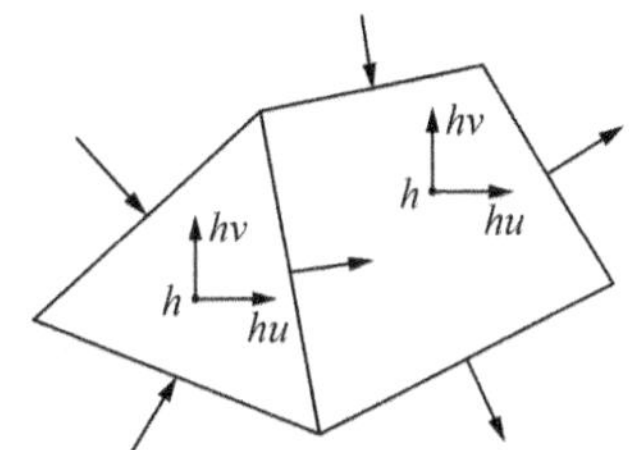

图 3.6.1-1 控制体积上变量布置

对于任意单元 Ω,其边界为 ÒΩ,通过积分方程(3.6-1)并利用散度定理可得到有限体积法的基本方程:

$$\iint_{\Omega} q_t \mathrm{d}\omega = -\int_{\partial\Omega} F(q) \cdot n \mathrm{d}L + \iint_{\Omega} b(q) \mathrm{d}\omega \tag{3.6-2}$$

式中,n 为单元边界 ÒΩ 的外法向单位向量;$\mathrm{d}\omega$ 和 $\mathrm{d}L$ 为面积分和线积分微元;$F(q) \cdot n$ 为法向数值通量,$F(q)=[f(q),g(q)]^T$。采用一阶精度离散和 f、q 具有的旋转不变性,得到式(3.6-2)的等价公式:

$$A\frac{\Delta q}{\Delta t} = -\sum_{j=1}^{m} T(\Phi)^{-1} f(\bar{q}) L^j + b^*(q) \tag{3.6-3}$$

式中,$T(\Phi)$为坐标轴旋转角度 Φ 的变换矩阵;m 为单元边总数(对于三角形网格 $m=3$,四边形网格 $m=4$);L^j 为单元边 j 的长度;A 为单元面积;$b^*(q)=(A \cdot b_1, A \cdot b_2, A \cdot b_3, \Sigma D_i(\nabla hC)L+S-A \cdot K \cdot hC)$。

在单元每一边两侧的 q 值不同,问题归结为如何确定法向通量 $f(\bar{q})$,这可通过解局部一维黎曼问题求得。

3.6.1.4　跨单元法向数值通量的计算

本章采用 Godunov 型通量差分裂(FDS)格式近似求解局部一维黎曼问题计算法向通量。通量差分裂格式对通量差按特征值进行分解，利用通量差分裂的一维结果，跨单元界面的法向数值通量 $f(\bar{q})$ 可分解为

$$f(\bar{q})=\frac{1}{2}\left[f_L(\bar{q})+f_R(\bar{q})-\sum_{k=1}^{4}|\overline{\lambda_k}|\cdot\overline{\alpha_k}\cdot\overline{R_k}\right] \quad (3.6\text{-}4)$$

式中，通量 $f(\bar{q})$ 的雅可比阵的特征值 $\overline{\lambda_k}$、特征强度 $\overline{\alpha_k}(q)$ 和特征向量 $\overline{R_k}(q)$ 分别为

$$\overline{\lambda_1}=\bar{u}+\bar{c}\quad \overline{\lambda_2}=\bar{u}\quad \overline{\lambda_3}=\bar{u}-\bar{c}\quad \overline{\lambda_4}=\bar{u}$$

$$\overline{\alpha_1}=\frac{1}{2\bar{c}}[(hu)_L-(hu)_R-\overline{\lambda_3}(h_L-h_R)]$$

$$\overline{\alpha_2}=(hv)_L-(hv)_R-\bar{v}(h_L-h_R)$$

$$\overline{\alpha_3}=(h_L-h_R)-\overline{\alpha_1}$$

$$\overline{\alpha_4}=(hC)_L-(hC)_R-\bar{C}(h_L-h_R)$$

$$\bar{\boldsymbol{R}}=(\overline{\boldsymbol{R}_1},\overline{\boldsymbol{R}_2},\overline{\boldsymbol{R}_3},\overline{\boldsymbol{R}_4})=\begin{bmatrix}1 & 0 & 1 & 0\\ \bar{u}+\bar{c} & 0 & \bar{u}-\bar{c} & 0\\ \bar{v} & 1 & \bar{v} & 0\\ \bar{C} & 1 & \bar{C} & 1\end{bmatrix}$$

在上述公式中，“—”表示变量取 Roe 区间平均。对算出的 $f(\bar{q})$ 做逆旋转变换即可得到原始坐标系下的法向数值通量。

3.6.1.5　湖泊风生流的模拟计算

(1) 算例

湖泊的水动力特征与河流的显著差异表现在其流态主要风场的影响，即主要表现为风生(环)流。为了检验模型的可靠性，通过数值试验模拟在均匀风速作用下圆形水域内的水流运动状态。

【算例 3-17】 均匀风速作用下圆形水域风生环流数值模拟。

圆形水域半径 R_0 为 193.2 m，静止时水深相对于圆心距离呈递减趋势，水深用下式表示

$$h_s=\frac{1}{1.3}\left(\frac{1}{2}+\sqrt{\left(\frac{1}{2}-\frac{1}{2}\frac{r_b}{R_0}\right)}\right) \quad (3.6\text{-}5)$$

式中，h_s 表示水深；r_b 是相对于圆心的距离；R_0 为圆形水域的半径。其等深线见图 3.6.1-2。初始水流静止，施加一逐渐恒定的 NE 方向的风应力 τ_w，在 1 000 s 内从 0 渐变到 $\tau_{ss}=0.02\ \mathrm{N/m^2}$。变化过程如下：

$$\tau_w=\left(-2\left(\frac{t}{T_r}\right)^3+3\left(\frac{t}{T_r}\right)^2\right)\tau_{ss},\ t\leqslant T_r$$

$$\tau_w=\tau_{ss},\ t\geqslant T_r$$

式中，t 为时间；T_r 为风应力变化时间过程，这里设为 1 000 s。

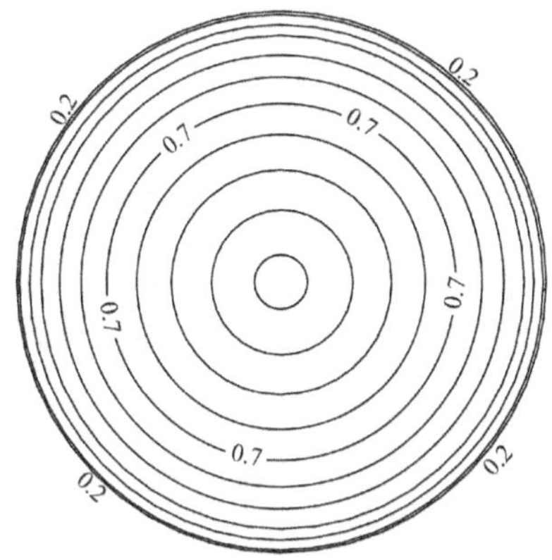

图 3.6.1-2 圆形水域等深线图(m)

(2) 网格布置

采用无结构网格布置，如图 3.6.1-3 所示，共 5 733 个网格。

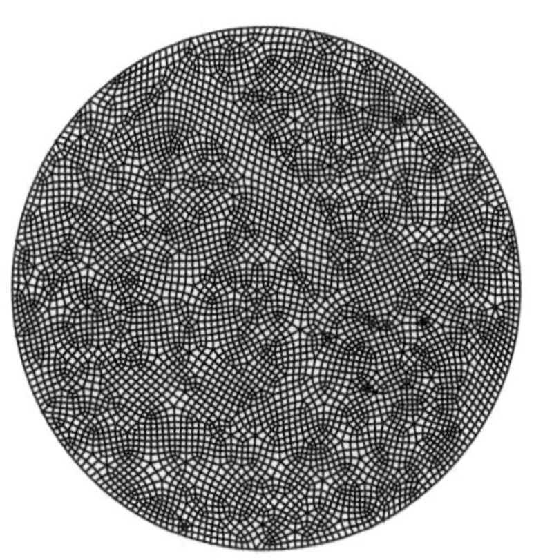

图 3.6.1-3 圆形湖泊无结构网格布置示意图

(3) 计算结果

图 3.6.1-4 给出了计算稳定后垂向平均流场分布情况。由图可见，流速方向在深水区(即水域中心区)和所作用的风向完全相反，而在浅水区流速方向和风的方向基本一致，在圆心区的两侧存在两个环流，该流场图正好沿风向呈基本对称形状，这与 Cruz[24]、Rogers 等[25]的计算结果相当吻合，另外，Kranenburg 对该问题还给出了解析解[26]，图 3.6.1-5 是 Kranenburg 解析解和本模型数值解的流速 $U\cdot\kappa/(U_*\ln Z)$ 对比图，式中 $U_*=\sqrt{\frac{\tau_w}{\rho}}$。说明本章所建立的非结构网格模型能够较好地模拟实际水平的风生流场。

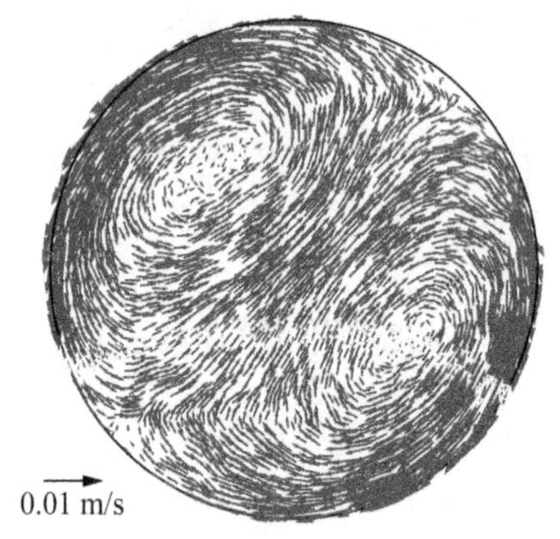

图 3.6.1-4　圆形湖泊流场分布图

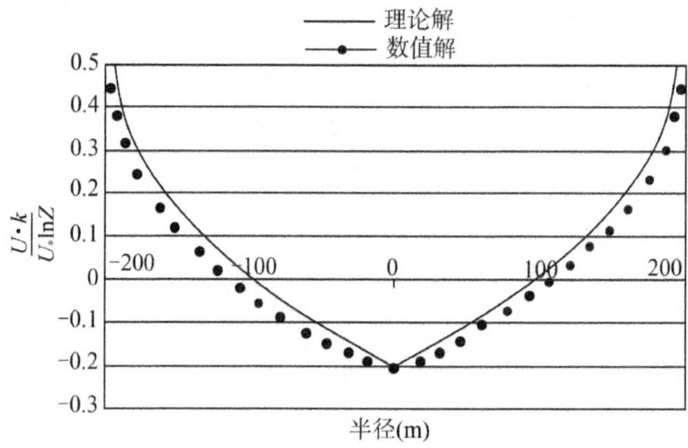

图 3.6.1-5　圆形水域平均流速剖面数值解与解析解对比图

3.6.2 湖泊污染源识别反问题

3.6.2.1 基于叠加原理的污染源识别反问题求解方法

湖泊污染源识别反问题是根据湖泊内受污染源排放影响的浓度数据推求污染源位置和强度等信息。由于影响水质空间分布的因素众多，湖泊污染源识别存在较大困难。本章利用偏微分方程的线性叠加原理进行污染源识别，使这一复杂问题大大简化。

由于二维水质模型的控制方程为一线性方程，因此其解满足迭加原理。设影响湖泊某点水质的污染源有 n 个，则该点水质浓度 $C(x,y,t)$ 可以表示为如下的统一形式：

$$C(x,y,t)=C_h+\sum_{i=1}^{n}a_i\cdot w_i \tag{3.6-6}$$

式中，C_h 为本底浓度，即当 m 个污染源排放量均为 0 时的水质浓度；w_i 为第 i 个污染源的源强；a_i 为第 i 个污染源对该点的水质响应系数或贡献度系数[27]，即该污染源排放量为单位源强时所诱导的浓度数据，可通过水质正演模型计算得到。反问题可以归结为已知观测数据 C_{jk}，如何求解各个污染源源强 w_i，这就简化为一个求解线性方程组的问题。原则上只要有 n 个观测数据就能够唯一确定出 n 个污染源源强。但考虑到观测数据不可避免地含有噪声，因而可采用基于线性二乘原理的线性回归方法求解。本章编制了利用线性回归方法进行湖泊污染源识别的 Matlab 程序 REG - 2DLSIP. m。

3.6.2.2 算例验证

构造圆形湖泊污染源识别反问题算例如下。

【算例 3-18】 圆形湖泊的水流环境以算例 3-17 中的风生环流为背景，设湖泊岸边有 3 个污染源 $w1$、$w2$ 和 $w3$ 及对应观测点 P1、P2 和 P3，位置如图 3.6.2-1 所示，排放强度均为 10 g/s，每 0.1 h 观测 1 次，采样 3 次。背景浓度取 1.0 mg/L，通过正演数值模型近似解作为观测数据进行排放量的反演识别。观测数据见表 3.6.2-1。

表 3.6.2-1 反问题所采用的观测数据

观测时间(h)	观测点位		
	P1	P2	P3
0.1	0.002 1	0.000 3	0.000 2

续表

观测时间(h)	观测点位		
	P1	P2	P3
0.2	0.031 5	0.007 8	0.004 0
0.3	0.066 2	0.032 8	0.017 7

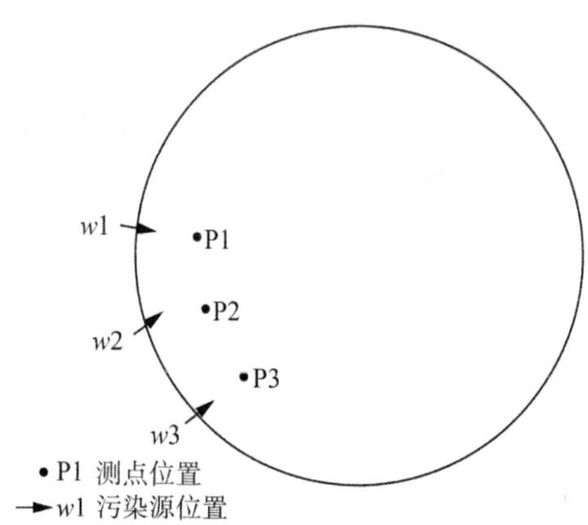

图 3.6.2-1 污染源及观测点位置示意图

首先 $w1$、$w2$、$w3$ 分别取单位污染源源强，利用水质正演模型分别计算得到对应的各观测点之间的响应系数见表 3.6.2-2，再以表 3.6.2-1 中的数据为观测值，通过 REG - 2DLSIP.m 计算得到污染源源强识别结果见表 3.6.2-3。由表 3.6.2-3 可见，反演值与真值较为接近，最大误差不超过 10%。

表 3.6.2-2 污染源与观测点之间的水质响应系数

污染源	观测时间(h)	控制点响应系数		
		P1	P2	P3
$w1$	0.1	0.002 3	0.000 0	0.000 0
	0.2	0.026 6	0.001 2	0.000 0
	0.3	0.073 3	0.010 1	0.000 0
$w2$	0.1	0.000 0	0.000 3	0.000 0
	0.2	0.000 4	0.006 7	0.000 4
	0.3	0.003 1	0.0256	0.003 5

续表

污染源	观测时间(h)	控制点响应系数		
		P1	P2	P3
$w3$	0.1	0.000 0	0.000 0	0.000 2
	0.2	0.000 0	0.000 0	0.003 5
	0.3	0.000 0	0.000 2	0.015 1

表 3.6.2-3 污染源识别结果

参数	$w1$	$w2$	$w3$
真值	10.000	10	10
反演值	9.002	9.163	9.638
相对误差(%)	9.98	8.37	3.62

3.6.3 湖泊污染源控制反问题研究

3.6.3.1 传统的湖泊污染源控制的计算方法及其不足

由于湖泊的自然形态和水动力特性与河流有较大差异，污染源排放所形成的混合区形状往往极不规则，常难以区分污染带的长度和宽度，因而通常采用污染带面积来控制污染源的排放量。传统的根据混合区面积计算允许排污量的计算步骤如下[28]：

(1) 假设某污染物排污量，利用水质模型计算出浓度场分布。

(2) 根据浓度分布，划分等值线的范围，统计该排污量下的混合区面积。

(3) 改变排污量，重复计算 n 次。

(4) 根据 n 次排污量与混合区面积的对应关系建立污染带面积与排污量之间的响应关系曲线。

(5) 通过插值法由混合区的面积反推出相应的污染物排放量。

计算流程概化如图 3.6.3-1 所示。

传统计算方法存在以下缺点：需要多次调用正演模型，计算量较大；污染源源强的选取、画等值线、拟合响应曲线等过程受人为主观控制，易带来较大误差；插值法得到的排污控制量不一定是极值。

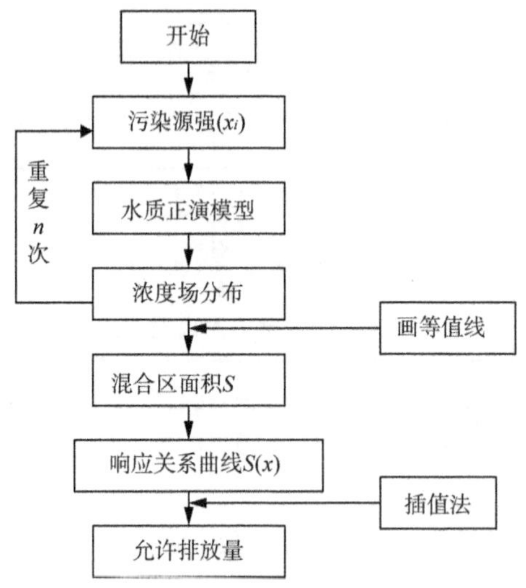

图 3.6.3-1 根据污染带面积计算污染源允许排放量的传统方法

3.6.3.2 本章所采用的湖泊污染源控制的计算方法

(1) 基于污染带面积约束的湖泊污染源允许排放量计算方法

针对传统方法的缺点,本章提出了一种新方法,其基本原理是直接建立排污量 x 与混合区面积 S 之间的函数关系 $S(x)$,将污染源控制反问题转化为泛函极小值问题 $\varphi(x)=\min\|S(x)-S^*\|$,通过优化反演法求解得到允许排放量。该方法的主要步骤如下:

① 输入单位污染源源强,利用湖泊水质正演模型计算得到稳态响应系数的空间分布场。

② 根据湖泊本底值、污染源源强和响应系数场,利用叠加原理得到浓度场分布。

③ 由浓度场散点数据和水质标准,利用基于不规则三角网(Triangulated Irregular Network, TIN)的混合区面积计算算法得到水质浓度超过水质标准的混合区面积,构造排污量与混合区面积之间的函数关系 $S(x)$。

④ 输入混合区控制面积 S^*,将允许排污量的计算转化为泛函极小值问题 $\varphi(x)=\min\|S(x)-S^*\|$。

⑤ 利用最优化算法得到取极小值时的污染物排放量 x,即为该排污口的允许排放量。

计算流程如图 3.6.3-2 所示。算法流程实现的关键在于如何构造排污量与混合区面积之间的函数关系 $S(x)$，由排污量通过正演模型计算得到浓度分布，下面重点介绍根据浓度离散数据计算混合区面积的 TIN 算法。

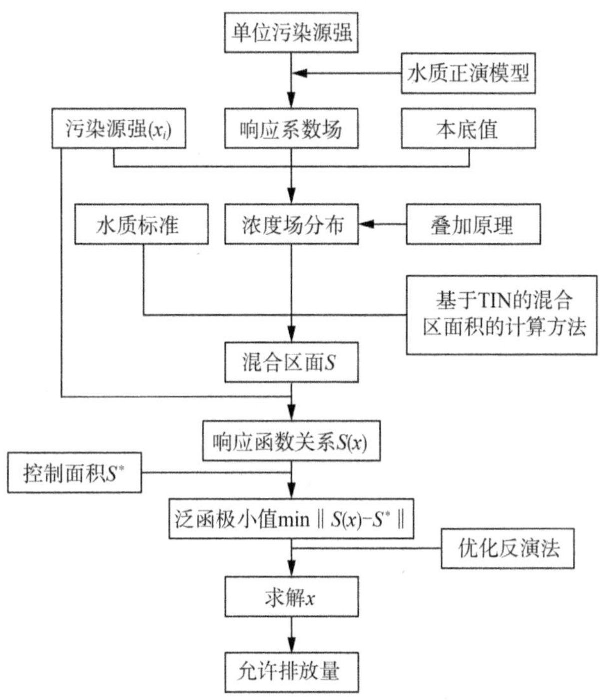

图 3.6.3-2 基于污染带面积约束的湖泊污染源允许排放量计算流程图

(2) 基于 TIN 的混合区面积计算方法

该方法分两步实现。

① 首先由浓度散点数据构造不规则三角网

a. Delaunay 三角剖分法

通常情况下水质模型的计算结果是浓度散点数据(x_i, y_i, C_i)，类似于地理信息系统中的数字高程模型(DEM)。对于给定的初始点集 P，有多种三角网剖分方式，最常用的方法是 Delaunay 三角剖分方法[29]。Delaunay 三角网有以下特性：Delaunay 三角网是唯一的；三角网的外边界构成了点集 P 的凸多边形“外壳”；没有任何点在三角形的外接圆内部，反之，如果一个三角网满足此条件，那么它就是 Delaunay 三角网；如果将三角网中的每个三角形的最小角进行升序排列，则 Delaunay 三角网的排列得到的数值最大，从这个意义上讲，Delaunay 三角网是“最接近于规则化”的三角网。

b. TIN 拓扑结构的存储方式

本章采用的 TIN 拓扑结构存储方式直接对每个三角形记录其顶点和相邻三角形(图 3.6.3-3)。每个节点包括 3 个坐标值的字段,分别存储 X,X,Z 坐标。这种拓扑网络结构的特点是对于给定一个三角形查询其 3 个顶点高程和相邻三角形所用的时间是定长的,在沿直线计算等值线时具有较高的效率。

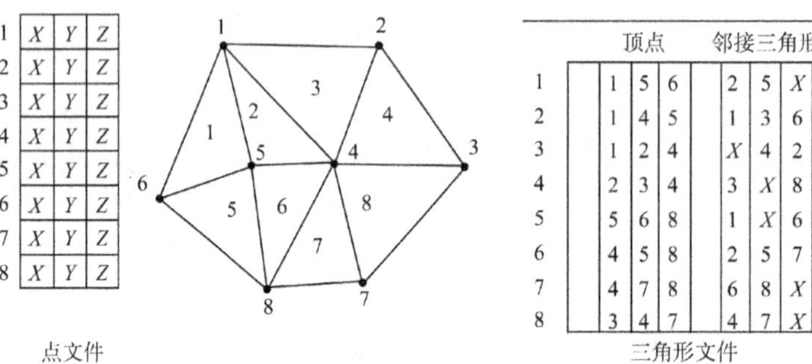

图 3.6.3-3　三角网的一种存储方式

② 由 TIN 统计污染带面积

对每个三角形顶点处的浓度数据与水质标准 C_s 进行比较判断,共有以下 4 种情况:

a. 3 个顶点的浓度值均小于 C_s,则表明该三角形不在污染带范围内,不计算该三角形的面积。

b. 3 个顶点的浓度值均大于 C_s,则表明该三角形在污染带范围内,计算该三角形的面积,计入污染带面积。

c. 3 个顶点的浓度值有 2 个大于 C_s,一个小于 C_s,则表明该三角形与等值线相交,梯形部分在污染带范围内,利用插值法计算交点坐标。若三角形一边的两端点为 $P_1(x_1,y_1,z_1)$,$P_2(x_2,y_2,z_2)$则通过下面的线性内插得到交点的平面坐标(x,y)。计算不规则四边形面积(大三角形面积减去小三角形面积),计入污染带面积。

$$\begin{cases} x = x_1 + \dfrac{x_2 - x_1}{z_2 - z_1}(z - z_1) \\ y = y_1 + \dfrac{y_2 - y_1}{z_2 - z_1}(z - z_1) \end{cases} \tag{3.6-7}$$

d. 3 个顶点的浓度值有 2 个小于 C_s,一个大于 C_s,则表明该三角形与等值线相交,插值得到交点坐标,计算小三角形的面积,计入污染带面积。

循环完所有的三角形,总面积即为污染带的面积。

(3) 本章所采用方法的特点

与传统方法相比,本章提出的基于污染带面积约束的湖泊污染源允许排放量计算方法具有以下优点:① 全部过程均编程由计算机完成,人工干预少,提高了计算精度; ② 只需要调用 1 次水质正演模型,当正演模型比较复杂时,极大地减少了计算工作量,提高了计算效率。

3.6.3.3 算例验证

基于 3.6.3.2 给出的原理与计算流程,编制了基于污染带面积约束的湖泊污染源控制计算的 Fortran 语言程序 PZA - 2DLSCP. for。利用圆形湖泊污染源控制反问题算例对该方法进行验证。

【算例 3-19】 湖泊形态与水动力条件与算例 3-7 相同,仅对排污口 W3 的排污量进行控制,本底浓度为 0.0 mg/L,水质标准为 1.0 mg/L,要求其形成的污染带面积不得超过 0.01 km^2,计算该污染源的允许排污量。

根据单位排放负荷利用水质正演模型计算其响应系数场分布 $a(x,y)$。根据网格中心散点数据生成 TIN,见图 3.6.3-4。计算网格与 TIN 之间的关系见图 3.6.3-5。利用 PZA - 2DLSCP. for 计算得到,在污染带最大面积 $S^* = 0.01\ km^2$ 约束下,排污口的允许排放量为 1.898 3 g/s。

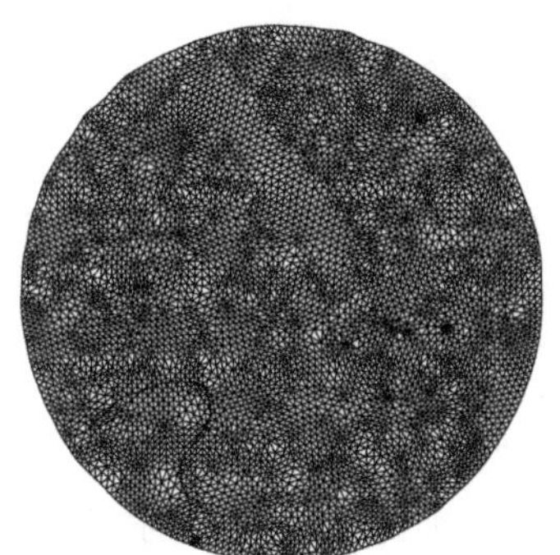

图 3.6.3-4 根据网格中心散点生成的 TIN

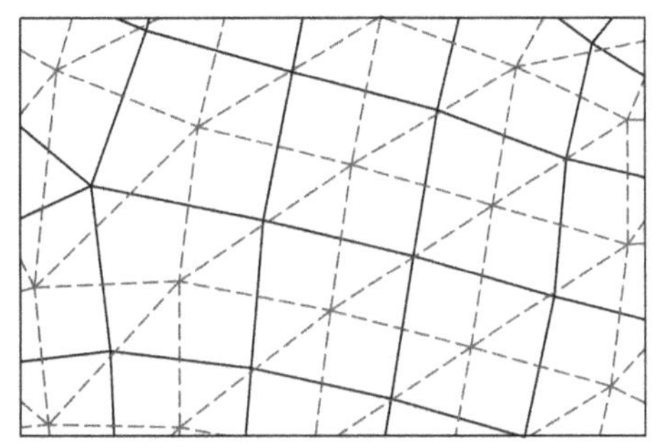

图 3.6.3-5 网格(实线)与 TIN(虚线)之间的关系

为了验证基于 TIN 的混合区面积计算方法的正确性,当排污量为 1 g/s,利用该算法计算得到的混合区面积为 6 939 m^2,利用 CAD 统计的混合区面积为 7 304 m^2,相差约 5%,验证了算法的可行性。

3.7 基于替代模型的二维河流污染源识别

3.7.1 基于替代模型的污染源识别模型构建

根据优化反演法的基本原理，在模拟-优化的过程中，每迭代一次需要调用一次水质正演模型。由于河流的实际水流情况复杂，往往需要采用复杂的模拟模型，计算速度较慢，多次调用计算量非常大，常常难以满足应急响应的需求，需要寻求更为快速的水质预测模型[30-31]，替代模型是一种常用的手段[32-33]。所谓替代模型，是模拟模型输入-输出响应关系的代替，它在功能上逼近模拟模型，有着计算量小、计算速度快的特点，因此能大幅度减小优化反演方法的计算负荷[34]，提高计算效率。使用替代模型代替正演模型时，精度十分重要，如果准确度不高，则反演的结果将严重偏离实际。因此，寻找一种高精度替代模型对污染源反演至关重要。

3.7.1.1 替代模型的建模方法

人工神经网络(ANN)是建立替代模型较为成熟的方法，从 20 世纪 80 年代至今已发展出一系列算法，常见的有：误差反向传播神经网络(BPNN)、径向基神经网络(RBF)、广义回归网络(GRNN)、循环神经网络(RNN)等。考虑到水质模型的复杂性，所选取的神经网络必须具备非线性拟合能力，推广性强，且具备高维输入-输出能力，能够反映污染源信息、河流参数、观测点信息等。

BP 神经网络作为一种典型的多层前向型神经网络，具有一个输入层、数个隐含层(可以是一层，也可以是多层)和一个输出层。层与层之间采用全连接的方式，同一层的神经元之间不存在相互连接。理论上已经证明，具有一个隐含层的 3 层 BP 网络可以逼近任意非线性函数[35]。且 BP 网络具有一定的推广能力，一旦训练完毕，BP 网络就获得了求解训练集中实例的“合理的”规则。当训练样本具有代表性，那么求解样本的一般规则很可能就是求解原问题的一般规则。

RBF 神经网络属于前向型神经网络，一般只有 3 层，其隐藏层中神经元的变换函数为径向基函数，具有结构简单、训练简洁而且学习收敛速度快，能够逼近任意非线性函数等特点，因此它已被广泛应用于时间序列分析、模式识别、非线性控制和图形处理等领域。

GRNN 一般由 4 层组成，输入层、模式层、求和层和输出层，具有很强的非线性映射能力和柔性网络结构以及高度的容错性和鲁棒性，适用于解决非线性问题。GRNN 在样本数据较少时，预测效果也较好，网络还可以处理不稳定的数据。

在明确预测目标、功能要求后，选择 BP、RBF、GRNN 神经网络作为污染源识别研究的替代模型。

1）BP 神经网络

BP 神经网络是一种多层前馈神经网络，该网络的主要特点是信号前向传递，误差反向传播。在前向传递中，输入信号从输入层经隐含层逐层处理，直至输出层。每一层的神经元状态只影响下一层神经元状态。如果输出层得不到期望输出，则转入反向传播，根据预测误差调整网络权值和阈值，从而使 BP 神经网络预测输出不断逼近期望输出。BP 神经网络的拓扑结构如图 3.7.1-1 所示。

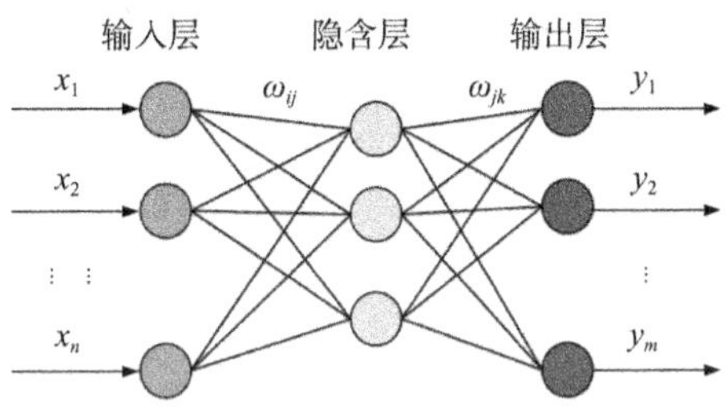

图 3.7.1-1　BP 神经网络拓扑结构图

图 3.7.1-1 中，$x_1, x_2, \cdots, x_n$ 是 BP 神经网络的输入值，$y_1, y_2, \cdots, y_m$ 是 BP 神经网络的预测值，ω_{ij} 和 ω_{jk} 为 BP 神经网络权值。BP 神经网络可以看成一个非线性函数，网络输入值和预测值分别为该函数的自变量和因变量。当输入节点数为 n、输出节点数为 m 时，BP 神经网络就表达了从 n 个自变量到 m 个因变量的函数映射关系。

BP 神经网络的误差反向传播算法是典型的有导师指导的学习算法，其基本思想是对一定数量的样本对（输入和期望输出）进行学习，即将样本的输入送至网络输入层的各个神经元，经隐含层和输出层计算后，输出层各个神经元输出对应的预测值，若预测值与期望输出之间的误差不满足精度要求时，则从输出层反向传播该误差，从而进行权值和阈值的调整，使得网络的输出和期望输出间的误差逐渐减小，直至满足精度要求。

BP 网络的精髓是将网络的输出与期望输出间的误差归结为权值和阈值的“过错”，通过反向传播把误差“分摊”给各个神经元的权值和阈值。BP 神经网络学习算法的指导思想是权值和阈值的调整要沿着误差函数下降最快的方向——负梯度方向。

BP 神经网络预测前首先要训练网络，通过训练使网络具有联想记忆和预测能力。BP 神经网络的训练过程包括以下几个步骤。

步骤 1：网络初始化。根据系统输入输出序列(x,y)确定网络输入层节点数 n、隐含层节点数 l，输出层节点数 m，初始化输入层、隐含层和输出层神经元之间的连接权值 ω_{ij} 和 ω_{jk}，初始化隐含层阈值 a、输出层阈值 b，给定学习速率和神经元激励函数。

步骤 2：隐含层输出计算。根据输入变量 x、输入层和隐含层间连接权值 ω_{ij} 以及隐含层阈值 a，计算隐含层输出 H。

$$H_j = f\left(\sum_{i=1}^{n}\omega_{ij}x_i - a_j\right),\ j=1,2,\cdots,l \tag{3.7-1}$$

式中，f 为隐含层激活函数。

步骤 3：输出层输出计算。根据隐含层输出 H，连接权值 ω_{jk} 和阈值 b，计算 BP 神经网络预测输出 O。

$$O_k = \sum_{j=1}^{l}H_j\omega_{jk} - b_k,\ k=1,2,\cdots,m \tag{3.7-2}$$

步骤 4：误差计算。根据网络预测输出 O 和期望输出 Y，计算网络预测误差 e。

$$e_k = Y_k - O_k,\ k=1,2,\cdots,m \tag{3.7-3}$$

步骤 5：权值更新。根据网络预测误差 e 更新网络连接权值 ω_{ij}，ω_{ik}。

$$\omega_{ij} = \omega_{ij} + \eta H_j(1-H_j)x(i)\sum_{k=1}^{m}\omega_{jk}e_k,\ i=1,2,\cdots,n,\ j=1,2,\cdots,l \tag{3.7-4}$$

$$\omega_{jk} = \omega_{jk} + \eta H_j e_k,\ j=1,2,\cdots,l,\ k=1,2,\cdots,m \tag{3.7-5}$$

式中，η 为学习速率。

步骤 6：阈值更新。根据网络预测误差 e 更新网络节点阈值 a，b。

$$a_j = a_j + \eta H_j (1 - H_j) \sum_{k=1}^{m} \omega_{jk} e_k,\ j = 1,2,\cdots,l \tag{3.7-6}$$

$$b_k = b_k + e_k,\ k = 1,2,\cdots,m \tag{3.7-7}$$

步骤 7:判断算法迭代是否结束,若没有结束,返回步骤 2。

2) RBF 神经网络

(1) RBF 的结构

1985 年,Powell 提出了多变量插值的径向基函数(Radial Basis Function,RBF)方法。1988 年,Moody 和 Darken 提出了一种径向基函数神经网络结构,即 RBF 神经网络。RBF 神经网络属于前向神经网络类型,网络的结构与多层前向网络类似,是一种三层的前向网络。第一层为输入层,由信号源结点组成;第二层为隐藏层,隐藏层节点数视所描述问题的需要而定,隐藏层中神经元的变换函数即径向基函数是对中心点径向对称且衰减的非负非线性函数,该函数是局部响应函数,而以前的前向网络变换函数都是全局响应的函数;第三层为输出层,它对输入模式做出响应。

RBF 神经网络的基本思想是用 RBF 作为隐单元的“基”构成隐藏层空间,隐含层对输入矢量进行变换,将低维的模式输入数据变换到高维空间内,使得在低维空间内的线性不可分的问题在高维空间内线性可分。

径向基神经网络的神经元模型如图 3.7.1-2 所示。径向基神经网络的节点激活函数采用径向基函数,通常定义为空间任一点到某一中心之间的欧式距离的单调函数。

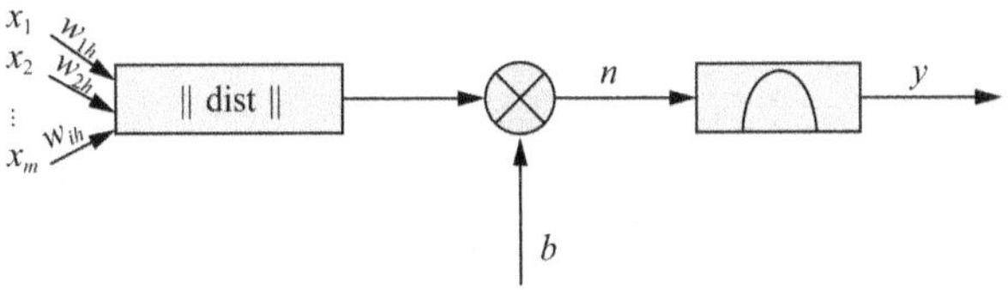

图 3.7.1-2 径向基神经元模型

由图 3.7.1-2 所示的径向基神经元结构可以看出,径向基神经网络的激活函数是以输入向量和权值向量之间的距离 ‖ dist ‖ 作为自变量的。径向基神经网络的激活函数的一般表达式为

$$R(\|\text{dist}\|) = \mathrm{e}^{-\|\text{dist}\|^2} \tag{3.7-8}$$

随着权值和输入向量之间距离的减少,网络输出是递增的,当输入向量

和权值向量一致时，神经元输出为 1。图 3.7.1-2 中的 b 为阈值，用于调整神经元的灵敏度。利用径向基神经元和线性神经元可以建立广义回归神经网络，此种神经网络适用于函数逼近方面的应用；径向基神经元和竞争神经元可以建立概率神经网络，此种神经网络适用于解决分类问题。

由输入层、隐藏层和输出层构成的一般径向基神经网络结构如图 3.7.1-3 所示。在 RBF 神经网络中，输入层仅仅起到传输信号的作用，与前面所讲述的神经网络相比较，输入层和隐含层之间可以看作连接权值为 1 的连接，输出层和隐含层所完成的任务是不同的，因而它们的学习策略也不相同。输出层是对线性权进行调整，采用的是线性优化策略，因而学习速度较快。而隐含层是对激活函数（格林函数或高斯函数，一般取高斯函数）的参数进行调整，采用的是非线性优化策略，因而学习速度较慢。

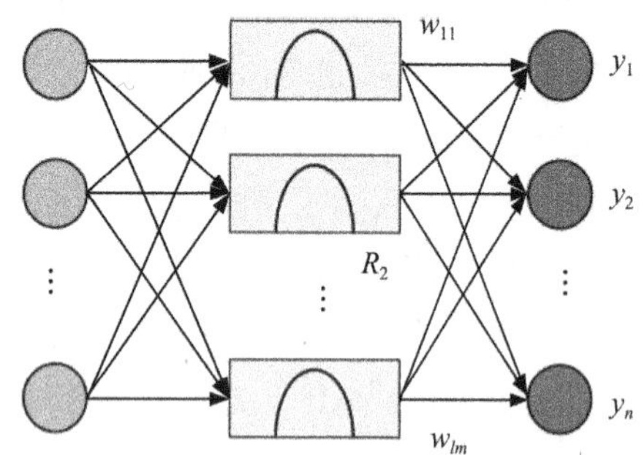

图 3.7.1-3　径向基神经网络结构

(2) RBF 神经网络的学习算法

根据隐含层神经元数目的不同，RBF 神经网络的学习算法总体上可以分为两种：a. 隐含层神经元数目逐渐增加，经过不断的循环迭代，实现权值和阈值的调整与修正。b. 隐含层神经元数目确定（与训练集样本数目相同），权值和阈值由线性方程组直接解出。通过对比不难发现，第二种学习算法速度更快、精度更高，由于篇幅所限，仅讨论第二种学习算法，即隐含层神经元数目等于训练集样本数目这一类型。

具体的学习算法步骤如下：

① 确定隐含层神经元径向基函数中心

设训练集样本输入矩阵 $\boldsymbol{P}$ 和输出矩阵 $\boldsymbol{T}$ 分别为

$$\boldsymbol{P}=\begin{bmatrix} p_{11} & p_{12} & \cdots & p_{1Q} \\ p_{21} & p_{22} & \cdots & p_{2Q} \\ \vdots & \vdots & & \vdots \\ p_{M1} & p_{M2} & \cdots & p_{MQ} \end{bmatrix}, \quad \boldsymbol{T}=\begin{bmatrix} t_{11} & t_{12} & \cdots & t_{1Q} \\ t_{21} & t_{22} & \cdots & t_{2Q} \\ \vdots & \vdots & & \vdots \\ t_{N1} & t_{N2} & \cdots & t_{NQ} \end{bmatrix} \tag{3.7-9}$$

其中，p_{ij} 表示第 j 个训练样本的第 i 个输入变量；t_{ij} 表示第 j 个训练样本的第 i 个输出变量；M 为输入变量的维数；N 为输出变量的维数；Q 为训练集样本数。

则 Q 个隐含层神经元对应的径向基函数中心为

$$C=P' \tag{3.7-10}$$

② 确定隐含层神经元阈值

Q 个隐含层神经元对应的阈值为

$$\boldsymbol{b}_1=[b_{11},b_{12},\cdots,b_{1Q}]' \tag{3.7-11}$$

其中，$b_{11}=b_{12}=\cdots=b_{1Q}=\dfrac{0.8326}{\text{spread}}$，spread 为径向基函数的扩展速度。

③ 确定隐含层与输出层间权值和阈值

当隐含层神经元的径向基函数中心及阈值确定后，隐含层神经元的输出便可以由下式计算：

$$a_i=\exp(-\boldsymbol{C}-\boldsymbol{p}_i{}^2 b_i),\ i=1,2,\cdots,Q \tag{3.7-12}$$

式中，$\boldsymbol{p}_i=[p_{i1},p_{i2},\cdots,p_{iM}]'$ 为第 i 个训练样本向量，并记 $\boldsymbol{A}=[a_1,a_2,\cdots,a_Q]$ 。

设隐含层与输出层间的连接权值 $\boldsymbol{W}$ 为

$$\boldsymbol{W}=\begin{bmatrix} w_{11} & w_{12} & \cdots & w_{1Q} \\ w_{21} & w_{22} & \cdots & w_{2Q} \\ \vdots & \vdots & & \vdots \\ w_{N1} & w_{N2} & \cdots & w_{NQ} \end{bmatrix} \tag{3.7-13}$$

式中，ω_{ij} 表示第 j 个隐含层神经元与第 i 个输出层神经元间的连接权值。

设 N 个输出层神经元的阈值 $\boldsymbol{b}_2$ 为

$$\boldsymbol{b}_2=[b_{21},b_{22},\cdots,b_{2N}]' \tag{3.7-14}$$

$$[\boldsymbol{W}\ \boldsymbol{b}_2]\cdot[\boldsymbol{A};\boldsymbol{I}]=\boldsymbol{T} \tag{3.7-15}$$

式中，$\boldsymbol{I}=[1,1,\cdots,1]_{1\times Q}$。

解线性方程组，可得隐含层与输出层间权值 $\boldsymbol{W}$ 和阈值 $\boldsymbol{b}_2$，即

$$\begin{aligned}\boldsymbol{Wb}&=\boldsymbol{T}/[\boldsymbol{A};\boldsymbol{I}]\\ \boldsymbol{W}&=\boldsymbol{Wb}(:,1:Q)\\ \boldsymbol{b}_2&=\boldsymbol{Wb}(:,Q+1)\end{aligned} \tag{3.7-16}$$

3) GRNN 神经网络

GRNN 最早是由 Specht 提出的，是一种基于非线性回归理论的前馈式神经网络模型。GRNN 由 4 层构成，分别为输入层(input layer)、模式层(pattern layer)、求和层(summation layer)和输出层(output layer)，如图 3.7.1-4 所示。对应网络输入 $\boldsymbol{X}=[x_1,x_2,\cdots,x_n]^{\mathrm{T}}$，其输出为 $\boldsymbol{Y}=[y_1,y_2,\cdots,y_k]^{\mathrm{T}}$。

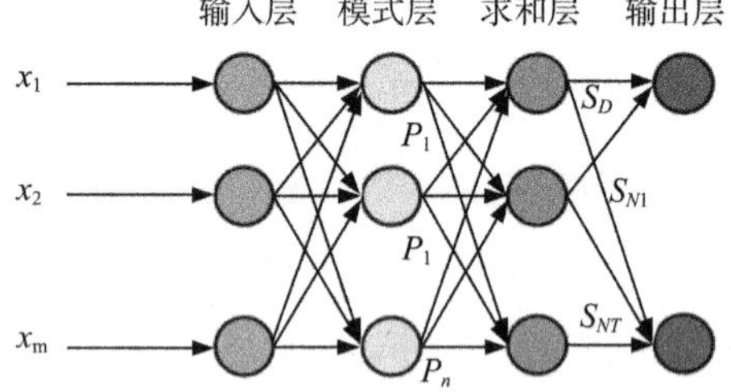

图 3.7.1-4　GRNN 的网络结构

(1) 输入层

输入层神经元的数目等于学习样本中输入向量的维数，各神经元是简单的分布单元，直接将输入变量传递给模式层。

(2) 模式层

模式层神经元数目等于学习样本的数目 n，各神经元对应不同的样本，模式层神经元传递函数为

$$p_i=\exp\left[-\frac{(\boldsymbol{X}-\boldsymbol{X}_i)^{\mathrm{T}}(\boldsymbol{X}-\boldsymbol{X}_i)}{2\sigma^2}\right],\ i=1,2,\cdots,n \tag{3.7-17}$$

式中，$\boldsymbol{X}$ 为网络输入变量；$\boldsymbol{X}_i$ 为第 i 个神经元对应的学习样本。

(3) 求和层

求和层中使用两种类型神经元进行求和。

一类计算公式为$\sum_{i=1}^{n}\exp\left[-\frac{(\boldsymbol{X}-\boldsymbol{X}_i)^{\mathrm{T}}(\boldsymbol{X}-\boldsymbol{X}_i)}{2\sigma^2}\right]$，其模式层与各神经元的连接权值为 1，传递函数为

$$S_D=\sum_{i=1}^{n}P_i \tag{3.7-18}$$

另一类计算公式为

$$\sum_{i=1}^{n}\boldsymbol{Y}_i\exp\left[-\frac{(\boldsymbol{X}-\boldsymbol{X}_i)^{\mathrm{T}}(\boldsymbol{X}-\boldsymbol{X}_i)}{2\sigma^2}\right] \tag{3.7-19}$$

它对所有模式层的神经元进行加权求和，模式层中第 i 个神经元与求和层中第 j 个分子求和，神经元之间的连接权值为第 i 个输出样本 Yi 中的第 j 个元素，传递函数为

$$S_{Nj}=\sum_{i=1}^{n}y_{ij}P_i,\ j=1,2,\cdots,k \tag{3.7-20}$$

(4) 输出层

输出层中的神经元数目等于学习样本中输出向量的维数 k，各神经元将求和层的输出相除，神经元 j 的输出对应估计结果 $\widehat{Y}(X)$的第 j 个元素，即

$$y_j=\frac{S_{Nj}}{S_D},\ j=1,2,\cdots,k \tag{3.7-21}$$

4) 替代模型的评价指标

采用均方根误差(Root Mean Squared Error，RMSE)、平均绝对误差(Mean Absolute Error，MAE)以及确定性系数(Determination Coefficient，R^2)这 3 个指标对替代模型的精度进行评价，它们的表达式如下：

$$RMSE=\sqrt{\frac{1}{n}\sum_{i=1}^{n}(y_i-\hat{y}_i)^2} \tag{3.7-22}$$

$$MAE=\frac{\sum_{i=1}^{n}|y_i-\hat{y}_i|}{n} \tag{3.7-23}$$

$$R^2=1-\frac{\sum_{i=1}^{n}(y_i-\hat{y}_i)^2}{\sum_{i=1}^{n}(y_i-\bar{y}_i)^2} \tag{3.7-24}$$

式中，$\hat{y}_i$ 表示通过替代模型求得的污染物浓度(第 i 个样本)(即预测值)；y_i 为通过数值模拟模型求得的污染物浓度(第 i 个样本)(即实际值)；$\bar{y}$ 为通过数值模拟模型求得的污染物浓度平均值(即实际浓度的平均值)；n 为总样本个数。这些指标中，*RMSE* 及 *MAE* 反映的是替代模型的精度，*RMSE* 和 *MAE* 越小，说明所建立的替代模型精确程度越高。R^2 位于(0,1]区间范围内，表示替代模型对模拟模型的逼近程度，R^2 值越趋近 1，表明所建立的替代模型越逼近于模拟模型、拟合效果越好，替代模型越能正确反映模拟模型输入-输出的响应关系[36]。

3.7.1.2　抽样方法

替代模型对于正演模型的逼近程度，与训练样本的选取密不可分。当训练样本不能覆盖全局时，所建立的替代模型无法获得很好的预测效果。简单的随机抽样获得的样本数据集不具有代表性。此外，选择最少的样本数据建立最优的替代模型也十分重要，可以缩短模型训练时间，减少人力物力的投入。

拉丁超立方抽样法(Latin Hypercube Sampling，LHS)，它的原理是把设计的整个空间等概率地分成互不重叠的子区间，在每个子区间只抽取每个变量的 1 个样本点，以确保抽样点覆盖设计的整个空间。该方法解决了简单随机抽样法所生成的样本点的堆积问题，使样本点在设计空间中的分布更加均匀，在此基础上建立的替代模型更能正确地反映模拟模型的信息[37]。

LHS 法操作的详细步骤如下(假设 m 为抽样数，n 为参与抽样的变量数)：

(1) 把 $X_1,X_2\cdots,X_n$ 等所有抽样变量的取值范围等概率地分为 m 个互不重叠的子区间。

(2) 依次随机从每个变量的子区间中抽取一个出来，从所抽取的子区间中随机生成一个样本点，之后将该子区间剔除，直到所有变量的所有子区间均被抽取一次，这样就获得了包括 n 个变量值的一组样本。

(3) 重复步骤(2)，直到获得 m 组样本为止。

3.7.1.3 优化算法

由于地表水污染源反演识别的优化模型均是非线性的，而且具有待求变量多、非线性程度高、求解计算负荷大等特点。运用传统优化方法如牛顿法、共轭梯度法等往往是不可行的。这些传统算法都属于局部邻域搜索算法，容易陷于局部最优。这里选用具有全局搜索能力的粒子群算法进行寻优。

3.7.1.4 基于替代模型的污染源反演模型

(1) 河流二维水质正演模型

反演工作的开展离不开正演模型，使用较成熟的环境流体动力学模型EFDC(Environmental Fluid Dynamics Code)作为数值模拟模型来模拟污染物的迁移转化过程。EFDC是一款集水动力、水质、泥沙、有毒物质于一体的综合模型，可模拟河流、湖库、湿地、河口和海洋等不同水体的水动力过程、泥沙输运、有毒物质迁移扩散以及水质变化情况。该模型最初由威廉与玛丽学院弗吉尼亚海洋科学研究所的John Hamrick等人研究开发，是一种多参数的有限差分模型。EFDC模型被美国环保署作为水环境模拟评估的专用模型推荐使用。该模型包含水动力、水质、泥沙、有毒物质、风浪等多个模块，模型以水动力计算为基础，在获取流速场的时空分布后，再进行泥沙、水质等相关模型的计算。为了更好地贴近研究区域的实际地形，模型在水平方向上除了选取传统意义上的直角坐标以外，还可以采用正交曲线坐标，而在垂直方向上则采用σ坐标。

(2) 基于替代模型的污染源识别模型

在Matlab上编写程序，将建立的3种替代模型与PSO优化模型相耦合，建立污染源识别模型，具体流程如下(图3.7.1-5)：

① 将获得的输入-输出数据分为训练集和检验集，创建并训练BP、GRNN、RBF神经网络，直至满足精度要求，保存最优模型的网络结构，方便优化求解时调用。

② PSO算法开始初始化种群，设定群体规模为n个粒子数，迭代次数为m次，第二章基于粒子群算法的河流污染源反演模型构建随机产生粒子的初始速度v和初始位置x。

③ 调用保存的替代模型神经网络，计算污染物浓度模拟值$C(x)$，根据适应度函数$f(x)=\sum_{i=1}^{n}|C_k(x)-C_k^*(x)|$计算每个粒子的适应度；确定个体最优粒子$P_i$、种群最优粒子$P_g$及对应的适应度$f$。

④ 根据速度、位置更新公式、更新每个粒子的速度与位置。

⑤ 计算更新后粒子对应的适应度值 f，并更新此时粒子个体最优解 Pbest 和种群最优解 Gbest。

⑥ 迭代直到达到最大迭代次数 m，结束并输出最优解。

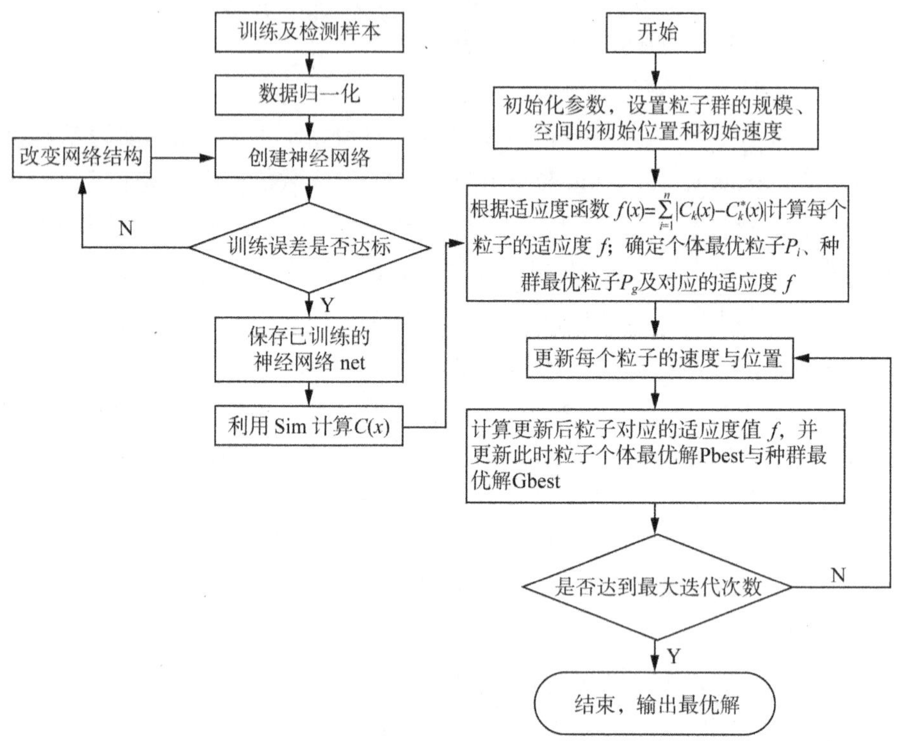

图 3.7.1-5　污染源识别模型流程图

3.7.2　稳态水流条件下河流污染源识别

水环境按照水质组分的时间变化特性，可分为稳态和非稳态。在均匀河段上定常排污条件下，河段横截面、流速、流量、污染物的输入量和弥散系数都不随时间变化为稳态，反之则为非稳态。探究稳态水流条件下，替代模型的适用性，对后续非稳态水流条件的应用具有重要意义。稳态水流条件可以更好地控制变量，讨论单一变量对于污染源识别的影响，探究替代模型自身结构、数据维数、数据大小、数据量等对识别效果的影响，寻找建立替代模型的最优方法。

污染源反演根据污染源的个数，又可以分为单点源和多点源反演。本节主要在稳态情况下，基于 BP-PSO、RBF-PSO、GRNN-PSO 3 种污染源识别模型，开展单、多点源反演研究，并进行影响因素分析。

3.7.2.1 研究案例 1

研究区域为矩形的二维河流(5 000 m×200 m)，被均匀分为 1 000 个网格，每个基本单元格为 50 m×20 m，河流流量为 100 m^3/s。假设污染物初始浓度为 0 mg/L，只考虑一阶降解，降解系数 $K=0.15\ d^{-1}$。上游有 3 个污染点源，下游有 3 个观测点，各污染源和观测点的位置如图 3.7.2-1 和表 3.7.2-1 所示。河流水质模拟参数如表 3.7.2-2 所示。

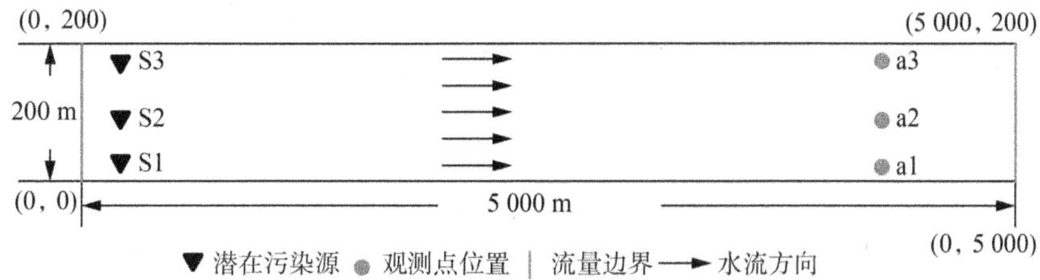

图 3.7.2-1 案例 1 河流平面示意图

表 3.7.2-1 各污染源和观测点坐标

潜在污染源/观测点	坐标
S1(岸边排放)	(125,0)
S2(中心排放)	(125,100)
S3(其他排放)	(125,170)
a1(岸边观测点)	(4125,0)
a2(中心观测点)	(4125,100)
a3(岸边观测点)	(4125,200)

表 3.7.2-2 河流水质模型参数

参数	值
x 方向网格间距 Δx	50 m
y 方向网格间距 Δy	20 m
初始流速	0.25 m/s
初始水深	2 m
糙率	0.02

续表

参数	值
时间步长 Δt	5 s
模拟时长	7 d
涡流黏度	1 m^2/s

3.7.2.2 训练及检验数据集

(1) 训练样本

训练样本的质量在很大程度上依赖于抽样方法，采用拉丁超立方(LHS)抽样方法对源强在先验分布内进行抽样，在[0,50]内抽取120个样本(包括单点源30个、多点源90个)，组成初始输入样本集，见表3.7.2-3。再将污染源信息代入EFDC模型进行求解，获得替代模型的初始训练样本，见表3.7.2-4。

表3.7.2-3 训练样本(输入) g/s

编号	S1	S2	S3
1	39.384 7	47.570 2	39.655 4
2	30.750 8	4.742 7	13.297 4
3	0.000 0	44.775 0	23.607 5
4	38.160 1	40.292 9	0.000 0
5	48.284 4	6.002 8	0.000 0
6	7.524 6	6.031 1	0.733 6
7	46.578 8	0.000 0	46.402 8
8	0.000 0	5.949 3	49.763 4
9	0.000 0	41.490 4	15.420 4
10	38.723 1	0.000 0	1.703 1
11	0.000 0	19.146 5	0.000 0
12	1.410 4	0.000 0	13.222 0
13	48.250 1	0.000 0	0.000 0
14	15.095 0	40.279 3	41.860 0
15	36.228 7	0.000 0	9.258 3
16	0.000 0	47.528 9	17.974 3
17	7.789 6	7.530 1	0.000 0
18	26.275 3	11.625 9	28.584 9

续表

编号	S1	S2	S3
19	44.619 4	13.108 1	0.000 0
20	1.446 5	12.774 5	24.084 7
…	…	…	…
111	0.000 0	0.778 5	0.000 0
112	0.000 0	0.000 0	21.318 3
113	0.000 0	25.750 9	2.930 1
114	48.436 0	0.000 0	32.222 2
115	43.555 1	0.577 2	20.212 4
116	15.176 5	0.000 0	6.012 8
117	36.502 5	38.863 1	0.000 0
118	8.858 3	29.599 2	30.576 9
119	0.000 0	49.026 2	0.000 0
120	45.418 1	7.626 1	9.379 5

表 3.7.2-4 训练样本(输出) mg/L

编号	a1	a2	a3
1	2.629 0	2.018 0	0.746 2
2	1.880 8	0.185 9	0.295 1
3	0.002 7	1.751 4	0.476 2
4	2.501 3	1.506 3	0.011 4
5	3.159 3	0.227 7	0.001 7
6	0.502 2	0.247 8	0.014 6
7	2.801 0	0.112 2	0.978 8
8	0.000 4	0.284 5	0.984 2
9	0.002 5	1.607 7	0.313 8
10	2.328 8	0.007 0	0.035 8
11	0.003 3	0.599 0	0.012 2
12	0.084 8	0.030 5	0.278 9
13	2.969 3	0.007 7	0.000 0
14	1.008 1	1.709 4	0.7872
15	2.178 7	0.024 9	0.195 3

续表

编号	a1	a2	a3
16	0.002 8	1.842 5	0.365 6
17	0.510 5	0.281 5	0.002 1
18	1.753 6	0.509 0	0.536 1
19	2.921 3	0.491 8	0.003 7
20	0.096 9	0.549 6	0.452 4
…	…	…	…
111	0.000 0	0.038 3	0.429 7
112	0.001 5	0.975 0	0.063 1
113	2.912 7	0.080 2	0.679 7
114	2.905 1	0.044 5	0.376 5
115	0.912 6	0.015 6	0.126 8
116	2.392 7	1.452 9	0.011 0
117	0.591 8	1.255 9	0.575 0
118	0.008 4	1.533 8	0.031 3
119	3.030 1	0.326 0	0.176 4
120	0.142 5	0.718 1	0.914 2

(2) 检验样本

训练样本用来建立替代模型。检验样本不同于训练样本，用来检验替代模型对模拟模型的逼近精度，包含 24 个样本（训练样本的 20%），见表 3.7.2-5 和表 3.7.2-6。

表 3.7.2-5　检验样本(输入)　g/s

编号	S1	S2	S3
1	0.000 0	49.269 5	0.000 0
2	45.208 7	0.000 0	46.947 9
3	30.874 4	0.000 0	18.401 9
4	10.085 6	12.255 3	5.297 6
5	0.000 0	7.514 0	42.530 9
6	18.076 4	45.975 9	0.000 0
7	0.000 0	0.000 0	1.267 4
8	4.599 8	34.510 3	35.736 2
9	33.241 8	27.285 9	46.811 3

续表

编号	S1	S2	S3
10	32.910 1	18.142 9	0.000 0
11	3.999 2	7.451 8	0.000 0
12	39.705 3	18.083 5	12.230 4
13	5.306 3	0.000 0	3.997 8
14	0.000 0	19.811 3	1.449 8
15	0.000 0	45.927 1	14.989 7
16	43.342 2	35.153 6	0.000 0
17	0.000 0	4.974 6	0.000 0
18	20.222 8	45.362 0	26.753 0
19	17.284 0	0.000 0	33.806 2
20	45.255 3	1.758 1	17.737 7
21	11.328 0	0.000 0	0.000 0
22	0.000 0	0.000 0	30.239 8
23	0.000 0	30.669 4	26.298 6
24	43.037 5	0.000 0	0.000 0

表 3.7.2-6 检验样本(输出) mg/L

编号	a1	a2	a3
1	0.008 4	1.541 4	0.031 5
2	2.718 6	0.113 2	0.990 3
3	1.856 6	0.046 2	0.388 2
4	0.673 2	0.513 5	0.100 5
5	0.000 5	0.341 1	0.842 6
6	1.187 8	1.717 1	0.013 1
7	0.000 0	0.002 3	0.025 5
8	0.307 9	1.463 6	0.672 0
9	2.218 5	1.170 8	0.879 4
10	2.155 9	0.678 1	0.005 1
11	0.262 5	0.278 4	0.002 1
12	2.649 9	0.764 9	0.230 4
13	0.319 1	0.009 9	0.084 3
14	0.001 2	0.746 9	0.032 2
15	0.002 8	1.773 7	0.306 3

续表

编号	a1	a2	a3
16	2.840 2	1.313 8	0.010 0
17	0.000 9	0.155 6	0.003 2
18	1.350 3	1.912 2	0.504 8
19	1.039 4	0.079 3	0.713 1
20	3.018 6	0.089 7	0.330 9
21	0.697 1	0.001 8	0.000 0
22	0.000 0	0.054 4	0.609 5
23	0.001 8	1.211 0	0.527 9
24	2.648 5	0.006 9	0.000 0

(3) 数据归一化

进行数据归一化的原因：① 输入数据的单位不一样。② 有些数据的范围可能特别大，导致的结果是神经网络收敛慢、训练时间长。数据范围大的输入在模式分类中的作用可能会偏大，而数据范围小的输入作用就可能会偏小。③ 由于神经网络输出层的激活函数的值域是有限制的，因此需要将网络训练的目标数据映射到激活函数的值域。例如，神经网络的输出层若采用sigmod(S形)激活函数，由于S形激活函数的值域限制在(0,1)，也就是说神经网络的输出只能限制在(0,1)，所以训练数据的输出就要归一化到[0,1]区间。④ S形激活函数在(0,1)区间以外区域很平缓，区分度太小。例如，S形激活函数在参数$a=1$时，$f(100)$与$f(5)$只相差0.006 7。

这里使用Matlab里的mapminmax(y,0,1)函数，将最小值和最大值映射到[0,1]来处理矩阵。

$$x_{归一化}=\frac{x_i-x_{\min}}{x_{\max}-x_{\min}} \tag{3.7-25}$$

式中，$x_{归一化}$为数据归一化之后的数值；x_i为样本数据；$x_{\max}$为样本数据的最大值；$x_{\min}$为样本数据的最小值。

3.7.2.3 替代模型

1) 替代模型参数

(1) BP替代模型

由于BP神经网络隐含层神经元的数目超过一定限度时，网络结构的复杂程度有可能超过研究对象的固有特性，收敛速度会急剧下降。隐含层神经元若设置太少，也可能出现所构造的网络复杂程度远不能表达研究对象的固有特性的问题[42]。因此，为设置恰当数目的隐含层神经元，通过多次试算，变化隐含神经元的数目，根据每种网络的目标输出与实际输出的误差大小评价网络的性能，从而确定网络的结构，表 3.7.2-7 为多次试算后确定的参数取值。

表 3.7.2-7　BP 模型参数

参数名称	取值
网络总层数	3
隐含层层数	1
隐含层神经元个数	5
隐含层传递函数	tan-sigmod
输出层传递函数	purelin
最大迭代次数	1 000
学习率	0.01
训练精度	1e-3

（2）RBF、GRNN 替代模型

Spread 为 RBF 径向基函数的扩展系数，默认值为 1.0，合理选择 spread 是很重要的，其值应该足够大，使径向基神经元能够对输入向量所覆盖的区间都产生响应，但也不要求大到所有的径向基神经元都如此，只要部分径向基神经元能够对输入向量所覆盖的区间产生响应就足够了。spread 的值越大，其输出结果越光滑，但太大的 spread 值会导致数值计算上的困难[38]。

因此，在网络设计的过程中，需要用不同的 spread 值进行尝试，以确定一个最优值。采取交叉验证(Cross Validation，CV)的方法寻找最优 spread 值。通过交叉验证，计算每次网络误差，循环训练，找到使网络误差最小对应的 spread 值，从而找到既定条件下的最佳 spread 值[39]。其原理是将原始数据样本分组，切割成较小子集，先在一个子集即训练集上做分析，再将其他子集即验证集或测试集分别用作选择模型和对学习方法的评估。交叉验证法主要优点是将新数据代入训练好的模型时可以在一定程度上减小过拟合，并且可以从有限的数据中获取尽可能多的有效信息。目前，常用的方法有简单交叉验证法、K 折交叉验证（K-fold cross-validation）、留一验证（LOOCV）。

这里采用K折交叉验证，初始采样分割成 K 个子样本，一个单独的子样本被保留作为验证模型的数据，其他 $K-1$ 个样本用来训练。交叉验证重复 K 次，每个子样本验证一次，平均 K 次的结果或者使用其他结合方式，最终得到一个单一估测。这个方法的优势在于，同时重复运用随机产生的子样本进行训练和验证，每次的结果验证一次。最终得出 RBF 最佳 spread 取值为 0.6，其他参数为 Matlab 工具包默认值。

RBF 网络的输出是隐单元输出的线性加权和，网络学习速率快，但并不等于 RBF 神经网络就可以取代其他前馈网络。这是因为 RBF 网络很可能需要比 BP 神经网络多得多的隐含层神经元来达到预期的训练目标。BP 网络采用 sigmoid() 函数，这样的神经元有很大的输出可见区域，而 RBF 网络使用的径向基函数，输入空间区域很小，这就不可避免地导致了在输入空间较大时，需要更多的径向基神经元。

在实际应用 RBF 网络时，网络训练不能只注意网络的训练精度，同时应该考虑网络的推广能力。如果一个学习算法只是追求网络的训练精度，那么网络对于已经学习的数据具有重视的能力，而被给定一组未学习过的数据时，效果就很差，在实际应用中没有价值。

GRNN 具有很强的非线性映射能力和柔性网络结构以及高度的容错性和鲁棒性，适用于解决非线性问题。GRNN 在逼近能力和学习速度上有更强的优势，网络最后收敛于样本量积聚较多的优化回归面，并且在样本数据较少时，预测效果也较好。此外，网络还可以处理不稳定的数据。因此，GRNN 在信号过程、结构分析、教育产业、能源、食品科学、控制决策系统、药物设计、金融领域、生物工程等各个领域得到了广泛的应用。

GRNN 具有良好的泛化性能，且与 BP 神经网络等不同，其权值和阈值由训练样本一步确定，无须迭代，计算量小。因此，其在各个领域得到了广泛的应用。与 RBF 神经网络相同，spread 值对于 GRNN 性能影响较大，采用交叉验证获得最佳 spread 值为 0.3。

2) 3 种替代模型性能对比

(1) 各观测点预测值与真实值对比

将检验样本中的 24 个样品输入训练好的 RBF、GRNN、RBF 替代模型，获得预测值（污染物浓度监测数据），并将其与 EFDC 模拟模型的真实值对比，结果如图 3.7.2-2 所示。结果表明，3 个替代模型在绝大部分时候能够获得与模拟模型近似的输出（与 $y=x$ 直线的偏差），能够识别并取代模拟模型的输入-输出关系。3 种替代模型在观测点的预测值与真实值十分接近，验证了 BP、RBF、GRNN 代替数值模拟模型的可行性。

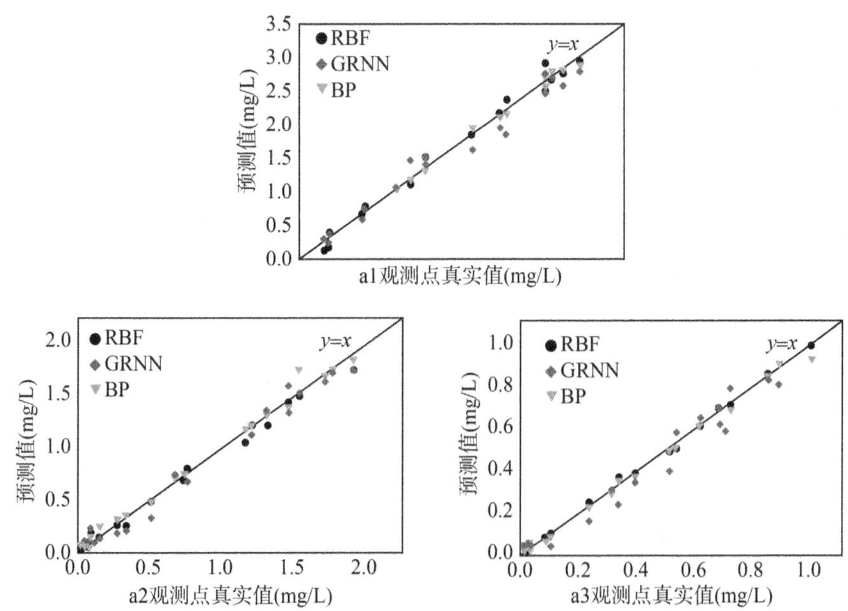

图 3.7.2-2　各观测点预测值与真实值对比

（2）3 种替代模型性能评价

采用均方根误差、平均绝对误差以及确定性系数对替代模型的精度进行评价，结果见图 3.7.2-3、表 3.7.2-8。通过对比可以得到以下结论：

① 替代模型建立十分成功。经参数寻优后的 3 种替代模型均拥有较高的精度，RBF、GRNN、BP 的 R^2 均在 0.98 以上，表明所建立的替代模型十分逼近模拟模型、拟合效果好，替代模型能正确反映模拟模型输入-输出的响应关系；*RMSE* 小于 0.04，*MAE* 小于 0.15，表明预测值与真实值十分接近。

② 综合考虑 3 个观测点的评价情况，GRNN 替代模型拥有最低的 R^2 均值和最高的 *RMSE* 及 *MAE* 均值，是 3 种替代模型中性能最差的；BP 替代模型拥有最高的 R^2 均值和最低的 *RMSE*、*MAE* 均值，是 3 种模型中精度最高的。观察数据发现，3 种替代模型的评价数据十分接近，BP 略优于其他两种替代模型，但总体相差不大，均可以作为替代模型用于污染源识别。

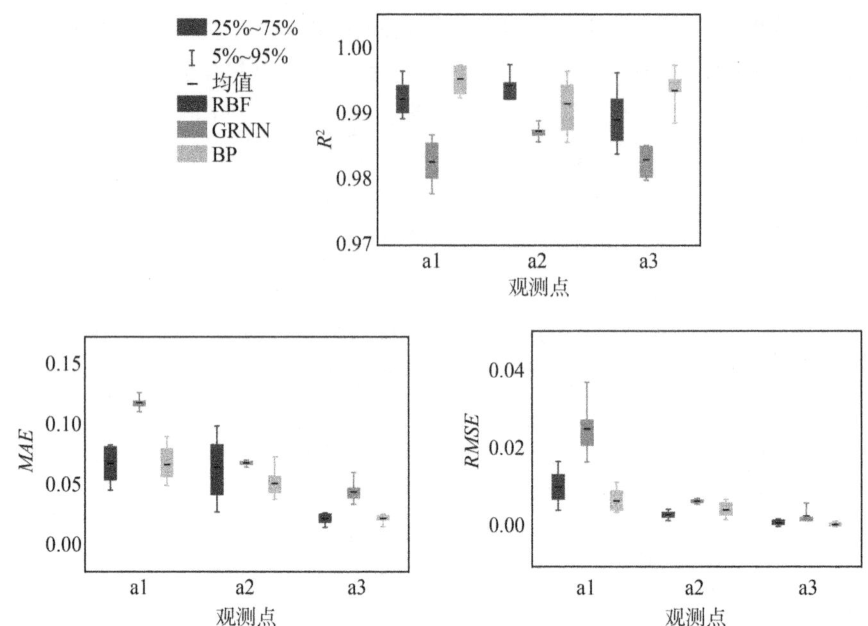

图 3.7.2-3　3 种替代模型 R^2、*RMSE*、*MAE* 对比

表 3.7.2-8　3 种替代模型性能对比

替代模型	观测点	R^2	R^2 均值	*RMSE*	*RMSE* 均值	*MAE*	*MAE* 均值
RBF	a1	0.992 4	0.985 9	0.101 5	0.095 7	0.065 3	0.049 5
	a2	0.976 3		0.151		0.064 1	
	a3	0.988 9		0.034 6		0.019 2	
GRNN	a1	0.982 6	0.981 6	0.212 4	0.115 7	0.118 4	0.079 7
	a2	0.987 1		0.081 9		0.066 3	
	a3	0.975 0		0.052 9		0.054 3	
BP	a1	0.995 3	0.993 4	0.081 9	0.058 8	0.065 3	0.044 5
	a2	0.991 4		0.066 3		0.049 4	
	a3	0.993 5		0.028 3		0.018 9	

3.7.2.4　污染源识别

将 3 种替代模型与优化模型 PSO 进行耦合，得到污染源识别模型。PSO 算法设定种群个数为 3，种群规模为 20，最大迭代次数为 100 次。学习因子 $c_1=2$，$c_2=2$。适应度函数 $f(x)$ 表示污染源观测点浓度和实际观测浓度之间的误差平方和达到最小值。根据污染源的个数，将识别情况分为单点源、双点源、三点源。为了区分 3 种耦合模型的反演结果，将其按与真实值的相对误差分为以下 4 类，见表 3.7.2-9。

表 3.7.2-9　识别结果

相对误差	反演结果
$y<5\%$	非常好
$5\%\leqslant y<10\%$	较好
$10\%\leqslant y<20\%$	一般
$y\geqslant 20\%$	较差

（1）单点源排放

当上游仅有一个污染源排放污染物时，待识别变量为污染源的强度。假设待识别的污染源为 S1，源强见表 3.7.2-10。EFDC 模型模拟得到的观测点数据见表 3.7.2-11。3 种基于替代模型的污染源识别模型运行 20 次，识别结果如表 3.7.2-12 所示。

表 3.7.2-10　单点源源强

污染源	强度(g/s)
S1	25

表 3.7.2-11　模拟模型计算输出

观测点位	a1	a2	a3
污染物浓度(mg/L)	0.000 005 98	0.045 985 1	0.515 667

表 3.7.2-12　3 种模型识别结果

污染源	真实值(g/s)	耦合模型	反演均值(g/s)	平均绝对误差	平均相对误差(%)
S1	25	RBF-PSO	25.627 0	0.627 0	2.51
		GRNN-PSO	25.811 0	0.811 0	3.24
		BP-PSO	25.356 7	0.356 7	1.43
S2	0	RBF-PSO	0	—	—
		GRNN-PSO	0	—	—
		BP-PSO	0	—	—

续表

污染源	真实值(g/s)	耦合模型	反演均值(g/s)	平均绝对误差	平均相对误差(%)
S3	0	RBF-PSO	0	—	—
		GRNN-PSO	0	—	—
		BP-PSO	0	—	—

实际观测点污染物浓度监测很难达到表 3.7.2-12 中模拟模型计算输出的精度，为使反演结果更贴合实际，将观测点污染物浓度仅保留小数点后两位，即表 3.7.2-13，再次进行污染源识别，结果见表 3.7.2-14。将两次污染源识别结果进行对比可以看出，观测点监测精度降低后，反演误差小幅上升，但总体影响不大。3 种替代模型污染源识别的误差均小于 5%，其中 BP 替代模型的识别效果最好，平均相对误差最小，表明反演结果的好坏与替代模型的精度成正相关，替代模型性能越好，反演精度越高。

表 3.7.2-13　实际观测点监测浓度

观测点位	a1	a2	a3
污染物浓度(mg/L)	0.00	0.05	0.52

表 3.7.2-14　3 种模型实际识别结果

污染源	真实值(g/s)	耦合模型	反演均值(g/s)	平均绝对误差	平均相对误差(%)
S1	25	RBF-PSO	25.823 3	0.823 3	3.29
		GRNN-PSO	25.919 8	0.919 8	3.68
		BP-PSO	25.597 4	0.597 4	2.36
S2	0	RBF-PSO	0	—	—
		GRNN-PSO	0	—	—
		BP-PSO	0	—	—
S3	0	RBF-PSO	0	—	—
		GRNN-PSO	0	—	—
		BP-PSO	0	—	—

为了避免一次反演的偶然性，再从[0,10]、[10,20]、[30,40]、[40,50]这 4 个区间分别取值，并随机分配给 3 个污染源，计算观测值后开展单点源源强识别，多次反演相对误差见图 3.7.2-4。多次试验得出了类似结论，RBF-PSO、BP-PSO 耦合模型反演值均与真实值十分接近，相对误差在 5%以内，GRNN-PSO 反演相对误差略高，但也在 10%以内。

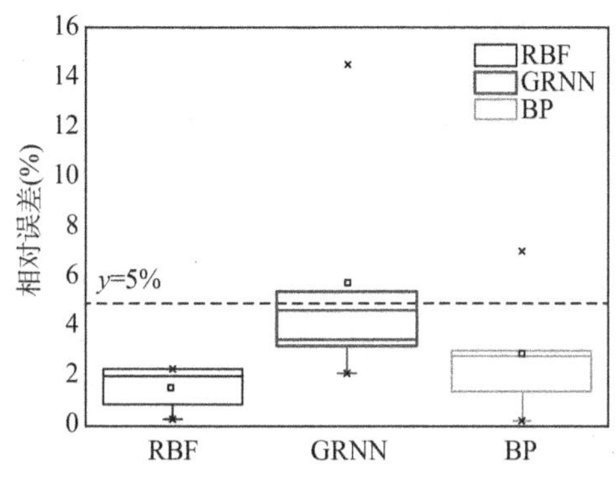

图 3.7.2-4 相对误差

(2) 双点源排放

当上游有两个污染源排放污染物时,待识别变量为两个污染源源强。假设待识别的污染源为 S1 和 S3,S2 不排放,排放源强见表 3.7.2-15,模拟获得的各观测点浓度见表 3.7.2-16。

表 3.7.2-15 双点源待识别源强

污染源	排放强度(g/s)
S1	18
S3	41

表 3.7.2-16 各观测点浓度

观测点位	a1	a2	a3
污染物浓度(mg/L)	1.08	0.10	0.86

3 种替代模型的识别结果见表 3.7.2-17 和图 3.7.2-5。GRNN-PSO 模型识别结果在 S1 处与真实值的相对误差为 23.55%,超过 BP-PSO、RBF-PSO 模型 4 倍以上;在 S3 处的相对误差为 13.82%,超过 BP-PSO、RBF-PSO 模型 10 倍以上。多次反演结果显示,GRNN-PSO 识别结果最分散,变异系数最大。RBF-PSO 和 BP-PSO 的反演均值比较接近,RBF-PSO 的平均相对误差小于 5%,BP-PSO 的平均相对误差略高于 RBF-PSO,变异系数比较接近,数据比较集中。由此可见,双点源识别中,BP-PSO 和 RBF-PSO 较 GRNN-PSO 具有更高的精度和更好的稳定性。

(3) 多点源排放

当上游有 3 个污染源同时排放污染物时,需要识别 3 个源强,假设其污染源源强见表 3.7.2-18。EFDC 计算得到下游观测点浓度见表 3.7.2-19。

表 3.7.2-17　3 种替代模型识别结果

污染源	真实值(g/s)	耦合模型	反演均值(g/s)	平均绝对误差	平均相对误差(%)	标准差	变异系数
S1	18	RBF-PSO	18.064 2	0.064 2	0.36	0.266 9	0.014 8
		GRNN-PSO	22.238 6	4.238 6	23.55	1.976 7	0.088 9
		BP-PSO	18.941 9	0.941 9	5.23	0.201 6	0.010 6
S2	0	RBF-PSO	0	—	—		
		GRNN-PSO	0	—	—		
		BP-PSO	0	—	—		
S3	41	RBF-PSO	40.536 3	0.463 7	1.13	0.457 5	0.011 3
		GRNN-PSO	46.66 42	5.664 2	13.82	4.270 1	0.091 5
		BP-PSO	41.560 6	0.560 6	1.37	0.552 0	0.013 3

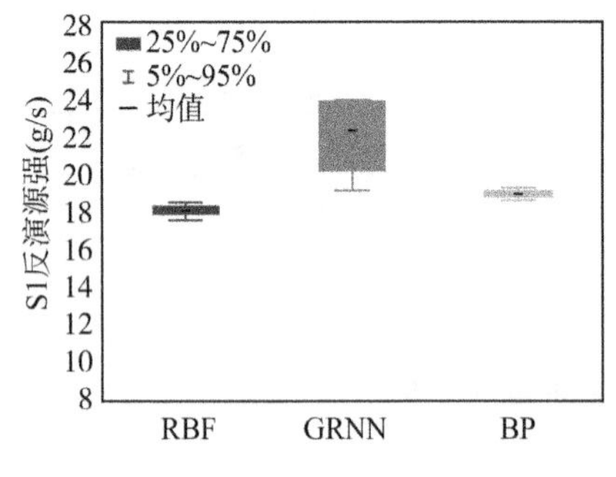

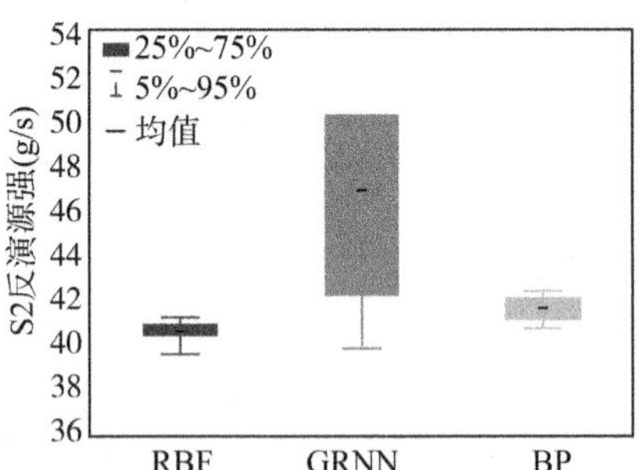

图 3.7.2-5　双点源识别源强

表 3.7.2-18　多点源待识别源强

污染源	排放强度(g/s)
S1	4.821 8
S2	24.733 7
S3	9.890 6

表 3.7.2-19　各观测点浓度

观测点位	a1	a2	a3
污染物浓度(mg/L)	0.32	1.03	0.19

3 种替代模型的识别结果如表 3.7.2-20 所示。RBF-PSO、BP-PSO 的平

均相对误差均小于 10%，而 GRNN-PSO 的识别结果不稳定，平均相对误差最大，达到 64.55%。将 20 次的数据做成箱线图(图 3.7.2-6)，图中左侧箱体由数据的 25 和 75 百分位数确定，中间横线为平均值；右侧为具体数据分布。由图 3.7.2-6 可以看出，GRNN-PSO 在源强识别中，出现多次结果为 0 的现象(集中在 S1、S3)，这可能是造成其平均相对误差较大的原因。BP-PSO、RBF-PSO 模型识别结果标准差较小，数据较为集中，BP-PSO 识别结果略优于 RBF-PSO。

表 3.7.2-20　3 种耦合模型识别结果

污染源	真实值(g/s)	耦合模型	反演均值(g/s)	平均绝对误差	平均相对误差(%)
S1	4.821 8	RBF-PSO	4.463 0	0.358 8	7.44
		GRNN-PSO	7.934 1	3.112 3	64.55
		BP-PSO	5.104 2	0.282 4	5.86
S2	24.733 7	RBF-PSO	27.175 7	2.442 0	9.87
		GRNN-PSO	26.992 7	2.259 0	9.13
		BP-PSO	25.904 6	1.170 9	4.73
S3	9.890 6	RBF-PSO	8.978 9	0.911 7	9.22
		GRNN-PSO	9.800 2	0.090 4	0.91
		BP-PSO	9.880 4	0.010 2	0.10

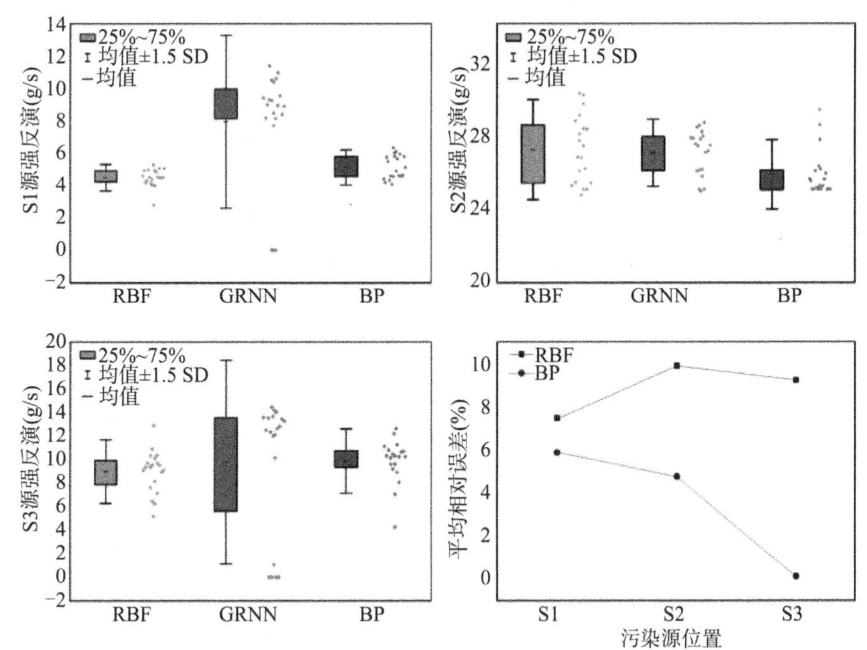

图 3.7.2-6　多点源识别结果箱线图

在保证识别精度的基础上，比较 3 种模型的识别速度。几种正演模型 100 次迭代所需时间见表 3.7.2-21。由表可知，在使用替代模型后，计算时间仅为原来的 1/200～1/160，极大地缩短了模拟-优化法所需要的时间。

表 3.7.2-21　不同模型迭代 100 次所需时间

模型	时间(min)	替代模型缩短时间(倍)
EFDC	54	—
RBF	0.22	200
GRNN	0.22	200
BP	0.34	160

3.7.2.5　影响因素分析

(1) 附加随机噪声的影响

为了研究噪声扰动对监测数据的影响，分别取 1%、5%、10%、20%和 30% 5 种不同的噪声水平，分析其对识别结果的影响。污染源均为单点源，源强为 25 g/s，在模拟数据的基础上叠加噪声，RBF-PSO、GRNN-PSO、BP-PSO 3 种替代模型的污染源反演结果见表 3.7.2-22～表 3.7.2-24 及图 3.7.2-7。

由表 3.7.2-22～表 3.7.2-24 和图 3.7.2-7 可见，RBF-PSO、GRNN-PSO 相对误差均小于 5%；BP-PSO 仅在 20% 噪声水平下，相对误差为 6.34%，其他噪声水平下，相对误差均小于 5%。3 种污染源识别替代模型均具有较好的精度。随着噪声水平的增大，标准差、变异系数逐渐增大，反演结果越来越分散，但总体在可接受的范围内。变异系数普遍小于噪声水平，反演模型具有较好的稳定性。其中，GRNN-PSO 模型比 RBF-PSO、BP-PSO 模型具有更好的抗噪性。

表 3.7.2-22　RBF-PSO 在不同噪声水平下识别结果

噪声水平	1%	5%	10%	20%	30%
反演均值(g/s)	25.808 2	25.414 7	25.870 0	24.656 6	25.506 1
相对误差(%)	3.23	1.66	3.48	1.37	2.02
标准差	0.305 8	0.803 6	1.407 6	3.219 5	4.394 5
变异系数	0.011 9	0.031 6	0.054 4	0.130 6	0.172 3

表 3.7.2-23 GRNN-PSO 在不同噪声水平下识别结果

噪声水平	1%	5%	10%	20%	30%
反演均值(g/s)	25.959 7	25.704 9	25.939 3	25.228 4	25.874 4
相对误差(%)	3.84	2.82	3.76	0.91	3.50
标准差	0.196 4	0.479 2	0.877 4	1.999 8	3.005 9
变异系数	0.007 6	0.018 6	0.033 8	0.079 3	0.116 2

表 3.7.2-24 BP-PSO 在不同噪声水平下识别结果

噪声水平	1%	5%	10%	20%	30%
反演均值(g/s)	25.584 1	25.189 4	25.625 1	26.584 1	25.347 1
相对误差(%)	2.34	0.76	2.50	6.34	1.39
标准差	0.356 4	0.870 5	1.455 3	3.272 8	4.527 1
变异系数	0.013 9	0.034 6	0.056 8	0.123 1	0.178 6

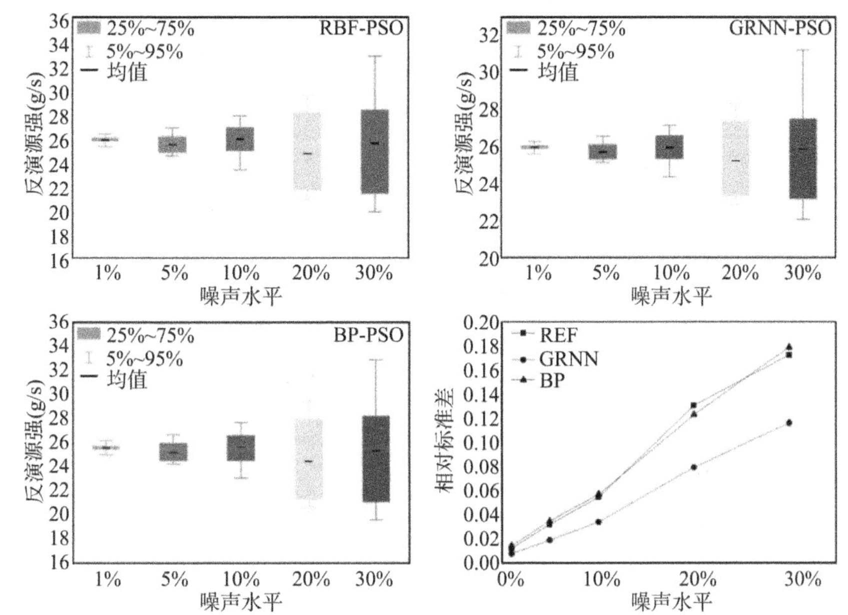

图 3.7.2-7 不同噪声水平下的污染源识别结果分布统计图

(2) 粒子种群规模的影响

上述反演模型,优化模型 PSO 种群粒子规模都是 20 个粒子。现设置不同种群粒子规模:1、5、10、20、30,共 5 个种群规模,以 S1 单点源识别(25 g/s)为例,探究不同种群规模对污染源反演的影响。

如表 3.7.2-25、图 3.7.2-8 所示，当粒子数小于 5 时，3 种反演模型平均相对误差均大于 10%，相对标准差（变异系数）在 20%以上，反演结果精度较差，且稳定性较低；当粒子数在 10～20 之间时，平均相对误差小于 5%，但相对标准差大于 5%，稳定性一般；当粒子数大于 20 时，平均相对误差小于 5%，反演精度较高，相对标准差小于 5%，稳定性较好。综上所述，要同时保证较高的反演精度和稳定性，粒子种群应在 20 以上。

表 3.7.2-25　不同种群粒子规模下污染源识别相对误差

种群规模	平均相对误差（%）		
	RBF	GRNN	BP
1	14.848 9	21.305 3	9.541 7
5	0.816 7	4.960 5	2.228 4
10	2.814 8	1.662 7	1.843 2
20	3.203 4	1.235 9	0.822 0
30	3.218 5	0.465 0	0.267 7

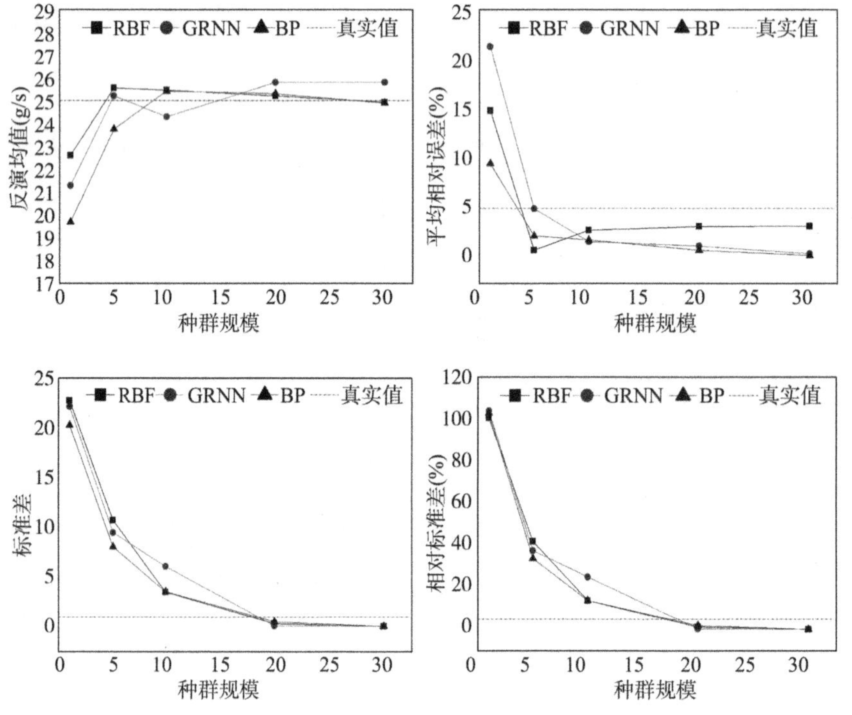

图 3.7.2-8　不同种群规模误差分析

随着粒子种群规模增大，反演时间逐渐变大，50 次反演所需时间如图 3.7.2-9 所示。当粒子个数小于 5 时，3 种反演模型所需时间差距不大；当粒子个数大于 5 时，BP-PSO 的反演时间明显高于另外两种模型。当粒子数目达到 30 时，BP-PSO 反演 50 次需要约 23 min。

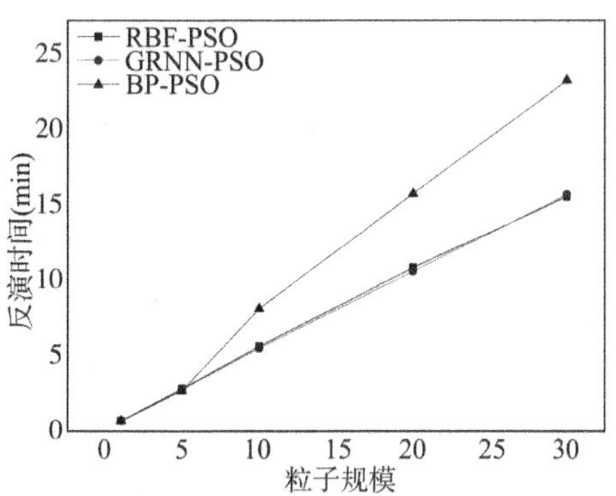

图 3.7.2-9　粒子规模与反演时间的关系

3.7.2.6　小结

本节主要探讨了稳态水流条件下替代模型的构建，包括训练及检验样本的获取、最优参数的确定、最优模型的选取、替代模型性能评价；建立基于替代模型的污染源识别模型，并将其应用到单、双、多点源反演问题中；探究附加随机噪声和 PSO 种群规模对反演结果的影响。得出如下结论：

(1) 建立了二维稳态水流条件下河流正演模型的替代模型，并利用 3 种指标评价替代模型。稳态情形且在相同的输入-输出条件下，RBF 和 BP 替代模型的精度较高，R^2 在 0.98 以上，GRNN 具有最小的 R^2 和最高的 $RMSE$ 和 MAE，精度最差。

(2) 将替代模型与优化模型相耦合，建立基于替代模型的污染源识别模型，并进行单、多点源源强反演。反演结果表明，单点源情况下，3 种模型的反演结果较好，平均相对误差小于 10%；多点源情况下，BP-PSO、RBF-PSO 的反演结果较好，平均相对误差小于 10%，GRNN-PSO 的反演结果较差。反演结果和替代模型精度息息相关，替代模型的精度越高，反演结果越好。

(3) 替代模型迭代 100 次仅需要 0.32 min，数值模拟模型迭代 100 次需要 54 min，使用替代模型节省了 99%以上的计算时间。

(4) 探究附加噪声对识别结果的影响，RBF-PSO、GRNN-PSO 在不同噪声水平下(1%、5%、10%、20%和30%),相对误差均小于5%;BP-PSO识别模型在20%噪声水平下,相对误差为6.34%,其他噪声水平下,相对误差均小于5%。噪声水平在30%以内时,可以通过多次监测,获取污染物浓度信息,代入污染源识别模型,将多次识别结果取平均值,可以获得较为准确的源强信息。

(5) 设置1、5、10、20、30共5个种群规模,以S1(25 g/s)源强反演,探究不同种群规模对污染源反演的影响,得出最佳粒子种群应在20以上。

3.7.3 二维感潮河流污染源识别

上文探讨了RBF、BP、GRNN 3种替代模型应用于稳态水流条件下河流污染源反演。在实际情况中,河流水动力条件受到多种因素的影响,往往表现为非稳态,即水流条件不稳定,流速、流量等发生变化。感潮河流是典型的非稳态水流河段,水流受长江河川径流、海洋潮汐的影响,水动力特征复杂。当发生水污染事故时,非稳态较稳态条件污染物输移方程要复杂得多,无法直接求解,若采用数值模拟模型来求解,在进行污染源溯源时,多次迭代也会耗费大量的时间,导致反演效率低下。非稳态水流条件比稳态水流更难识别污染源信息,研究非稳态水流下污染源识别方法对水污染控制、水环境治理具有重要意义。本节拟以实际的长江感潮河段为背景开展非稳态水流条件下污染源识别研究。

3.7.3.1 研究案例

研究区域为长江石埠桥至扬州四水厂江段,几何形状是不规则的,其地形平面图如图3.7.3-1所示。江面宽度变化在1.1~2.6 km,河道平均水深20~30 m,最大水深为54 m。长江作为黄金水道,水上运输发达,且沿江多工业企业,突发污染事故风险高。据统计,自2000年以来,长江流域较大的水污染事件就发生了50多起[40]。研究河段长约52 km,属于长江下游感潮河段,水流受长江河川径流、海洋潮汐的影响,水动力特征极为复杂[41-42]。汛期以上游来水影响为主,枯季受潮汐影响作用较大;平均涨潮历时3个多小时,平均落潮历时8个多小时。长江洪水位多发生在5—9月,11月至翌年2月为枯季,枯季潮差大于汛期。

上游采用石埠桥水位,下游采用扬州四水厂水位条件作为计算水文条件。模拟河段为非正规半日潮混合型,且日潮不等,潮位每日两涨两落,涨潮历时短、落潮历时长。该河段全年大部分时段为单向流,在下游设置观测点,

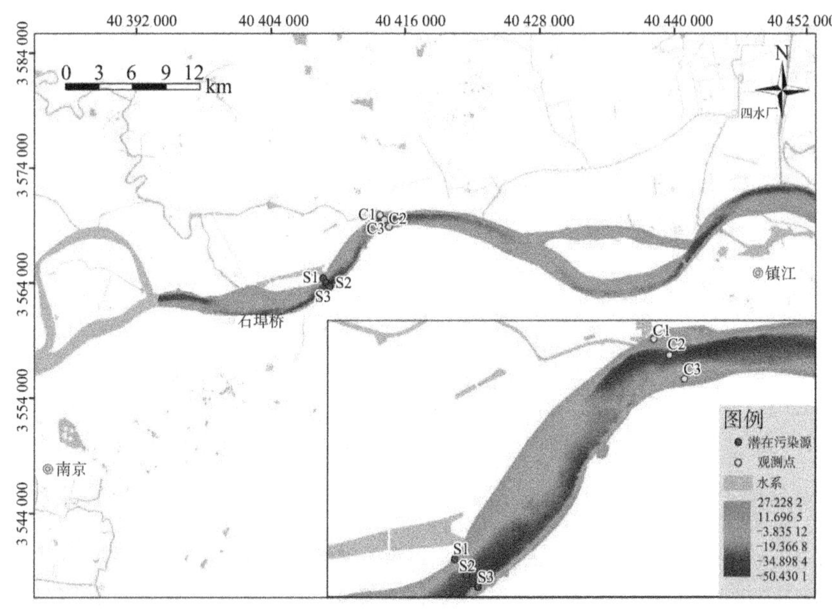

图 3.7.3-1 研究区域地形图

潜在污染源及观测点的位置见表 3.7.3-1。该段河宽相对均匀，无分流或汇流影响，S2 - C2 直线距离约 7.5 km。

表 3.7.3-1 潜在污染源及观测点位置

潜在污染源/观测点		坐标
潜在污染源	S1(岸边排放)	(40408656,3564415)
	S2(中心排放)	(40408956,3564015)
	S3(其他排放)	(40409256,3563715)
观测点	C1	(40413756,3569915)
	C2	(40414156,3569515)
	C3	(40414556, 3568915)

3.7.3.2 训练及检验样本

采用拉丁超立方(LHS)抽样方法对源强在先验分布内进行抽样，即利用拉丁超立方抽样方法在[50,100]内抽取 100 个源强样本，并将源强信息代入 EFDC 模型，计算出下游观测点处的污染物浓度，组成初始训练样本集。EFDC 模型参数设置见表 3.7.3-2。河道的糙率系数则根据长江镇扬河段的河道特点及以往研究成果确定，长江主槽糙率一般为 0.018～0.022，河道滩地糙率一般为 0.024～0.028。

表 3.7.3-2　EFDC 参数设置

参数	取值
x 方向网格间距 Δx(m)	100
y 方向网格间距 Δy(m)	100
水平涡旋黏度(m^2/s)	0.2
污染物初始浓度(mg/L)	0
时间步长 Δt (s)	5
模拟计算时间(d)	3

(1) 训练数据集

替代模型训练输入-输出样本见表 3.7.3-3 和表 3.7.3-4。

表 3.7.3-3　非稳态输入样本(训练)

编号	S1(g/s)	S2(g/s)	S3(g/s)
1	68.708 9	72.296 6	53.447 6
2	54.229 6	71.666 5	90.070 8
3	78.065 0	91.5331	75.150 9
4	73.867 6	65.594 5	83.633 1
5	88.841 0	70.257 7	62.174 7
6	89.440 4	97.621 6	76.241 9
7	82.030 1	51.791 5	85.336 8
8	51.177 2	98.014 1	98.669 1
9	52.760 3	58.006 0	71.941 2
10	64.180 3	81.067 9	56.426 1
11	76.227 6	77.305 6	53.990 1
12	83.676 3	82.772 6	80.517 9
13	67.728 1	66.376 7	88.514 8
14	94.639 5	78.607 8	83.438 1
15	90.238 8	89.058 6	70.266 3
16	99.503 1	50.043 1	97.671 7
17	76.890 7	54.720 9	74.354 9
18	65.447 1	98.700 6	98.122 7
19	54.945 2	80.425 6	55.720 9

续表

编号	S1(g/s)	S2(g/s)	S3(g/s)
20	80.468 2	59.550 1	61.786 1
…	…	…	…
91	72.233 0	89.586 7	57.482 6
92	84.455 0	90.802 7	89.353 6
93	92.944 1	67.693 3	80.099 3
94	66.931 9	77.590 7	54.826 7
95	84.660 7	91.056 9	54.458 3
96	68.252 4	95.534 4	59.744 4
97	95.905 1	81.904 6	88.316 6
98	95.252 5	59.370 7	56.630 3
99	61.426 2	80.551 1	63.237 6
100	80.972 5	54.203 3	63.597 7

表 3.7.3-4 非稳态输出样本(训练)

编号	C1(mg/L)	C2(mg/L)	C3(mg/L)
1	0.132 4	0.105 9	0.052 7
2	0.119 8	0.126 6	0.079 8
3	0.158 7	0.148 7	0.072 0
4	0.137 0	0.128 1	0.074 1
5	0.153 7	0.131 6	0.059 0
6	0.175 6	0.161 0	0.074 1
7	0.136 1	0.122 2	0.072 8
8	0.134 6	0.151 1	0.090 0
9	0.106 9	0.105 6	0.063 8
10	0.133 9	0.125 1	0.056 1
11	0.144 1	0.128 0	0.053 9
12	0.159 5	0.147 0	0.074 6
13	0.131 3	0.126 7	0.077 8
14	0.168 7	0.151 0	0.076 4
15	0.169 6	0.152 1	0.068 3
16	0.155 1	0.134 7	0.081 2

续表

编号	C1(mg/L)	C2(mg/L)	C3(mg/L)
17	0.131 3	0.117 6	0.065 1
18	0.151 7	0.159 1	0.089 9
19	0.122 9	0.119 1	0.055 2
20	0.137 0	0.118 1	0.056 6
…	…	…	…
91	0.148 8	0.137 2	0.058 1
92	0.138 0	0.157 5	0.084 1
93	0.158 7	0.139 3	0.072 0
94	0.134 3	0.123 3	0.054 4
95	0.162 9	0.144 2	0.056 2
96	0.148 7	0.140 5	0.060 5
97	0.172 9	0.156 4	0.080 6
98	0.152 0	0.122 6	0.052 9
99	0.131 2	0.125 5	0.061 0
100	0.133 9	0.114 4	0.057 2

(2) 检验数据集

类似地,再从[50,100]抽取20个检验样本,替代模型输入-输出检验样本见表3.7.3-5、表3.7.3-6。

表3.7.3-5 非稳态输入样本(检验)

编号	S1(g/s)	S2(g/s)	S3(g/s)
1	91.132 5	89.222 2	64.130 7
2	74.259 2	70.191 6	67.125 0
3	68.138 3	91.424 5	58.534 8
4	77.027 6	79.538 0	89.344 6
5	58.283 1	67.737 8	79.888 9
6	62.041 2	97.550 6	90.612 7
7	75.151 9	95.362 4	92.375 0
8	98.453 1	68.141 7	90.536 2
9	80.549 4	86.854 8	55.780 5
10	57.297 2	83.978 2	54.101 9
11	65.176 5	56.012 8	83.159 1

续表

编号	S1(g/s)	S2(g/s)	S3(g/s)
12	70.560 7	66.844 5	51.513 2
13	93.783 0	75.992 9	73.291 5
14	51.410 4	63.222 0	75.739 9
15	53.883 0	94.445 6	93.894 2
16	64.234 1	54.706 5	69.951 1
17	86.228 7	59.258 3	61.672 9
18	88.723 1	51.703 1	81.439 2
19	82.955 9	61.439 6	86.824 3
20	78.012 9	73.730 4	72.007 4

表 3.7.3-6 非稳态输出样本(检验)

编号	C1(mg/L)	C2(mg/L)	C3(mg/L)
1	0.169 9	0.150 1	0.063 7
2	0.138 6	0.126 3	0.062 4
3	0.145 6	0.136 7	0.059 1
4	0.150 9	0.143 4	0.080 8
5	0.120 7	0.120 1	0.071 5
6	0.146 2	0.153 2	0.084 1
7	0.160 0	0.157 2	0.085 2
8	0.166 2	0.146 9	0.079 7
9	0.155 7	0.139 1	0.056 6
10	0.127 8	0.122 6	0.054 4
11	0.120 6	0.114 6	0.072 0
12	0.130 3	0.115 1	0.050 3
13	0.164 6	0.144 0	0.068 3
14	0.109 4	0.111 5	0.067 5
15	0.135 1	0.148 0	0.085 9
16	0.117 1	0.108 5	0.061 8
17	0.142 9	0.120 5	0.056 5
18	0.142 7	0.123 8	0.069 8
19	0.144 1	0.131 4	0.075 7
20	0.145 8	0.133 2	0.066 7

3.7.3.3　3种替代模型性能对比

（1）替代模型参数设置

在Matlab平台上建立BP、RBF、GRNN替代模型，并训练模型。BP神经网络经过多次试算，得出最佳隐含层神经元个数为8，模型参数见表3.7.3-7。RBF、GRNN替代模型依旧使用交差验证寻找最优spread值，最终得出的spread值分别为0.4、0.4。

表3.7.3-7　BP模型参数

参数名称	取值
网络总层数	3
隐含层层数	1
隐含层神经元个数	8
隐含层传递函数	tansig
输出层传递函数	purelin
最大迭代次数	1 000
学习率	0.01
训练精度	1e-3

（2）性能评价

① 各观测点预测值与真实值对比

将EFDC模型计算出的观测点污染物浓度值作为假定的真实值，与3种替代模型预测值进行对比，如图3.7.3-2所示。3种替代模型在各观测点处预测值与模拟值拟合良好，其中BP替代模型的预测值与EFDC计算得出的真实值最为接近，偏离最小。

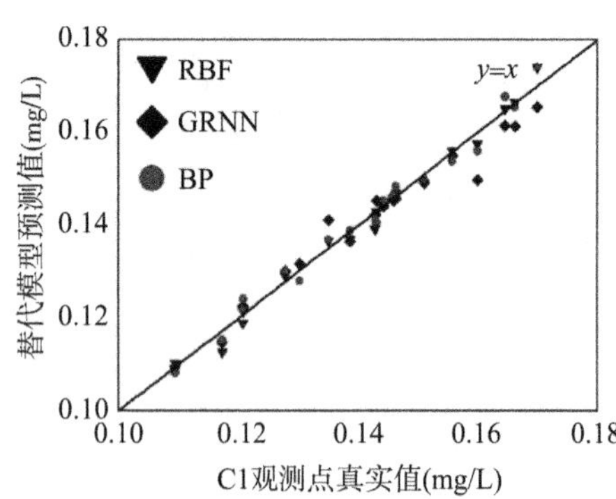

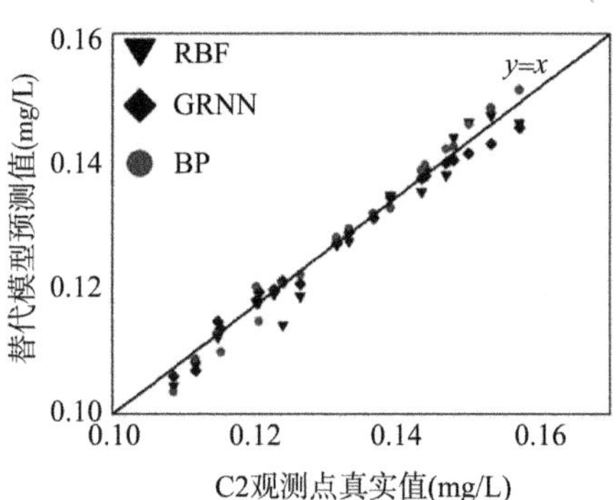

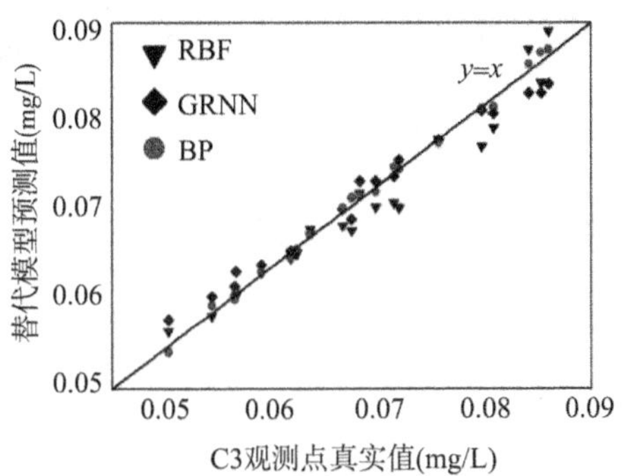

图 3.7.3-2 替代模型预测值与真实值对比

② 精度评价

采用均方根误差、平均绝对误差以及确定性系数这 3 个指标对替代模型的精度进行评价，结果见表 3.7.3-8 和图 3.7.3-3。由表、图可知，经参数寻优后的 3 种替代模型均拥有较高的精度，RBF、GRNN、BP 的 R^2 均在 0.95 以上，表明所建立的替代模型十分逼近模拟模型，拟合效果好，替代模型能正确反映模拟模型输入-输出的响应关系。*RMSE* 小于 0.01，*MAE* 小于 0.05，表明预测值与真实值十分接近；与稳态对比，非稳态 3 种替代模型的 R^2 均有所下降。无论是稳态还是非稳态，BP 模型都拥有最高的 R^2 均值和最低的 *RMSE*、*MAE* 均值，是 3 种替代模型里性能最好、精度最高的。

表 3.7.3-8 3 种替代模型 R^2、*RMSE*、*MAE* 对比

替代模型	观测点	R^2	R^2 均值	*RMSE*	*RMSE* 均值	*MAE*	*MAE* 均值
RBF	C1	0.969 1	0.959 5	0.006 4	0.005 3	0.005 5	0.004 3
	C2	0.948 0		0.007 3		0.005 8	
	C3	0.961 4		0.002 1		0.001 6	
GRNN	C1	0.973 0	0.977 0	0.003	0.002 4	0.002 2	0.001 8
	C2	0.976 0		0.002 3		0.001 7	
	C3	0.982 1		0.002		0.001 6	
BP	C1	0.981 5	0.987 6	0.002 6	0.002 2	0.002 0	0.001 6
	C2	0.984 8		0.002 5		0.001 9	
	C3	0.996 5		0.001 4		0.001 0	

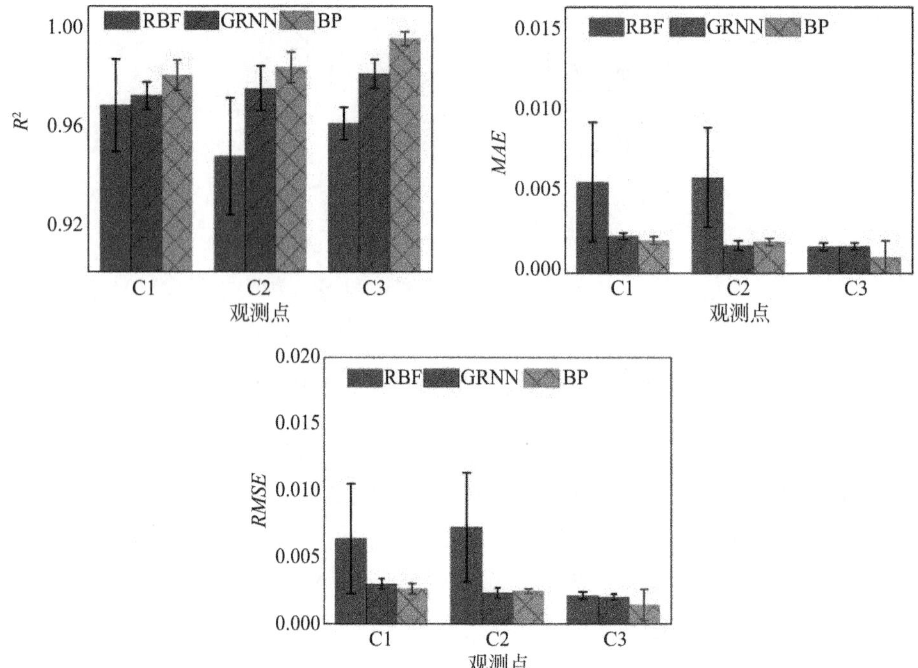

图 3.7.3-3　非稳态不同替代模型精度对比

③ 计算成本对比

在替代模型能够代替数值模拟模型输入-输出响应关系的前提下，反演的计算量、反演所需要的时间同样重要。在水污染事件发生时，能够快速、准确地识别出污染源信息，对水污染的控制和治理至关重要。不同模型迭代 100 次所需时间见表 3.7.3-9，使用数值模拟模型 EFDC 迭代 100 次需要 432 min，使用替代模型后，迭代 100 次所需时间不足 1 min，节省 99.9%以上的时间。

表 3.7.3-9　不同模型迭代 100 次所需时间

模型	时间(min)	节省时间
EFDC	432	—
RBF	0.21	99.95%
GRNN	0.35	99.92%
BP	0.32	99.93%

3.7.3.4　污染源识别结果

将 3 种替代模型与优化模型 PSO 进行耦合，得到污染源识别模型。PSO

算法设定种群维数为三维，种群规模为 20，最大迭代次数为 100 次，针对 3 个污染源同时排放进行研究。污染源信息如表 3.7.3-10 所示。将污染源信息带入 EFDC 模型，计算得出下游 3 个观测点处的污染物浓度，如图 3.7.3-4 所示。横轴表示时间，纵轴表示观测点污染物浓度。

表 3.7.3-10　待识别的污染源信息

污染源	排放强度(g/s)
S1	80
S2	66
S3	71

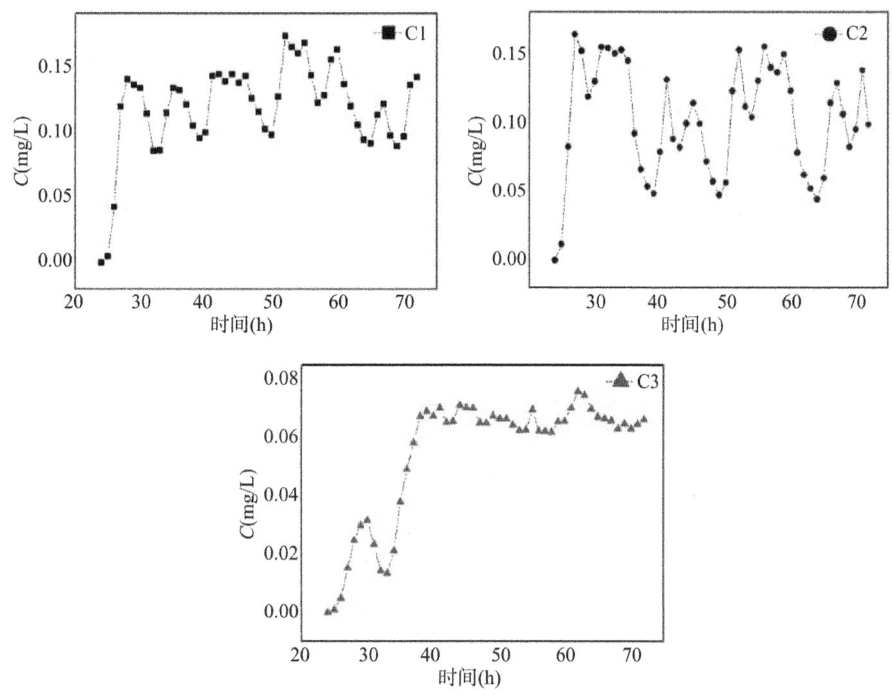

图 3.7.3-4　观测点浓度计算输出

将模拟模型的计算输出假定为观测点的实测浓度值，输入污染源识别模型进行污染源源强反演，表 3.7.3-11、图 3.7.3-5 为 3 种模型识别结果。由图和表可见，相对误差和相对标准差由高到低排序均为 RBF-PSO、GRNN-PSO、BP-PSO，表明 BP-PSO 反演模型具有最高的精度和稳定性。

表 3.7.3-11　3 种模型识别结果

污染源	真实值(g/s)	耦合模型	反演均值(g/s)	平均相对误差(%)	标准差	相对标准差(%)
S1	80	RBF-PSO	74.710 2	6.61	6.067 2	8.12
		GRNN-PSO	82.254 3	2.82	4.335 2	5.27
		BP-PSO	78.585 7	1.77	1.684 3	2.14
S2	66	RBF-PSO	58.811 4	10.89	8.493 9	14.44
		GRNN-PSO	63.449 5	3.86	7.387 9	11.64
		BP-PSO	67.494 5	2.26	2.102 0	3.11
S3	71	RBF-PSO	71.404 2	0.57	5.403 2	7.57
		GRNN-PSO	71.344 5	0.49	2.127 2	2.98
		BP-PSO	70.949 4	0.07	1.421 6	2.00

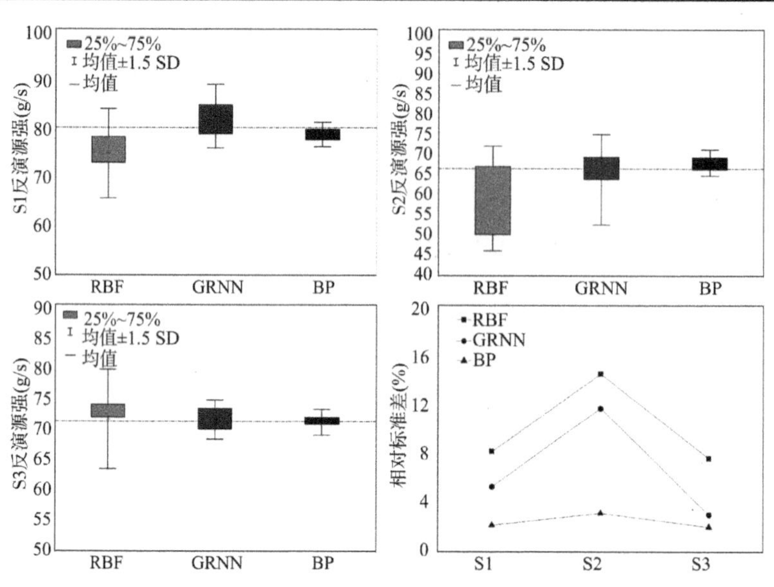

图 3.7.3-5　多点源识别结果统计图

3.7.3.5　小结

本节主要探讨了非稳态水流条件下替代模型的构建，包括训练及检验样本的获取、最优参数的确定、最优模型的选取，替代模型性能评价；建立 RBF-PSO、GRNN-PSO 和 BP-PSO 污染源识别模型，并将其应用多点源反演问题中。得出如下结论：

(1) 建立了二维非稳态水流条件下河流正演模型的替代模型，并利用 3

种指标评价替代模型。RBF、GRNN 和 BP 替代模型的 R^2 均在 0.95 以上，*RMSE* 小于 0.01，*MAE* 小于 0.05，替代模型精度逼近于模拟模型。

(2) 非稳态情形且在相同的输入-输出条件下，BP 替代模型的精度最高，R^2 在 0.98 以上，拥有最高的 R^2 均值和最低的 *RMSE*、*MAE* 均值。

(3) 将替代模型与优化模型相耦合，建立污染源识别模型。在多点源识别中，BP-PSO 的反演精度最高，平均相对误差在 5%以内。反演结果与替代模型精度成正相关，替代模型精度越高，反演值越精确。

(4) 替代模型迭代 100 次仅需 0.21～0.35 min，而数值模拟模型迭代 100 次需要 432 min，替代模型节省了 99%以上的时间。

3.8 河网污染源识别反问题

3.8.1 河网反演模型的建立

相对于单一河道污染源反演，河网污染源反演更加复杂，主要表现在：河网水质正演模拟较单一河道复杂；河网污染源数量较多，从而反演参数也会更多。本节尝试开展河网区污染源识别研究，基于优化反演法的基本原理，引进代价函数 J 来度量模型结果与观测数据的差异，优化算法采用全局寻优性能良好的微分进化算法，正演模型采用河网水质模型，构建污染源反演模型。反演模型计算流程见图 3.8.1-1。

3.8.2 河网污染源反演数值试验

仍采用孪生试验的方法对反演模型识别污染源的性能开展研究，构建河网污染源识别反问题算例。

【算例 3-20】 来自文献[43]，河网概化如图 3.8.2-1 所示，某一个小型河网由 9 个河段组成(假设河网流向单一)，各河段具有同一的水质参数(离散系数 $E_x=50\ m^2/s$，降解系数 $K=0.3\ d^{-1}$)，初始浓度为 0 mg/L。第①③河段的起点入流流量均为 10 m^3/s，根据各河段不同糙率利用河网水量模型计算得到流速值见表 3.8.2-1，作为水质计算的水动力背景。假设其他参数均已知，需要进行污染源反演。假设观测点位于河段末，通过河网水质模型计算得到端点浓度值作为污染源反演的观测数据。算例目的是论证基于 DEA 的污染源识别方法用浓度观测值反演污染物的可行性与精确度。

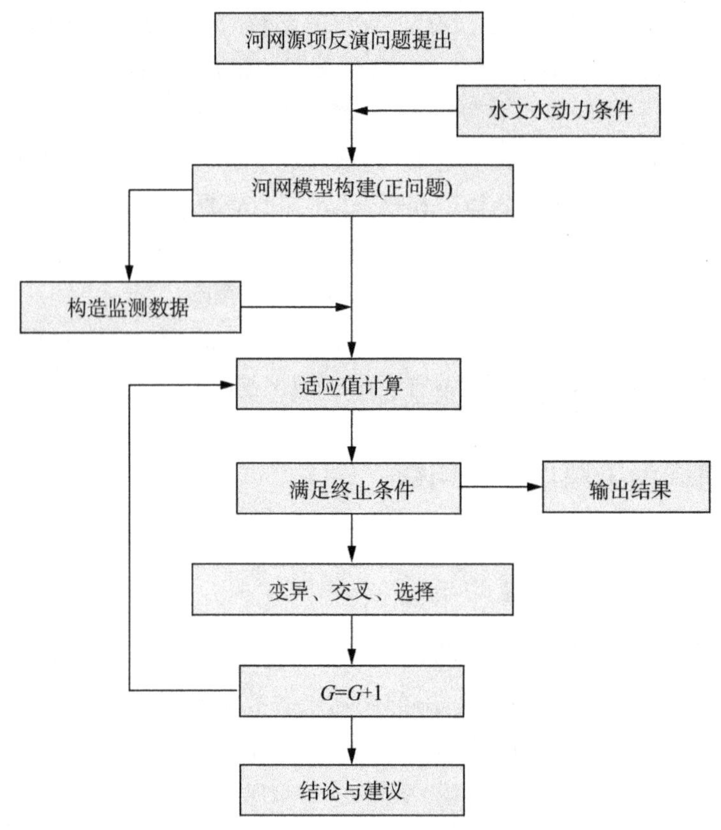

图 3.8.1-1　基于微分进化算法的污染源反演模型计算流程图

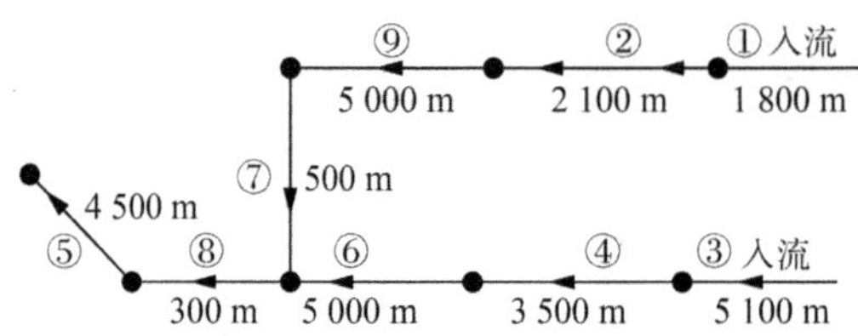

图 3.8.2-1　小河网概化图

表 3.8.2-1　糙率及相应流速表

河段	糙率	流速(m/s)	河段	糙率	流速(m/s)
①	0.012	3.62	⑥	0.015	2.40
②	0.013	2.71	⑦	0.014	2.36
③	0.014	2.67	⑧	0.013	2.37

续表

河段	糙率	流速(m/s)	河段	糙率	流速(m/s)
④	0.015	2.36	⑨	0.012	2.84
⑤	0.016	2.56			

3.8.2.1 单源反演

假设在支流河段①处污染源入流浓度为 $C=8$ mg/L,干流河段③上游无污染源汇入,浓度为 0 mg/L,断面⑧位于干支流汇入口下游。通过河网水质模型计算得到断面⑧浓度值,并作为污染源反演的观测数据,具体见表 3.8.2-2。

表 3.8.2-2 断面①处污染源反演所选用的浓度数据 mg/L

断面编号	时间(min)					
	10	20	30	40	50	60
断面⑧	1.160	2.375	3.169	3.588	3.784	3.870

将上述断面⑧浓度数据叠加噪声后作为观测数据,利用基于微分进化算法的河网反演模型,反演上游断面①污染源入汇浓度见表 3.8.2-3。由表可见,当观测噪声水平为 5%～30%时,反演均值的相对误差为 5.41%～16.39%,接近或低于扰动水平,表明反演模型具有较好的抗噪性。

表 3.8.2-3 不同噪声水平下单源反演结果

断面编号	观测噪声	源强		
		真值	均值	相对误差(%)
断面⑧	$\delta=5\%$	8.000	7.567	5.41
	$\delta=10\%$	8.000	7.243	9.46
	$\delta=30\%$	8.000	6.689	16.39

3.8.2.2 多源反演

以 2 个污染源为例,假设断面①和③均有污染源汇入,浓度均为 8 mg/L。仍以断面⑧作为观测断面,同样由河网水质正演模型计算得出断面处浓度见表 3.8.2-4。

表 3.8.2-4 观测断面浓度数据 mg/L

断面编号	时间(min)					
	10	20	30	40	50	60
断面⑧	1.895	4.118	5.770	6.771	7.313	7.587

将上述断面⑧浓度数据叠加噪声后作为观测数据，利用基于微分进化算法的河网反演模型，反演上游断面①污染源和断面③污染源入汇浓度见表3.8.2-5。由表可见，相对误差随观测噪声的增大而增大，当观测噪声水平为5%～30%时，反演均值的相对误差为3.39%～13.65%，普遍低于扰动水平，表明反演模型可用于多源反演，具有较好的抗噪性。

表3.8.2-5　不同噪声水平下多源反演结果　mg/L

断面编号	观测噪声	源强		
		真值	均值	相对误差(%)
①	δ=5%	8.000	7.729	3.39
	δ=10%	8.000	7.628	4.65
	δ=30%	8.000	7.119	11.01
③	δ=5%	8.000	8.300	3.75
	δ=10%	8.000	8.496	6.20
	δ=30%	8.000	9.092	13.65

3.9　本章小结

(1) 根据地表水体的分类，针对一维河道，在稳态水流环境下，分连续源和瞬时源两种排放方式，建立基于粒子群优化算法的河流污染源反演模型。利用该模型，构造算例，探讨了附加随机噪声、监测断面位置、监测断面数量、种群规模对连续源反演的影响，以及监测时间间隔、监测断面位置、降解系数、取样数据量对瞬时源反演的影响。在此基础上，开展了多源、源强与位置联合反演的数值试验，验证了模型的精度与可靠性。

(2) 针对突发水污染事故常见的瞬时源和间断源排放方式，建立了基于微分进化算法的一维河流污染源反演数学模型。构造瞬时源识别算例，利用该模型探讨了观测断面位置、观测数据和微分进化算法参数的不确定性对反演结果的影响。构造间断源识别算例，探讨了观测断面位置、观测数据的不确定性对间断源源强、位置、初始排放时刻和持续排放时间的影响。利用3个水槽试验数据与2个野外河流案例对一维河流污染源反演数学模型进行了验证，表明模型具有实际应用价值。

(3) 针对非稳态水流环境，将非恒定流一维水质模型FDM解法与单纯形法、微分进化算法相结合，分别提出了一维非稳态水流环境下污染源识别的FDM-NMS法和FDM-DEA法。两种方法的算例验证结果表明：当污染源数目较少($n \leqslant 3$)时，两种方法都能获得较好的反演识别结果；而当污染源数目较多($n > 3$)时，FDM-DEA法的识别结果明显优于FDM-NMS法。将一维水质模型FDM解法与线性规划单纯形法相结合，提出了一维非稳态水流环境下污染源控制的FDM-LinSIM法，指出了在污染源控制时仅考虑断面达标约束的不足。

(4) 针对宽浅型河道，在稳态水流环境下，研究二维情形下的污染源反演识别方法，利用单纯形优化反演法实现污染源与水质参数的联合反演；针对污染源控制反问题，研究建立稳态水流环境下河流污染带几何特征参数正演和反演模型，在此基础上开发了河流污染带特征参数预测系统(RPZS)。利用该系统进行了长江武汉段工业港酚污染带预测，同时根据污染带特征参数控制反演了排污量。

在非稳态水流环境下，将二维非稳态水质FVM模型SIMPLER解法与线性拟合法相结合，提出了二维非稳态水质模型污染源识别的FVM-REG反演方法。叠加噪声后的反演结果与观测值没有噪声时的反演结果对比表明：FVM-REG方法具有良好的容错性。针对感潮河流污染源控制反问题，以污染物排放总量最大为优化目标，以功能区总体水质达标、代表断面水质达标、混合区范围为约束条件，建立了污染源控制反问题模型。水质正演模型采用拟合坐标系下二维非稳态水质FVM模型，优化算法采用线性规划单纯形法，得到污染源的允许排放量。将该方法成功应用于长江泰州段污染源控制研究，得到各概化排污口的最大允许排放量。

(5) 针对浅水湖泊，基于线性方程组的叠加原理，利用无结构网格下湖泊水质正演模型和线性回归方法进行了湖泊污染源识别，并通过算例进行了圆形湖泊的多源识别取得成功，验证了方法的可行性。针对传统的湖泊污染源控制计算方法的不足，提出了基于污染带面积约束的湖泊污染源允许排放量计算新方法，该方法直接建立排污量与混合区面积之间的函数关系，只需要调用一次水质正演模型，极大地减少了计算工作量，通过减少主观因素提高计算精度。通过算例验证了方法的可靠性，并成功应用于太湖主要入湖河口允许排放量的计算。

(6) 传统的模拟优化方法需要反复调用正演模型，需要耗费大量的计算时间，反演效率会随着正演模型复杂程度的增加而降低，难以满足风险源识别的时效性要求。针对这一问题,建立了稳态、非稳态水流条件下二维河流水质正演模型的替代模型,并成功将替代模型与优化模型相耦合,建立了基于替代模型的污染源识别模型。采用确定性系数、均方根误差、平均绝对误差对 BP、RBF、GRNN 3 种替代模型进行性能评价,结果表明,参数优化后的替代模型能够获得与模拟模型相近的输入-输出条件,R^2 在 0.95 以上。

应用 3 种基于替代模型的污染源识别模型成功反演二维稳态水流条件下河流中单个及多个连续源的源强信息,取得了较好的效果。以长江某感潮河段为模拟背景,应用 3 种基于替代模型的污染源识别模型成功反演连续源的源强信息,其中 BP-PSO 反演结果最佳。探讨了源强反演的影响因素,包括随机噪声、种群规模对反演的影响。结果表明,与数值模拟模型相比,替代模型可大大缩短优化算法迭代所需要的时间,并具有较好的精度与稳定性。

(7) 针对平原河网,将微分进化算法与河网正演模型相结合构建了河网污染源反演模型。利用 9 个河段组成的区域小河网算例,检验了模型的可行性,后续仍需开展复杂河网条件下的污染源反演探讨。

参考文献

[1] 田明俊. 智能反演算法及其应用研究[D]. 大连:大连理工大学, 2005.

[2] 杨瑞连,曾光明,李晓东. 混沌粒子群算法在水污染控制系统规划中的应用[J]. 环境工程学报,2010,4(12):2679-2682.

[3] 钟锦,汪家权. 基于粒子群算法的水环境规划演化博弈分析[J]. 合肥工业大学学报(自然科学版),2009,32(2):155-158.

[4] 申莉. 粒子群优化与支持向量机在河流水质模拟预测中的应用[D]. 金华:浙江师范大学,2008

[5] 朱剑. 基于移动平台的水域突发污染溯源研究[D]. 杭州:浙江大学,2014.

[6] FISCHER H B. Longitudinal dispersion in laboratory and natural stream[R]. California: W. M. Keck Laboratory of Hydraulics and Water Resources Division of Engineering and Applied Science California Institute of Technology Pasadena, 1966.

[7] 陈媛华. 河流突发环境污染事件源项反演及程序设计[D]. 哈尔滨:哈尔滨工业大学, 2011.

[8] 龙炳清,赵仕林,罗娅君,等.天然河流纵向离散系数的最优化计算方法及其应用[J].重庆环境科学,2001,23(1):27-28.

[9] 韩龙喜,朱党生. 多污染源多污染因子明渠的一维水质线性计算方法[J]. 水资源保护,1999(4):20-22+32.

[10] DANTZIG G B, ORDEN A, WOLFE P. The generalized simplex method for minimizing a linear from under linear inequality constraints[J]. Pacific Journal of Mathematics, 1955,5(2):183-195.

[11] MEHROTRA S. On the implementation of a primal-dual interior point method[J]. Siam J Optimization, 1992,2(4):575-601.

[12] ZHANG Y. Solving large-scale linear programs by interior-point methods under the MATLAB environment[J]. Optimization Methods and Software,1998,10(1):1-31.

[13] 朱发庆,吕斌. 长江武汉段工业港酚污染带研究[J]. 中国环境科学,1996,16(2):148-152.

[14] 陈祖君,王惠民. 关于污染带与排污量计算的进一步探讨[J].水资源保护,1999(2):32-34.

[15] 雒文生, 宋星原.水环境分析及预测[M].武汉:武汉水利电力大学出版社,2000.

[16] 韩龙喜,朱党生,姚琪.宽浅型河道纳污能力计算方法[J].河海大学学报(自然科学版),2001,29(4):72-75.

[17] 刘晓东.河流污染带特征参数预测模型及其软件化研究[J].四川环境,2006,25(5):18-21+40.

[18] 中国大百科全书总编辑委员会《环境科学》编辑委员会,中国大百科全书出版社编辑部.中国大百科全书·环境科学[M]. 北京:中国大百科全书出版社,1983.

[19] SCHERER C R. On the efficient allocation of environmental assimilative capacity: the case of thermal emissions to a large body of water [J]. Water Resource Research, 1975, 11(1): 180-181.

[20] JOHN JR C, GALLAGHER B J. Matching heated waste water discharges to environmental assimilative capacity[J]. Symp on Energy Prod and Therm Eff, Proc, Oak Brook, IL, USA, Sep 10～11, 1973.

[21] LI S, MORIOKA T. Optimal allocation of waste loads in a river with probabilistic tributary flow under transverse mixing[J]. Water Environment Research, 1999, 71(2): 156-162.

[22] MARTIN J L, BUNCH B, VIDA A. A Modeling Frame-work for determination of total maximum daily loads to the grand calumet watershed, Indiana[C]//Proceedings National TMDL Science and Policy 2002, Phoenix, Arizona,2002.

[23] 余常昭，马尔柯夫斯基，李玉梁. 水环境中污染物扩散输移原理与水质模型[M]. 北京:中国环境科学出版社，1989:230-231.

[24] CRUZ S. Numerical solution of the shallow water equations on quadtress grids[D]. Oxford :University of Oxford,1997.

[25] ROGERS B D,FUJIHARA M,BORTHWICK A G L. Adaptive Q-tree Godunov-type scheme for shallow water equations[J]. International Journal for Numerical Methods in Fluids,2001,35(3):247-280.

[26] KRANENBURG C. Wind-driven chaotic adverction in a shallow model lake[J]. Journal of Hydraulic Research,1992,30(1):29-46.

[27] 常文婷. 非稳态水流环境中污染源反演[D]. 南京:河海大学,2008.

[28] 范丽丽. 平原区域水环境容量计算体系研究[D]. 南京:河海大学,2008.

[29] 邬伦,刘瑜,张晶,等. 地理信息系统——原理、方法和应用[M]. 北京:科学出版社,2005.

[30] 许静，王永桂，陈岩，等. 中国突发水污染事件时空分布特征[J]. 中国环境科学，2018，38(12)：4566-4575.

[31] 刘晓东，王珏. 地表水污染源识别方法研究进展 [J]. 水科学进展，2020，31(2)：302-311.

[32] MA D L, ZHANG Z X. Contaminant dispersion prediction and source estimation with integrated Gaussian-machine learning network model for point source emission in atmosphere [J]. Journal of Hazardous Materials, 2016, 311:237-245.

[33] ZHAO Y, LU W X, AN Y K. Surrogate model-based simulation-optimization approach for groundwater source identification problems [J]. Environmental Forensics, 2015, 16(3): 296-303.

[34] ZHAO Y, LU W X, XIAO C N. A Kriging surrogate model coupled in simulation-optimization approach for identifying release history of groundwater sources [J]. Journal of Contaminant Hydrology, 2016, 185-186: 51-60.

[35] 安永凯，卢文喜. 基于双响应面法的地下水流数值模拟模型的替代模型研究[J]. 中国农村水利水电，2014(9): 159-162.

[36] 欧阳琦. 基于替代模型的 DNAPLs 污染含水层修复方案优选及不确定性分析 [D]. 长春:吉林大学,2019.

[37] HORA S C, HELTON J C. A distribution-free test for the relationship between model input and output when using Latin hypercube sampling [J]. Reliability Engineering and System Safety, 2003, 79 (3): 333-339.

[38] 王小川,史峰,郁磊,等. MATLAB 神经网络 43 个案例分析[M]. 北京:北京航空航天大学出版社, 2013.

[39] 徐富强，刘相国. 基于优化的 RBF 神经网络的变量筛选方法[J]. 计算机系统应用，2012，21(3): 206-208.

[40] 王永桂，张潇，张万顺. 流域突发性水污染事故快速模拟与预警系统[J]. 环境科学与技术，2018,41(7): 164-171.

[41] 董炳江，袁晶. 感潮河段水沙数学模型研究与应用[J]. 人民长江，2012，43(1): 18-21.

[42] 姬昌辉，谢瑞，洪大林，等. 长江感潮河段入江口门水流条件试验研究[J]. 人民长江，2020(S01): 71-75+101.

[43] 郭建青,李彦,王洪胜,等. 利用改进 SA 算法估计河流水质参数的仿真实验[J]. 系统仿真学报，2003,15 (12):1750-1752+1762.

第四章

环境水力学初始条件反问题

4.1 引言

在环境水力学领域，已知环境系统控制方程结构、参数、边界条件以及当前($t=\mathrm{T}$)污染物浓度分布的部分信息，推求 $t<\mathrm{T}$ 时刻浓度分布，称为初始条件反问题，即时间反演问题，或称逆时问题。包含两种问题：求 $t=0$ 时的初始浓度分布和求 $0<t<\mathrm{T}$ 时浓度。由于当前一种问题解决时，后一种问题的求解可以通过正问题的求解得到解决，所以本章所提到的初始条件反问题都是指前一种问题。初始条件反问题常常是不适定的，以热传导问题为例，从物理上看，热传导过程是不可逆的，其逆时问题求解是高度病态的。针对不适定问题，人们发展了一些稳定的数值求解方法[1-4]。闵涛等[5]应用 Tikhonov 正则化方法和有限差分法，给出了一维非恒定紊动扩散初始条件反问题的数值求解方法。Atmadja 等[6]利用改进 Backward Beam Equation 求解了非均质介质中的初值反问题。Michalak 等[7]将伴随状态法与地质统计法进行了结合，用于求解地下水污染物的历史浓度分布。潘军峰等[8]利用 Tikhonov 正则化方法研究了对流-扩散方程逆过程反问题，并分析其稳定性。葛美宝等[9]利用拟解法和截断奇异值分解法求解了二维对流-扩散方程的初始分布反问题。Shlomi 等[10]将地质统计 kriging 方法嵌入反演模型中，改进了地质统计方法以估计污染羽的浓度分布。吴自库等[11]利用最优控制中的伴随方法，结合正则化算法对对流-扩散方程逆过程反问题进行了研究。Li 等[12]提出基于时空全域 MQ(Global space-time Multiquadric)函数配点法构造反演

模型，求解地下水污染源识别边值反问题，李子等[13]将该方法应用到一维初值反问题中。周康等[14]进一步将该配点法扩展应用于恒定水流中的二维污染物非恒定对流-扩散初值反问题，利用含有测量误差的终值观测浓度数据反演污染物的初始浓度分布，并考察不同类型的边界条件对反问题的影响。徐斯达等[15]给出了求解一维变系数热传导方程反问题的一种拟可逆正则化方法，并分析了格式的稳定性，同时讨论了该方法正则化参数对数值结果的影响。闵涛等[16]给出一种反演二维热传导方程初始条件反问题的数值求解方法。刘迪诗[17]初步构建了污染事件逆时追踪模型。其中，最具有普适性、在理论上最完备而且行之有效的方法，就是由著名学者 Tikhonov 以第一类算子(特别是积分算子)方程为基本数学框架，于 20 世纪 60 年代初创造性地提出、后来得到深入发展的正则化方法。其基本思想是用一组与原问题相邻近的适定问题的解去逼近原问题的解。

本章首先讨论了环境水力学初始条件反问题的不适定性，进而给出梯度正则化方法在求解该类问题中的应用并给出了一些数值结果，分别讨论了一维和二维空间变量的问题。

4.2 初始条件反问题的不适定性与正则化方法

4.2.1 环境水力学初始条件反问题的不适定性

下面以最简单的保守物质扩散系统初始条件反问题为例，说明初始条件反问题的不适定性。考虑静止水体中保守物质扩散的控制方程定解问题如下：

$$\begin{cases}\dfrac{\partial C}{\partial t}=E_x\dfrac{\partial^2 C}{\partial x^2} \quad (0<x<l,0<t<T)\\ C(x,T)=\varphi(x)\\ C(0,t)=0\\ C(l,t)=0\end{cases} \tag{4.2-1}$$

这是一个已知 $t=\mathrm{T}$ 时刻的空间浓度分布 $\varphi(x)$，要推测初始时刻浓度分布的初始条件反问题。

设 $C(x,T)=\varphi(x)=\dfrac{1}{n}\sin\left(\dfrac{n\pi}{l}x\right)$，其初始条件反问题的真解为

$$C(x,t)=\frac{1}{n}\cdot e^{\frac{n^2\pi^2E_x}{l}(T-t)}\cdot\sin\left(\frac{n\pi}{l}x\right)$$

当 $n\to+\infty$ 时，$\max|\varphi(x)|=\frac{1}{n}\to 0$，但是 $\forall t<T$，当 $n\to+\infty$ 时却有：

$$\max C(x,t)=\frac{1}{n}e^{\frac{n^2\pi^2E_x}{l}(T-t)}\to+\infty$$

显然上述初始条件反问题是不适定的。

4.2.2 正则化方法

反问题的数学模型一般可以表示为

$$Az=u \tag{4.2-2}$$

的算子形式，其中 $z=z(s,t)$ 表示待求的量构成的函数空间（简称为模型空间 F）中的一点；$u=u(s,t)$ 表示可测量数据构成的数据空间 U 中的一点。式中，u 是已知的，z 是待求的，算子 A 综合了方程边界条件和初始条件的作用。一般情况下，算子 A 是非线性的，而且是不适定的。

如果算子方程(4.2-2)是适定的，则它的求解相对容易，即

$$z=A^{-1}u \tag{4.2-3}$$

因为这时逆算子 A^{-1} 是一个连续算子，数据 u 的微小误差不会引起解 z 的很大变化。如果我们用 u_T、z_T 表示精确数据和精确解，用 u_δ、z_δ 表示近似数据和近似解。显然可以取 $z_\delta=A^{-1}u_\delta$ 作为 $A^{-1}u_T$ 的近似，这是因为，逆算子 A^{-1} 具有良好的性质，它在整个空间 U 上有定义，单值且连续。对于不适定问题是否可以取 $z_\delta=A^{-1}u_\delta$ 作为 z_T 的近似呢？回答是否定的。这是因为，当适定性条件中的第一条（解存在）被破坏时，$A^{-1}u_T$ 可能不存在，即算子 A 的值域与 U 不重合；当第二条（解唯一）被破坏时，我们不知道应当取集合 $Q=\{z,z\in F,Az=u_\delta\}$ 中的哪一个元素作为 z_δ；当第三条（解连续地依赖于数据）被破坏时，即使对于充分接近的 u_T、u_δ 也不能保证 z_T、z_δ 充分接近。因此，综上所述，求解不适定问题(4.2-2)，不能再利用公式 $z_\delta=A^{-1}u_\delta$ 来确定近似解。因此，我们对不适定问题应当寻求稳定的求解方法。正则化方法是目前求解不适定问题最具普适性、理论上最完备而且行之有效的方法。

4.2.2.1 正则化方法的基本思想

正则化方法的基本思想是设法构造一个连续算子(正则算子)去逼近不连续算子 A^{-1},将不适定问题化为一个近似的适定问题,从而得到原问题的近似解。

引进一个依赖于正则参数 α 的从空间 U 到空间 F 上的算子 $R(u,\alpha)$:$U\rightarrow F$。假如它满足下述两个条件:

① 存在 $\delta_1>0$,使算子 $R(u,\alpha)$ 对于所有的 $\alpha>0$ 和满足条件 $\rho_U(u,u_\delta)\leqslant\delta\leqslant\delta_1$ 的任意的 $u\in U$ 都有定义。

② 存在这样的 δ 的函数 $\alpha=\alpha(\delta)$,对于任给的 $\varepsilon>0$,存在 $\delta(\varepsilon)\leqslant\delta$,若 $\rho_U(u,u_T)\leqslant\delta(\varepsilon)(\forall u_\delta\in U)$,便有 $\rho_F(z_\alpha,z_T)\leqslant\varepsilon$,其中 $z_\alpha=R(u_\delta,\alpha(\delta))$。

则算子 $R(u,\alpha)$ 称为方程 $Az=u$ 在 $u=u_T$ 的邻域内的正则算子。

正则解:设 $\rho_U(u_\delta,u_T)\leqslant\delta$,若存在这样的正则参数 α(依赖于 u_δ 与 δ),使得 $\lim\limits_{\delta\rightarrow0}\rho_F(Z_\alpha,Z_T)=0$,其中,$Z_\alpha=R(u_\delta,\alpha)$,则称 Z_α 为正则解。

定理:设 A 是由 F 到 U 的算子,$R(u,\alpha)$:$U\rightarrow F$ 是对 U 中所有元素 u 和任意 $\alpha>0$ 都有定义的关于 u 连续的算子。若有 $\lim\limits_{\alpha\rightarrow0}\rho_F(Az,\alpha)=Z$,$\forall z\in F$,则称算子 $R(u,\alpha)$ 就是方程 $Az=u$ 的正则算子。

显然在 δ 较小的情况下,取正则解 $Z_\alpha=R(u_\delta,\alpha)$,$z$ 作为 z_T 的近似是可行的。这种构造近似解的方法叫作正则化方法。用正则化方法求解不适定问题必须解决两个问题:一是如何构造正则算子 $R(u,\alpha)$;二是如何选择正则参数 $\alpha=\alpha(\delta)$,使之与原始数据的噪声水平 δ 相匹配。

4.2.2.2 Tikhonov 正则化

在所有的正则化方法中,Tikhonov 正则化方法是最古老且在正则化问题中处于核心地位的正则化方法。Tikhonov 正则化方法是针对不适定问题提出来的,许多领域中的不适定问题都可基于 Tikhonov 正则化方法来求解,因此它可以作为不适定问题的理论基础。下面以最简单的形式给出其基本思想。

若算子方程 $Ax=b$ 是不适定的,Tikhonov 正则化方法的最简单形式为对于任给的正数 α,求下述极小问题:

$$\varphi_\alpha(x)=\min\|Ax-b\|_2^2+\lambda^2\|x\|_2^2 \tag{4.2-4}$$

对式(4.2-4)求最小的问题,事实上是在数据的拟合程度(式中第一项)和最小范数解(式中第二项)之间寻求一种折中。

式(4.2-4)不适合于数值计算，将其转化为下面的形式：

$$\min \left\| \begin{pmatrix} \boldsymbol{A} \\ \lambda \boldsymbol{I} \end{pmatrix} x - \begin{pmatrix} \boldsymbol{b} \\ 0 \end{pmatrix} \right\|_2 \tag{4.2-5}$$

其中，$\boldsymbol{I}$ 是 n 阶单位矩阵，若记 x_α 为正则化问题(4.2-4)的解，则可以证明，求式(4.2-4)达到最小的解 x_α 等价于下述方程的解：

$$(\boldsymbol{A}\boldsymbol{A}^* + \alpha \boldsymbol{I}) x_\alpha = \boldsymbol{A}^* \boldsymbol{b} \tag{4.2-6}$$

值得强调的是，Tikhonov 方程中使用二范数不一定是最佳的。这就引出了 Tikhonov 正则化方法的一般形式：

$$\min\{\| \boldsymbol{A}x - b \|_2^2 + \lambda^2 \| Lx \|_2^2\} \tag{4.2-7}$$

这种正则化方法称为 Tikhonov 正则化方法。

4.3 梯度正则化方法

梯度正则化就是基于正则化方法的反问题求解方法，并且可以归结为算子理论的最优化方法。下面给出理论叙述和具体的求解过程。

4.3.1 算法理论

考虑如下偏微分方程的初边值问题：

$$\begin{cases} L(g(x),t)u(x,t)=0, & x \in \Omega, \quad t>0 \\ Bu(x,t)=f(x,t), & x \in \partial\Omega, \quad t>0 \\ Eu(x,0)=c(x), & x \in \Omega \end{cases} \tag{4.3-1}$$

其中，u 为一向量函数；L 为微分算子，依赖于 $g(x)$；B 为边值条件算子；E 为初值条件算子；$c(x)$为待定向量函数；Ω 为区域；$\partial\Omega$ 为 Ω 的边界。

该类问题的初始条件反问题为由附加条件 $u(x,t)|_{t=T}=\varphi(x)$来确定未知向量函数 $c(x)$。该类反问题很容易转化为如下非线性算子方程的求解问题：

$$A[c(x)]=\varphi(x)$$

利用 Tikhonov 正则化方法可将其化为下述非线性最优化问题的解：

$$J_\alpha(c) = \| A[c] - \varphi \|^2_{L^2(\partial\Omega' \times [0,T])} + \alpha D(c) \tag{4.3-2}$$

其中，α 为正则化参数；D 为 $L^2(\Omega)$上的稳定泛函。利用数值方法求解非线性泛函问题的解，便可求得反问题的数值解。

梯度正则化法是根据算子识别的摄动法、线性化技术和函数逼近论提出的一种数值迭代方法，其核心过程包括两个方面。

(1) 建立迭代过程

$$c_{n+1}(x) = c_n(x) + \delta c_n(x)$$

其中，摄动量 $\delta c_n(x)$由下列非线性最优化问题来确定：

$$J_\alpha(\delta c_n) = \| A[c_n + \delta c_n] - \varphi(x) \|^2_{L^2(\partial\Omega' \times [0,T])} + \alpha \cdot D[\delta c_n] \tag{4.3-3}$$

(2) 对上述最优化问题进行离散化，并采用线性化方法求得 $\delta c_n(x)$的数值解，即求解非线性化最优化问题的局部极小值。

4.3.2 算法一般过程

假设对方程(4.3-1)的反问题的精确解为 $c^*(x)$，则相对于原方程正问题的解为 $u^*(x,t)$。$c(x)$为线性完备实函数空间 K 上的一个元素，K 上的一个基函数族为 $\varphi_1(x),\varphi_2(x),\cdots$，则

$$c^*(x) = \sum_{i=1}^{\infty} k_i^* \varphi_i(x) \tag{4.3-4}$$

取有限项进行逼近，得

$$c^*(x) \approx \sum_{i=1}^{n} k_i^* \varphi_i(x) \tag{4.3-5}$$

n 的大小取决于逼近精度的要求。因此，这类反问题就是确定一个 n 维实向量

$$\boldsymbol{K}^{\mathrm{T}} = (k_1, \cdots, k_n) \in \mathbf{R}^n$$

使得函数 $c(x) = \sum_{i=1}^{\infty} k_i\varphi_i(x) = \boldsymbol{K}^{\mathrm{T}}\varphi(x)$，其中，$\boldsymbol{\varphi}(x) = (\varphi_1(x),\cdots,\varphi_n(x))^{\mathrm{T}}$，同时满足式(4.3-1)、式(4.3-2)。

令 $c(x)$对应于式(4.3-1)边值问题的解为 $u(c(x);x,t)$，$c_0(x) =$

$\sum_{i=1}^{n} k_i^0 \varphi_i(x) = \boldsymbol{K}_0^{\mathrm{T}} \varphi(x)$ 为真解 $c^*(x)$ 附近的一个函数，是优化搜索的初始点，对 $c_0(x)$ 增加一个微小的扰动量

$$\delta c_0(x) = \sum_{i=1}^{n} \delta k_i^0 \varphi_i(x) = \delta \boldsymbol{K}_0^{\mathrm{T}} \varphi(x) \tag{4.3-6}$$

对应于 $c_0(x) + \delta c_0(x)$，式(4.3-1)的初边值问题的解记为 $u(c_0(x) + \delta c_0(x); x, t)$。所以，$c(x)$ 的确定问题可以转化为 $\delta \boldsymbol{K}_0$ 的确定问题，并且 $\delta \boldsymbol{K}_0$ 可由下列目标函数的局部极小值来确定：

$$F[\delta \boldsymbol{K}_0] = \| u(c_0(x) + \delta c_0(x); x, T) - u_T(x) \|^2_{L^2(\partial\Omega' \times [0,T])} + \alpha \cdot S[\delta \boldsymbol{K}_0] \tag{4.3-7}$$

其中，α 是正则化参数；$S[\delta \boldsymbol{K}_0]$ 是 $\delta \boldsymbol{K}_0$ 的稳定化泛函。

因 $\delta c_0(x)$ 是一个微小的扰动量，把 $u(c_0(x) + \delta c_0(x); x, t)$ 用多元泰勒公式展开得到：

$$u(c_0(x) + \delta c_0(x); x, t) = u(c_0(x); x, t) + \nabla_{K_0}^T u(c_0(x); x, t) \cdot \delta \boldsymbol{K}_0 + o(\| \delta c_0(x) \|)$$

于是有：

$$F[\delta \boldsymbol{K}_0] = \| u(c_0(x); x, t) - u_T(x) + \nabla_{K_0}^T u(c_0(x); x, t) \cdot \delta \boldsymbol{K}_0 \|^2_{L^2(\partial\Omega' \times [0,T])} + \alpha \cdot S[\delta \boldsymbol{K}_0]$$

若在区间 $\partial\Omega'$ 上有 M 个离散点 x_m $(m = 1, 2, \cdots, M)$，而取 $S[\delta \boldsymbol{K}_0] = \delta \boldsymbol{K}_0^{\mathrm{T}} \delta \boldsymbol{K}_0$，则 $F[\delta \boldsymbol{K}_0] = \sum_{m=1}^{m} [u(c_0(x); x_m, T) - u_T(x_m) + \nabla_{K_0}^T u(c_0(x); x_m, T) \cdot \delta \boldsymbol{K}_0]^2 + \alpha \delta \boldsymbol{K}_0^{\mathrm{T}} \delta \boldsymbol{K}_0$

令

$$\boldsymbol{U} = \begin{bmatrix} u(c_0(x); x_1, T) \\ u(c_0(x); x_2, T) \\ \vdots \\ u(c_0(x); x_M, T) \end{bmatrix}, \quad \boldsymbol{V} = \begin{bmatrix} u_T(x_1) \\ u_T(x_2) \\ \vdots \\ u_T(x_M) \end{bmatrix}$$

$$\boldsymbol{A} = (a_{m,i})_{M \times N}$$

$$a_{m,i} = \frac{\partial}{\partial k_i} u(c_0(x); x_m, T)$$

则上式简化为

$$F[\delta\boldsymbol{K}_0]=\delta\boldsymbol{K}_0^{\mathrm{T}}\boldsymbol{A}^{\mathrm{T}}\boldsymbol{A}\delta\boldsymbol{K}_0+2\delta\boldsymbol{K}_0^{\mathrm{T}}\boldsymbol{A}^{\mathrm{T}}(U-V)^{\mathrm{T}}(U-V)+\alpha\delta\boldsymbol{K}_0^{\mathrm{T}}\delta\boldsymbol{K}_0$$

可以证明，上式的局部极小值等价于求解$(\boldsymbol{A}^{\mathrm{T}}\boldsymbol{A}+a)\delta\boldsymbol{K}_0=\boldsymbol{A}^{\mathrm{T}}(V-U)$即有

$$\delta\boldsymbol{K}_0=(\boldsymbol{A}^{\mathrm{T}}\boldsymbol{A}+a)^{-1}\boldsymbol{A}^{\mathrm{T}}(V-U) \tag{4.3-8}$$

将式(4.3-8)代入式(4.3-6)，求出$\delta c_0(x)$，取新的猜测值为

$$c_1(x)=c_0(x)+\delta c_0(x) \tag{4.3-9}$$

重复上述求解过程，直到满足精度要求为止。

4.3.3 梯度正则化反演的程序设计

应用梯度正则化方法进行初始条件反演的步骤如下：

(1) 确定正则化系数、每次步长值以及初始值，x、t 的离散点以及求解精度 EPS。

(2) 解正问题，$K_i \to u(x_m,T,K_i)$，$U=(x_m,T,K_i)$。

(3) 由 $a_{m,i}=\dfrac{u(x_m,T,k_i+\tau)-u(x_m,T,k_i)}{\tau}$，计算导数矩阵的值 A。

(4) 计算 $\delta K_i=(\boldsymbol{A}^{\mathrm{T}}\boldsymbol{A}+a)^{-1}\boldsymbol{A}^{\mathrm{T}}(V-U)$，其中 V 为已知的附加数据。

(5) 计算 $K_{i+1}=K_i+\delta K_i$，返回步骤(1)，重复执行上述步骤，直到使 $\|\delta K_j\|\leqslant EPS$ 为止。

6) 得到符合精度要求的 K 值，从而求出未知项 $c(x)=\boldsymbol{K}^{\mathrm{T}}\phi\sum_{i=1}^{n}k_i\phi_i$。

根据以上步骤，利用 Matlab 语言编制了环境水力学初始条件反演识别程序 GR-ICIP. m。

4.4 一维初始条件反问题

4.4.1 静止水体中扩散系统初始条件反问题

一维静止水体中污染物的扩散过程可以通过如下的定解问题来描述：

$$
(\text{I})\begin{cases}\dfrac{\partial C}{\partial t}=E_x\dfrac{\partial^2 C}{\partial x^2}-KC \quad (0<x<l,t\geqslant 0)\\ C(x,0)=\varphi(x)\\ C(0,t)=g_1(t)\\ C(l,t)=g_2(t)\end{cases} \tag{4.4-1}
$$

式中，$\varphi(x)$为初始时刻($t=0$)的浓度分布，要预测未来某一时刻 $t=T$ 时的浓度分布，这便是人们熟悉的正问题，其解法已相对成熟。相反，若已知 $t=T$ 时的浓度分布 $\varphi(x)$，推求初始时刻($t=0$)的浓度分布 $\varphi(x)$，这就是典型的逆时反问题。其数学模型可写为

$$
(\text{II})\begin{cases}\dfrac{\partial C}{\partial t}=E_x\dfrac{\partial^2 C}{\partial x^2}-KC \quad (0<x<l,t\geqslant 0)\\ C(x,T)=\varphi(x)\\ C(0,t)=g_1(t)\\ C(l,t)=g_2(t)\end{cases} \tag{4.4-2}
$$

根据 4.2.1 小节中的分析，这是一个不适定的问题，需要采用不适定问题的求解方法。这里采用梯度正则化方法来求解，为了检验算法的有效性，进行数值模拟试验验证，构造一维扩散系统初始条件反问题算例。

【算例 4-1】 考虑如下的污染物扩散系统初始条件反问题模型

$$
\begin{cases}\dfrac{\partial C}{\partial t}=\dfrac{\partial^2 C}{\partial x^2} \quad (0<x<1,t\geqslant 0)\\ C(x,1)=\sin(\pi x)\\ C(0,t)=0\\ C(1,t)=0\end{cases} \tag{4.4-3}
$$

求解 $C(x,0)$ 。其真解为 $C(x,0)=\mathrm{e}^{\pi^2}\sin(\pi x)$ 。

根据泰勒级数展开：

$$
\sin(\pi x)=\pi x-\frac{\pi^3}{3!}x^3+\frac{\pi^5}{5!}x^5-\cdots+(-1)n-1\frac{\pi^{2n-1}}{(2n-1)!}x^{2n-1}+\cdots
$$

取前 3 项，设基本函数族为 x、x^3 和 x^5。设 $C(x,0)=k_1x+k_2x^3+k_3x^5$。

取空间步长为 0.1，[0,1]分成了 10 等份。正则参数取 0.000 01，利用 GR-ICIP.m 反演函数系数，见表 4.4.1-1。

表 4.4.1-1 初始条件反演系数

δ	K_1	K_2	K_3
δ=0.01	5.978 9	−9.154 8	3.183 7
δ=0.05	6.115 5	−9.670 4	3.567 3
δ=0.1	6.110 2	−9.778 5	3.705 1

根据表 4.4.1-1 计算得到的不同节点处浓度值与真值的对比见表 4.4.1-2 和图 4.4.1-1。可见，反演计算的浓度值与真值吻合较好，且具有一定的抗噪性。

表 4.4.1-2 不同节点处真值与反演值的对比

噪声水平	x	0.1	0.2	0.3	0.4	0.5	0.6	0.7	0.8	0.9	1.0
	真值	0.597 4	1.136 4	1.564 1	1.838 7	1.933 4	1.838 7	1.564 1	1.136 4	0.597 4	0.000 0
δ=0.01	反演值	0.588 6	1.123	1.552 9	1.835 7	1.940 4	1.851 5	1.573 1	1.132 2	0.583 1	0.011 0
	相对误差(%)	1.47	1.18	0.72	0.16	0.36	0.70	0.58	0.37	2.39	—
δ=0.1	反演值	0.605 5	1.154 3	1.594 0	1.880 2	1.981 3	1.882 4	1.589 1	1.132 4	0.572 1	0.001 5
	相对误差(%)	1.36	1.58	1.91	2.26	2.48	2.38	1.60	0.35	4.24	—

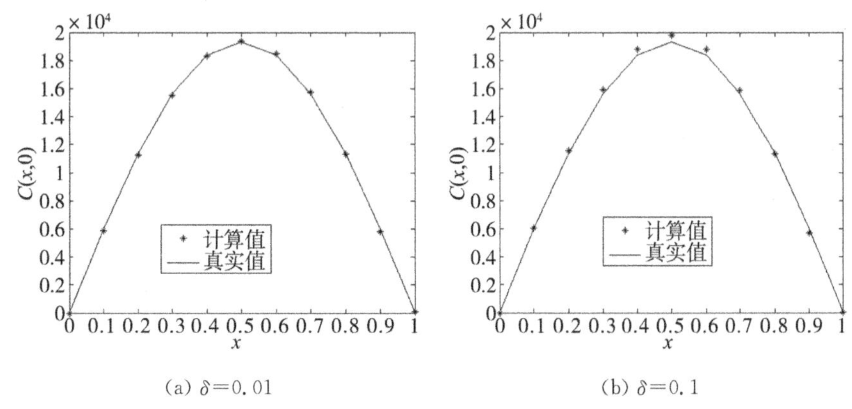

(a) δ=0.01　　(b) δ=0.1

图 4.4.1-1 计算值与精确值对比图

4.4.2 流动水体中对流-扩散系统初始条件反问题

与静止水体中扩散系统逆时问题类似，流动水体环境下对流-扩散系统初始条件反问题可提为

$$\begin{cases}\dfrac{\partial C}{\partial t}+u\dfrac{\partial C}{\partial x}=E_x\dfrac{\partial^2 C}{\partial x^2}-KC & (0<x<l,t\geqslant 0)\\ C(x,T)=\varphi(x)\\ C(0,t)=g_1(t)\\ C(l,t)=g_2(t)\end{cases}\tag{4.4-4}$$

已知 $t=T$ 时的浓度分布 $\varphi(x)$ 推求 $t=0$ 时的初始分布 $C(x,0)$。式(4.4-4)具有非齐次边界条件，令 $C(x,t)=v(x,t)+g_1(t)+\dfrac{g_2(t)-g_1(t)}{l}x$，即可转化为齐次边界条件。因此，仅考虑齐次边界问题：

$$\begin{cases}\dfrac{\partial C}{\partial t}+u\dfrac{\partial C}{\partial x}=E_x\dfrac{\partial^2 C}{\partial x^2}-KC & (0<x<l,t\geqslant 0)\\ C(x,T)=\varphi(x)\\ C(0,t)=0\\ C(l,t)=0\end{cases}\tag{4.4-5}$$

通过函数变换，令 $C(x,t)=v(x,t)\exp(\dfrac{ux}{2E_x}-\dfrac{u^2}{4E_x}t)$，上述问题又可以转化为

$$\begin{cases}\dfrac{\partial v}{\partial t}=E_x\dfrac{\partial^2 v}{\partial x^2}-Kv & (0<x<l,t\geqslant 0)\\ v(x,T)=\varphi(x)\exp\left(-\dfrac{u}{2E_x}\right)\\ v(0,t)=0\\ v(l,t)=0\end{cases}\tag{4.4-6}$$

只需求出 $v(x,0)$，即可得到 $C(x,0)$。$v(x,0)$ 的解可以采用类似算例 4-1 的求解方法得到。

4.5 二维初始条件反问题

4.5.1 二维水质模型初始条件反问题的求解

二维水质模型的基本方程是二维对流扩散方程，其一般形式如下：

$$\frac{\partial C}{\partial t}+u\frac{\partial C}{\partial x}+v\frac{\partial C}{\partial y}=E_x\frac{\partial^2 C}{\partial x^2}+E_y\frac{\partial^2 C}{\partial y^2}+S$$

若已知 $t=T$ 时刻的浓度分布 $C(x,y,T)$，推求 $t<T$ 时刻的浓度分布，即为典型的二维逆时反问题。该问题往往是一个不适定的问题，尝试将梯度正则化方法应用到二维逆时问题。

二维空间下的梯度正则化方法与一维空间下略有不同。设初始条件反问题的精确解为 $c^*(x,y)$，相对于原方程正问题的解为 $u^*(x,y,t)$。$c(x,y)$ 为线性完备实函数空间 K 上的一个元素，K 上的一个基函数族为 $\varphi_1(x,y),\varphi_2(x,y),\cdots$，则 $c^*(x,y)=\sum_{i=1}^{\infty}k_i^*\varphi_i(x,y)$。取有限项进行逼近，得

$$c^*(x,y)\approx\sum_{i=1}^{n}k_i^*\varphi_i(x,y) \tag{4.5-1}$$

n 的大小取决于逼近精度的要求。因此，这类反问题就是确定一个 n 维实向量 $K^T=(k_1,\cdots,k_n)\in R^n$，使得函数 $c(x,y)=\sum_{i=1}^{\infty}k_i\varphi_i(x,y)=K^T\varphi(x,y)$。$K^T=(k_1,\cdots,k_n)$ 的计算过程与一维情形下类似，这里不再赘述。

4.5.2 二维水质模型初始条件反问题算例

二维稳态水质模型定解问题可提为

$$\begin{cases}\dfrac{\partial C}{\partial t}+u\dfrac{\partial C}{\partial x}+v\dfrac{\partial C}{\partial y}=E_x\dfrac{\partial^2 C}{\partial x^2}+E_y\dfrac{\partial^2 C}{\partial y^2}-KC\\ C(x,y,0)=C_h(x,y)+\dfrac{M}{Au}\delta(x)\delta(y)\quad(x>0,y>0)\\ \lim\limits_{x\to\infty}C(x,y,t)=0\\ \lim\limits_{y\to\infty}C(x,y,t)=0\end{cases}$$

该模型的解析解为

$$C(x,y,t)=\frac{M}{4\pi ht\sqrt{E_xE_y}}\cdot\exp\left(-\frac{(x-ut)^2}{4E_xt}-\frac{(y-vt)^2}{4E_yt}\right)\cdot\exp(-Kt)$$

其反问题即为已知 $t=T$ 时刻的浓度分布 $C(x,y,T)$，推求 $t<T$ 时刻的浓度分布。构造瞬时源二维水质模型初始条件反问题算例，利用梯度正则化方法求解。

【算例 4-2】 已知某污染物降解系数为 $K=4.2\ \mathrm{d}^{-1}$，河流纵向流速为 1.5 m/s，横向流速为 0 m/s，纵向扩散系数为 50 m^2/s，横向扩散系数为 10 m^2/s，河宽为 30 m，平均河深为 2.0 m。如果瞬时向平直河流中心投入质量为 200 g 的污染物，已知初始条件 $C(x,y,0)=0.1$ mg/L，求下游污染物浓度的时空变化。这是典型的正问题，容易求得 $t=1.0$ min 时的浓度分布，如图 4.5.2-1 所示。利用正问题的解构造反问题，假设已知 $t=1.0$ min 时的浓度分布，根据图中网格点所对应的浓度数据推求初始条件 $C(x,y,0)$。

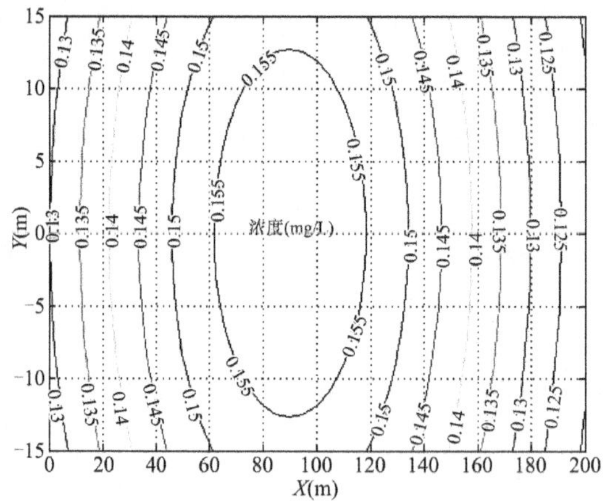

图 4.5.2-1　$t=1.0$ min 时的浓度分布

由于初始浓度分布为常数，基函数族设为{1}，$C(x,0)=k_1$。正则参数取 0.000 01，利用梯度正则化方法反演初始分布函数系数见表 4.5.2-1。

表 4.5.2-1　初始分布函数系数反演

$a\delta$	10^{-1}	10^{-3}	10^{-5}	10^{-7}	10^{-9}	0
$\delta=0.0$	0.100 0	0.100 0	0.100 0	0.100 0	0.100 0	0.100 0
$\delta=0.01$	0.100 1	0.100 0	0.100 0	0.100 1	0.100 0	0.100 1
$\delta=0.1$	0.100 4	0.099 9	0.099 1	0.100 6	0.099 7	0.100 7
$\delta=0.3$	0.099 7	0.100 1	0.100 7	0.099 5	0.100 5	0.101 0

由计算结果可以看到，当扰动较小时，均能得到精确解；当扰动较大时，误差值往往随着正则参数的减小而减小，达到某一最优值后，又开始增大。本算例中正则参数取 0.001 较优。

若初始浓度分布不是常数，以指数分布为例，$C(x,y,0)=0.1*\exp$

$(-0.01x)$，容易求得 $t=0.5$ min 时的浓度分布，如图 4.5.2-2 所示。构造如下的初始条件反问题：根据图中所示的浓度分布（图中网格点所对应的数据）推求初始条件 $C(x,y,0)$。

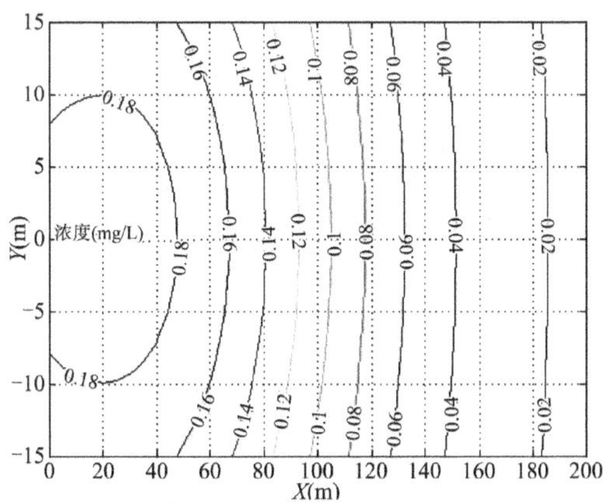

图 4.5.2-2 $t=0.5$ min 时的浓度分布

取基函数族为 $\{1,x,x^2\}$，$C(x,0)=k_1+k_2x+k_3x^2$。正则参数取 0.001，利用梯度正则化方法反演初始分布函数系数见表 4.5.2-2。初始状态浓度分布不同噪声水平下计算值与精确值的对比见图 4.5.2-3～图 4.5.2-6。

表 4.5.2-2 初始分布函数系数反演

$a\delta$	k_1	k_2	k_3	平均相对误差(%)
$\delta=0.00$	0.097 2	$-8.041\ 8\times10^{-4}$	$1.981\ 1\times10^{-6}$	3.37
$\delta=0.01$	0.097 0	$-8.017\ 5\times10^{-4}$	$1.974\ 4\times10^{-6}$	3.35
$\delta=0.1$	0.097 5	$-8.145\ 1\times10^{-4}$	$2.029\ 2\times10^{-6}$	3.64
$\delta=0.3$	0.103 1	$-9.301\ 2\times10^{-4}$	$2.503\ 8\times10^{-6}$	6.92

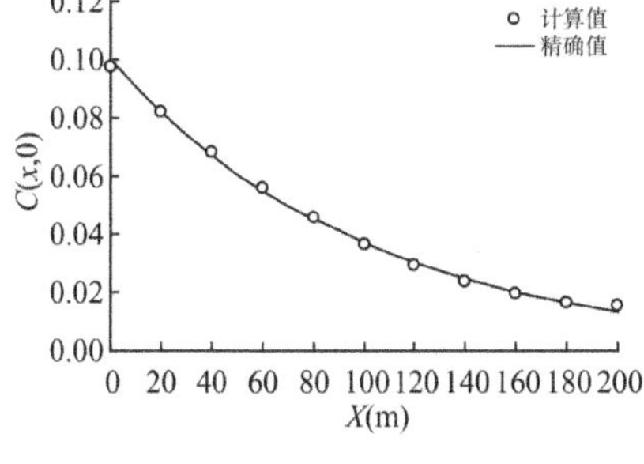

图 4.5.2-3 $\delta=0.00$ 时计算值与精确值对比

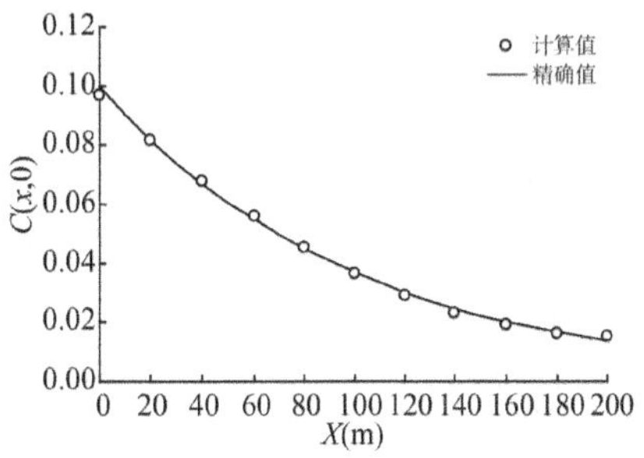

图 4.5.2-4 $\delta=0.01$ 时计算值与精确值对比

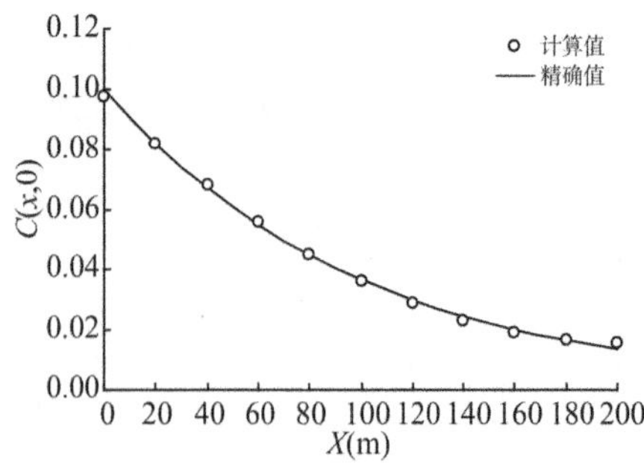

图 4.5.2-5　$\delta=0.1$ 时计算值与精确值对比

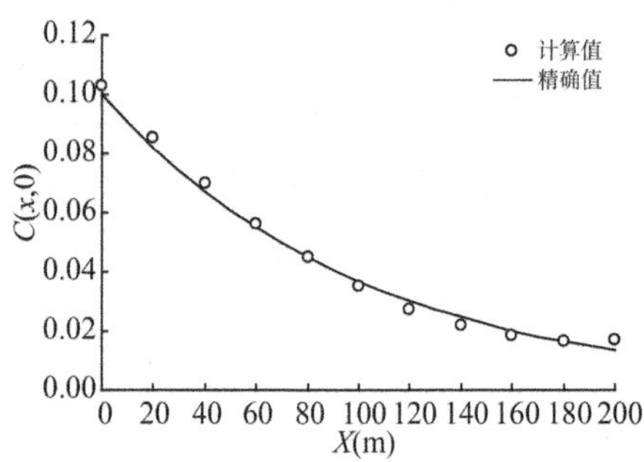

图 4.5.2-6　$\delta=0.3$ 时计算值与精确值对比

由图可见，计算值与精确值吻合较好，$\delta=0.3$ 时平均相对误差最大为 6.92%。$\delta=0.3$ 时正则化参数不同取值对反演结果的影响见表 4.5.2-3。可见，正则化参数的选取对反演结果有一定影响，通常存在一个较优的正则化参数。

表 4.5.2-3　正则化参数对反演结果的影响

δa	k_1	k_2	k_3	平均相对误差(%)
$a=1$	0.099 8	-8.42×10^{-4}	2.13×10^{-6}	4.34
$a=0.1$	0.095 2	-7.88×10^{-4}	1.96×10^{-6}	4.01
$a=0.01$	0.094 2	-7.34×10^{-4}	1.68×10^{-6}	2.54
$a=0.001$	0.103 1	$-9.301\ 2\times10^{-4}$	$2.503\ 8\times10^{-6}$	6.92

4.6　本章小结

(1) 讨论了环境水力学初始条件反问题的不适定性，针对其不适定性，首次将数学物理反问题求解的梯度正则化方法应用于环境水力学初始条件反问题的求解中，通过数值算例验证了其可行性。

(2) 利用梯度正则化方法对瞬时源二维水质模型的初始条件进行了数值反演，讨论了正则化参数选取对计算精度的影响。计算结果表明，梯度正则化方法对解决这类问题是有效的，正则化参数的选取对反演结果有一定影响，通常存在一个较优的正则化参数。

参考文献

[1] SHOWALTER R E. The final value problem for evolution equations [J]. Journal of Mathematical Analysis and Applications,1974,47(3):563-572.

[2] KIRKUP S M,WADSWORTH M. Solution of inverse diffusion problems by operator-splitting methods[J]. Applied Mathematical Modelling,2002,26(10):1003-1018.

[3] ELDEN L. Numerical solution of the sideways heat equation by difference approximation in time[J]. Inverse Problems,1995,11:913-923.

[4] 袁茂琴,陈春林,黄鹏展. 求解变系数热传导方程反问题:边界条件[J]. 伊犁师范学院学报(自然科学版),2016,10(1):14-16.

[5] 闵涛,周孝德.一维非恒定紊动扩散初始条件反问题的一种数值求解方法 [J]. 西安理工大学学报,2001,17 (2):143-146.

[6] ATMADJA J, BAGTZOGLOU A C. Pollution source identification in heterogeneous porous media [J]. Water Resources Research, 2001, 37(8):2113-2125.

[7] MICHALAK A M, KITANIDIS P K. Estimation of historical groundwater contaminant distribution using the adjoint state method applied to geostatistical inverse modeling [J]. Water Resources Research,2004,40 (8):8302-8316.

[8] 潘军峰,闵涛,周孝德,等. 对流-扩散方程逆过程反问题的稳定性及数值求解[J]. 武汉大学学报(工学版),2005,38(1):10-13.

[9] 葛美宝,徐定华. 二维对流反应扩散方程反问题的数值算法 [J]. 浙江理工大学学报,2007,24(5):577-582.

[10] SHLOMI S, MICHALAK A M. A geostatistical framework for incorporating transport information in estimating the distribution of a groundwater contaminant plume [J]. Water Resources Research, 2007,43(3):3412-3424.

[11] 吴自库,范海梅,陈秀荣. 对流-扩散过程逆过程反问题的伴随同化研

究 [J]. 水动力学研究与进展(A 辑),2008,23(2):121-125.

[12] LI Z, MAO X Z. Global multiquadric collocation method for groundwater contaminant source identification [J]. Environmental Modelling & Software,2011,26(12):1611-1621.

[13] 李子,毛献忠,周康. 污染物非恒定输运逆过程反演模型研究 [J]. 水力发电学报, 2013,32(6) :115-121

[14] 周康, 毛献忠, 李子. 污染物二维非恒定输运初值反问题研究[J]. 水力发电学报,2014, 33(4) :118-125.

[15] 徐斯达,陈春林,黄鹏展. 求解变系数热传导方程反问题:初始条件[J]. 伊犁师范学院学报(自然科学版),2017,11(1):16-19.

[16] 闵涛,韩莹莹. 二维热传导方程初始条件反问题的数值求解[J]. 数学杂志, 2022,12(6):513-522.

[17] 刘迪诗. 污染事件逆时追踪模型初探[D]. 厦门:厦门大学,2017.

第五章

环境水力学形状(几何)反问题

5.1 引言

形状反问题主要是指形状控制反问题。形状控制正问题是通过区域边界几何形状的变化来影响系统的特性,而形状控制反问题则是根据系统目标反求区域的边界形状,又称几何反问题。形状反问题在五类反问题中难度最大,因为它不可避免地要涉及动边界问题。形状反问题常可分为四类:① 选形。在几种允许的形状中选择最优者。② 定位。对已知形状形态的区域,确定区域中的最佳位置。③ 识别。某区域的部分边界 Γ_1 可及或可测,而另一部分边界 Γ_2 不可及或不可测,需要根据控制方程和 Γ_1 上的量测资料识别 Γ_2。④ 自由边界问题。根据附加条件确定自由边界等。一维形状反问题是确定端点的位置;二维、三维形状反问题则是确定区域曲线或曲面的形状。在环境水力学领域,区域未知边界的确定即为典型的形状反问题。例如,水源保护区范围的确定、水功能区的划分、废水排放系统的优化设计等。但目前这些问题的研究较少采用反问题理论来研究。本章基于反问题的理念,以饮用水水源二级保护区中水质过渡区长度确定、沉淀池结构优化为例,开展环境水力学形状控制反问题研究。

5.2 河流型水源保护区内水质过渡区长度确定反问题研究

5.2.1 河流型水源二级保护区长度确定的主要依据

饮用水源安全问题，是关系到人民群众身体健康和生命安全，关系到社会稳定、民生的一件大事。水源保护区设置已成为当前国内外应用较多的一种地表水源规划管理技术。饮用水水源保护区可按水体特征分为地表水源保护区和地下水源保护区。地表水源保护区又可分为水库水源保护区、湖水水源保护区及河流水源保护区，划分的模式和经验多取自地下水源保护区[1-5]。由于国外饮用水源以地下水为主，地下水水源保护区的划分研究得相对比较充分[6-8]，然而在我国地表水水源占有较大比重，尤其在平原地区，地表水源是主要的供水水源。由于地表水源保护区的划分研究成果相对较少，可借鉴的国外经验较为缺乏，因而目前我国地表水源保护区的划分存在划分随意、科学性较差的特点，大多没有经过科学计算，保护区作用不能得到充分发挥。《饮用水水源保护区划分技术规范》(HJ 338—2018)(以下简称《规范》)，统一了地表水饮用水源保护区和地下水饮用水源保护区划分的基本方法。《规范》中，河流型保护区设置了不同要求的三类保护区，即一级、二级和准保护区，如图 5.2.1-1 所示。其中，一级保护区的范围规定较明确，而准保护区根据需要设置，范围确定可参照二级保护区的划分方法，同时由于保护区的宽度在《规范》中有较明确的规定，因此本章主要研究二级保护区的水域长度。河流型水源二级保护区的水域长度确定的主要依据有：

① 水域长度范围内水质应满足 GB 3838—2002Ⅲ类水质标准的要求，并保证流入一级保护区的水质不得低于一级保护区水质标准的要求。

② 二级保护区上游侧边界到一级保护区上游边界的距离应大于污染物从 GB 3838—2002 Ⅲ类水质标准浓度水平衰减到Ⅱ类水质标准浓度所需的距离。

③ 一般河流水源地，二级保护区长度从一级保护区的上游边界向上游延伸不得小于 2 000 m，下游侧外边界距一级保护区边界不得小于 200 m。

Q→

准保护区I | 二级保护区I | II类 | 一级保护区 | 取水口 | II类 | 二级保护区II | 准保护区II | L

图 5.2.1-1 水源保护区分级示意图

可见,进行二级保护区划分,应首先确定Ⅲ类水质过渡到Ⅱ类水质所需的距离(该距离不妨称为水质过渡区距离),以保证流入一级保护区的水质不低于Ⅱ类。理论上讲,保护区的范围划得越大,对水源地的保护作用就越明显,但是由于受土地利用、经济发展等因素的制约,地方政府希望划定的保护区范围尽可能小。因此,实际划定的保护区范围应是满足水质过渡要求的最小范围。可见,水质过渡区距离的计算是水源二级保护区范围确定的基础性工作,是水源二级保护区长度确定的重要依据。对于单向河流而言,下游水质不会影响上游水质,二级保护区长度主要是确定图 5.2.1-1 中二级保护区Ⅰ的长度,即二级保护区上游侧边界到一级保护区上游边界的距离,因而本章重点研究二级保护区Ⅰ所对应的水质过渡区,即取水口一级保护区上游的水质过渡区。

5.2.2 反问题模型的建立

设水质过渡区范围为$[a,b]$,范围内污染物分布的定解问题如下:

$$\begin{cases} L(C,x,t)=f(x,t) & \text{控制方程} \\ C|_{x=a}=C_u & \text{上边界} \\ C|_{x=b}=C_d & \text{下边界} \end{cases} \tag{5.2-1}$$

水质过渡区范围的确定可转化为如下的形状反问题:已知过渡区下边界 $x=b$ 处的水质应满足一定的水质标准 C_d,推求上边界 $x=a$ 的位置。上边界的浓度若不确定,该问题不适定,因而还必须已知 C_u。我国对主要河流均划定了水环境功能区,执行相应的水质标准。通常距离取水口越远,水质标准越低,因而不妨设 C_u 为比 C_d 低一级的水质标准,如Ⅲ类水质标准。水质过渡区范围相当于从 GB 3838—2002 Ⅲ类水质标准浓度水平过渡到Ⅱ类水质标准浓度所需的距离。

综上分析,水质过渡区长度确定问题可提为如下的反问题:

$$\begin{cases} L(C,x,t)=f(x,t) & \text{控制方程} \\ C|_{x=?}=C_{\text{Ⅲ}} & \text{上边界} \\ C|_{x=b}=C_{\text{Ⅱ}} & \text{下边界} \\ |b-a|\geqslant L_0 & L_0\ \text{为法律法规中允许的最短长度} \end{cases} \tag{5.2-2}$$

式中，$C_{Ⅲ}$ 为Ⅲ类水水质标准值；$C_{Ⅱ}$ 为Ⅱ类水水质标准值；其余同上。

5.2.3 恒定流条件下水质过渡区长度的确定

5.2.3.1 恒定均匀流

一维稳态水流环境下，为了研究方便，以过渡区上边界为坐标原点，则长度为 L 的过渡区范围可以表示为$[0,L]$，其定解问题可提为

$$\begin{cases} u\dfrac{\partial C}{\partial x}=E_x\dfrac{\partial^2 C}{\partial x^2}-KC \\ C|_{x=0}=C_0 \\ C|_{x=L}=C_L \end{cases} \tag{5.2-3}$$

需要根据 C_0，C_L 的值反演过渡区长度 L。

根据正演模型解析解，得到 $C|_{x=L}=C_0\exp\left(-\dfrac{KL}{u}\right)=C_L$。据此反推长度得到：

$$L=\frac{u}{K}(\ln C_0-\ln C_L) \tag{5.2-4}$$

据此得到，水质过渡区范围的计算公式为

$$L=\frac{u}{K}(\ln C_{Ⅲ}-\ln C_{Ⅱ}) \tag{5.2-5}$$

式中，$C_{Ⅲ}$ 为Ⅲ类水水质标准值；$C_{Ⅱ}$ 为Ⅱ类水水质标准值。

5.2.3.2 恒定非均匀流

(1) 反问题的提法

恒定非均匀流一维河道污染物质输运的控制方程为

$$Q\frac{\partial C}{\partial x}=\frac{\partial}{\partial x}\left(AE_x\frac{\partial C}{\partial x}\right)-KAC \tag{5.2-6}$$

由于河流沿纵向横断面积有变化，流速、水深也沿程变化。前述的公式将不再适用，需要采用数值解法。以一级保护区上端位置为本级水质过渡区的下边界，即为河流研究范围的下边界。以此为原点，往上游进行空间离散，将河流研究范围分成长度为 L_n，L_{n-1}，…，L_2，L_1 的 n 个河段，相应河段的上边界断面污染物浓度分别为 C_1，C_2，…，C_{n-1}，C_n；C_u、C_d 分别为水质过渡区

的上边界水质标准浓度和下边界水质标准浓度;L 为水质过渡区的长度,如图 5.2.3-1 所示。

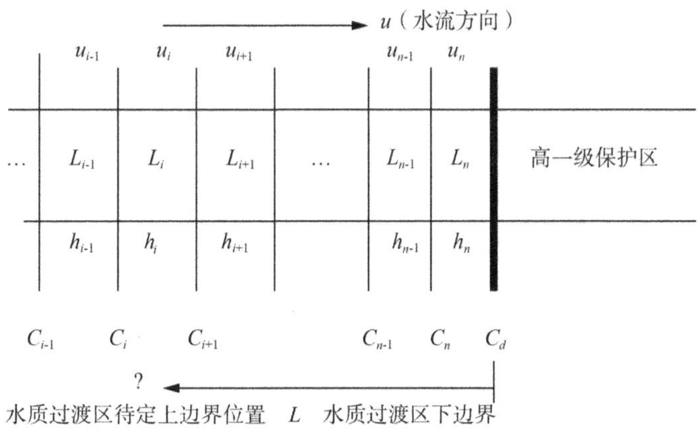

图 5.2.3-1 河流分段研究过渡区范围示意图

用隐式迎风格式对式(5.2-6)进行数值离散,式中每一项离散如下:

$$\begin{cases}\dfrac{\partial C}{\partial x}=\dfrac{C_i-C_{i-1}}{\Delta x_{i-1}}\\ \dfrac{\partial}{\partial x}(AE_x\dfrac{\partial C}{\partial x})=\Big[\dfrac{(AE_x)_iC_{i+1}-(AE_x)_iC_i}{\Delta x_i}-\\ \dfrac{(AE_x)_{i-1}C_i-(AE_x)_{i-1}C_{i-1}}{\Delta x_{i-1}}\Big]\dfrac{1}{\Delta x_{i-1}}-KAC=\bar{K}_{d,i-1}(AC)_i\end{cases}$$

离散后的方程组加上上下游边界条件即可组成三对角方程方程组,可利用追赶法求解。形状反问题的边界条件可提为$C|_{x=-L}=C_u$, $C|_{x=0}=C_d$,据此推求 L 的位置。依据优化反演法的基本原理,可将该反问题转化为泛函极值问题,水质正演模型采用 FDM 模型,优化算法采用微分进化算法(DEA),建立了一维恒定非均匀流条件下水质过渡区长度确定的 FDM-DEA 求解方法。

(2) 动边界的处理

过渡区上边界未知,因而需要处理动边界问题,有两种处理方法:动网格法和定网格法。动网格法:当上边界变动时,过渡区内离散的河段数不变,每个河段的长度(空间步长)发生变化,每迭代一次进行一次空间离散;定网格法:当上边界变动时,整条河流的空间离散保持不变,即空间步长不变,依靠边界端点进行搜索。以下通过算例进行验证。

(3) 算例验证

构造一维恒定非均匀流环境下形状控制反问题算例如下。

【算例 5-1】 假设一河道流量为 10 m^3/s,河长为 3 km,流速分布为 $u=0.1+0.0001x$,河流纵向离散系数为 50 m^2/s。以 COD 为控制指标,降解系数为 0.3 d^{-1},推求水质过渡区的长度。

根据 GB 3838—2002,水质指标 $C_{\text{Ⅲ}}(COD)=20$ mg/L,$C_{\text{Ⅱ}}(COD)=15$ mg/L,采用动网格法和定网格法对水质过渡区进行反演,结果见表 5.2.3-1。由表可见,两种方法的计算结果相差不大。由于动网格法每迭代一次需要进行一次网格划分,耗时较多,因而推荐采用定网格法。

表 5.2.3-1 水质过渡区长度反演结果

计算方法	动网格法	定网格法
反演结果(km)	21.315	21.301

5.2.4 非恒定流条件下水质过渡区长度的确定

5.2.4.1 单向非恒定流

如果实际河流属于单向非恒定流,则可根据水流运动的时空变化和资料条件,选定下列两种方法来确定水质过渡区长度。

(1) 稳态法。根据长系列水文资料进行水文概率统计分析,采用丰水期10%保证率的最丰月平均流量(即丰水期 90%保证率的最丰月平均流量小于该月平均流量)作为设计水文条件,从而将非稳态水环境条件下的过渡区长度确定问题转化为稳态水环境条件下的确定问题,利用稳态水环境条件下的计算方法得到水质过渡区长度。或者分时段选择样本系列,整编形成枯水期、丰水期、平水期 3 种样本长系列水文资料,从而得到 3 种时期的设计水文条件,分别采用稳态水环境条件下的计算方法得到水质过渡区长度。

(2) 动态法。根据长系列的水文资料进行概率统计分析,选定典型年,利用相应典型年的上、下边界水文变化过程资料,参照感潮河流水质过渡区长度的数值计算方法,分别计算在不同典型年相关水质指标的过渡区长度变化过程。

两种计算方法相比较,稳态法简单实用,得出的过渡区长度是一个稳态值,但是没有考虑过渡区长度随水情的变化。动态法资料要求高,可以全面反映不同水情对水质过渡区长度的影响变化,但管理起来比较复杂,目前尚达不到实用的程度。

5.2.4.2 感潮河流

如果实际河流属于感潮河流，水流则表现为往复交替的涨落双向流动，既存在水流从低标准水质流向高标准水质的流态，又存在水流从高标准水质流向低标准水质的流动。因此，感潮河流的取水口上下游的水质过渡区均需要通过计算得到。当水流从水质标准高的水域流向水质标准低的水域，无须设置水质过渡区，因为均能满足或优于用水水质要求。通常取水口附近的水质标准较高，因而在落潮流期间需要设置上游的过渡区Ⅰ，在涨潮流期间需要设置过渡区Ⅱ，如图 5.2.4-1 所示。过渡区Ⅰ的下边界位置即为一级过渡区的上边界，关键是要确定不同落潮流期间水质过渡区待定的上边界位置。过渡区Ⅱ的上边界位置即为一级过渡区的下边界，关键是要确定不同涨潮流期间水质过渡区待定的下边界位置。显然过渡区的长度一旦确定，边界位置也就随之确定。因而过渡区Ⅰ的长度主要由落潮流确定，过渡区Ⅱ的长度则由涨潮流确定。

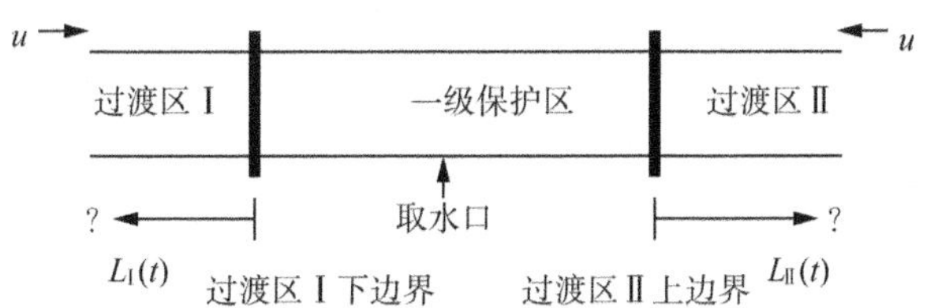

图 5.2.4-1 感潮河流过渡区范围示意图

感潮河流待定水质过渡区的水质目标按高标准水质要求的浓度拟定，首先应根据必需的已知条件，即已知某一感潮河流研究范围内的上、下边界水文设计条件以及水功能区划制定的上、下边界水质控制标准条件，应用感潮河流水量水质模型。

感潮河流水质过渡区的计算步骤如下：

① 选定计算感潮河流水质过渡区长度的设计水文条件。采用枯季大潮对应的上、下边界水文变化过程作为设计水文条件，即根据潮汐的变化规律和长系列的特征高潮位数据资料，进行概率统计分析，提出 90%保证率的设计潮型变化过程作为研究河流的设计水文条件。

② 模拟计算涨潮流的过渡区边界断面平均最大流速。根据选定的设计水文条件，应用感潮河流水量模型，模拟计算感潮河流的流场瞬时变化分布，找出落潮流的过渡区Ⅰ下边界断面最大平均流速和过渡区Ⅱ上边界涨潮流的断面平均最大流速。

③ 计算感潮河流的水质过渡区初始范围。将计算出的落潮流断面平均最大流速作为设计水文条件,利用一维稳态水流条件下的水质过渡区长度计算方法模拟计算水质过渡区Ⅰ的初始长度 L_{I0}。同理利用涨潮流断面平均最大流速计算水质过渡区Ⅱ的初始长度 L_{II0}。

④ 定位水功能过渡区的初始范围。以高标准过渡区固定边界为基点,往上游划定长度为 L_{I0} 的河段,即为过渡区Ⅰ的初始范围;往下游划定长度为 L_{II0} 的河段,即为过渡区Ⅱ的初始范围。

⑤ 水质过渡区Ⅰ长度的计算。以过渡区Ⅰ下边界为基准,提取落潮流水文条件;以过渡区Ⅰ的初始范围为研究范围,按照模拟计算精度要求拟定空间步长和时间步长,并划分研究河流的计算单元网格;在每一个时间步长内,利用稳态水流条件下的水质过渡区长度计算方法模拟计算该时段内水质过渡区Ⅰ的长度 $L_{\mathrm{I}}(t)$。

⑥ 水质过渡区Ⅱ长度的计算。同理以过渡区Ⅱ的上边界为基准,提取涨潮流水文条件;以过渡区Ⅱ的初始范围为研究范围,划分时间步长和空间步长,利用稳态水流条件下的水质过渡区长度计算方法模拟计算该时段内水质过渡区Ⅱ的长度 $L_{\mathrm{II}}(t)$。

⑦ 汇总 $L_{\mathrm{I}}(t)$ 和 $L_{\mathrm{II}}(t)$,落潮时 $L_{\mathrm{II}}(t)=0$,涨潮时 $L_{\mathrm{I}}(t)=0$,即得到设计水文条件下水质过渡区长度的动态变化过程。

5.3 平流式沉淀池结构优化反问题研究

5.3.1 沉淀池结构优化反问题的提出

5.3.1.1 研究背景

随着生活水平的提高,城市化进程的加快,城市生活污水排放量正逐年递增。建设城市污水处理厂是解决城市水污染问题的重要出路。沉淀池(在不做特殊说明的情况下,本章所说的沉淀池都是指二沉池)作为污水处理工艺中一种重要的构筑物,位于生物处理单元之后,主要用来去除活性污泥。它有以下两个功能:① 澄清。对反应池出水进行泥水分离,保证出水中的悬浮物达到排放标准。② 浓缩。对污泥进行浓缩、回流,使生物反应池中的微生物浓度保持在一定范围,保证废水生物处理系统的稳定运行。沉淀池设计的好坏将直接影响整个污水处理系统的成败。

目前,沉淀池的设计主要是基于理想沉淀池的假设[9],即污水在池内沿水平方向做等速流动,水平流速为 u;颗粒处于自由沉淀状态,颗粒水平分速等于水平流速 u;颗粒沉到池底即认为被去除。沉淀池设计中存在着许多不确定性因素(如回流、成层流、异重流等),通过实验研究来解决这些问题有一定的困难。现阶段沉淀池的一些重要结构参数,如挡板位置、沉淀池长高比等主要依靠经验来确定取值范围,在实际取值时有着很大的主观性和任意性,很难使沉淀池结构设计达到最优化。如果沉淀池结构设计不合理,会造成池内水流流速分布不均匀,存在较多的死水区,停留时间也与理想沉淀池不一致,甚至出现短流现象(一部分水流的停留时间大于理论停留时间,而另一部分水流的停留时间则小于理论停留时间),严重影响出水效果。现阶段大多数沉淀池设计忽略了水流流态对沉淀池的影响,结构参数的取值具有主观性和任意性,导致污水处理效率较低,城市水质状况令人担忧。如何优化主要污水处理反应容器的设计和运行已是当务之急。

5.3.1.2 沉淀池优化设计方法

从最早的平流式沉淀池到 20 世纪 70 年代以后的斜板、斜管沉淀池的设计研究总是以提高沉淀池的沉降效率为目的。影响沉淀池沉淀效果的因素主要有以下几点:水流因素、温度因素、沉淀池的池型因素、短流因素、水平流速因素、风力因素、密度差因素、悬浮固体含量因素、污泥排除因素等[10]。因此,很多因素诸如表面负荷、停留时间、堰上负荷、池体的形状及尺寸、进出水结构、污泥排放系统等都是设计计算时须确定的主要内容。沉淀池的设计要素见表 5.3.1-1。

表 5.3.1-1 各类型沉淀池的设计要素

池型	基本尺寸	范围	典型值
平流式沉淀池	长(m)	10～100	25～60
	池边水深(m)	2.5～5	3.5
	长宽比	1.0～7.5	4
	长深比	4.2～25	7～18
	沉淀时间(h)	1.0～2.0 (初次沉淀池)	1.5～2.5 (二次沉淀池)
	挡板水平位置(m)	0.5～2	
	表面负荷率	1.5～3.0 $m^3/(m^2 \cdot h)$ (初次沉淀池)	1.0～2.0 $m^3/(m^2 \cdot h)$ (二次沉淀池)

续表

池型	基本尺寸	范围	典型值
辐流式沉淀池	直径(m)	3～60	10～40
	池边水深(m)	3～6	4
	径深比	6～12	
	沉淀时间(h)	1.0～2.0	
	表面负荷率	2.0～4.0 $m^3/(m^2 \cdot h)$（初次沉淀池）	1.5～3.0 $m^3/(m^2 \cdot h)$（二次沉淀池）
竖流式沉淀池	直径(m)		4～7
	径深比	≤3∶1	
	沉淀时间(h)	1.0～1.5	

沉淀池设计一般有经验法、物理模拟法和数学模拟法 3 种[11]。

(1) 经验法

沉淀池设计时多数是靠经验来确定相关参数的取值范围，因此在实际取值时有着很大的主观性和任意性，很难使沉淀池结构设计达到最优化，严重影响沉淀池的出水效果。

(2) 物理模拟法

物理模拟是指根据原型的一些实际资料，按照一定的方法通过建立物理模型来进行试验研究。物理模拟一般是模拟沉淀池的沉淀和沉淀过程。在一般情况下，要使模型与原物理模型相似，要遵循以下几种准则：弗劳德准则、雷诺准则和等流速准则。目前，沉淀池模拟的实验研究一般采用等流速准则，同时满足模型与原型的进水浓度保持一定的关系。

在进行模拟实验时，有以下几种方法：① 把有色示踪剂（如荧光黄配成的溶液）添加在沉淀池的进水口处来观察沉淀池内的流态。② 用颜料（如荧光黄、亚甲蓝）作为示踪剂；或用 NaCl 溶液作为示踪剂，再用电导仪测定沉淀池出口处氯离子浓度来进行沉淀池的水力特性参数测定。③ 采用剩余活性污泥做模型砂来配制试验水样。

物理模拟法的不足之处有：难以保证模型与原型相似；沉淀池内任意点的流速不好测定，其测定精度也不高；模型试验成本高。这些因素限制了它的推广。

(3) 数值模拟法

数值模拟也称计算机模拟，它是通过数值计算和图像显示的方法来研究实际问题的。数值模拟实际上也可以理解为通过计算机来做实验。流体力学数值模拟的实施主要包括以下几个步骤:首先,依据基本原理建立动量、质量、能量及流动特性的基本守恒方程组;其次,选择适宜的数值求解方法对以上方程组进行求解;最后,将计算与实测结果比较,以不断修正模型。对沉淀池而言,就是利用离散化的方法(如有限元法、有限差分法、有限解析法等)求解沉淀池的速度场(通过水流的连续性方程,Navier-Stokes 或雷诺方程以及它们的变形方程求出沉淀池内的速度分布);利用悬浮固体的质量守恒方程或者悬浮物输移控制方程等求解悬浮物在沉淀池内的浓度分布(浓度场),它可以很好地模拟沉淀池内水流流动情况和悬浮物的分布情况,是一种比较好的沉淀池模拟方法。

目前,利用沉淀池模型进行沉淀池结构优化时,一般都是通过不断调试结构参数(试错法)来获得相对较好的出水效果,但难以找到最优的结构参数。

从反问题视角考虑,一些环境工程构筑物(沉淀池等)的设计问题实质就是典型的形状控制反问题。然而在设计沉淀池时,传统的方法是先根据进水的水质情况和出水浓度指标等条件确定沉淀池结构参数的经验值范围,再通过试错法求解正问题来寻求最优的形状,很少有人从反问题的角度,通过求解形状反问题来进行优化设计的[12]。

本节根据沉淀池中的废水性质、边界条件建立数学模型来模拟沉淀池内的水流流动情况、悬浮物浓度分布情况,结合形状反问题对沉淀池的速度场和浓度场进行研究,得出了结构设计参数与出水浓度的数学规律,为沉淀池的设计提供了参数依据,具有广阔的应用前景。

5.3.2 平流式沉淀池输移正演模型的构建

5.3.2.1 水流模型的建立

(1) 流动方程

矩形沉淀池中垂直二维非恒定流无浮力影响的不可压缩流的方程如下。

连续方程为

$$\frac{\partial u}{\partial x}+\frac{\partial v}{\partial y}=0 \tag{5.3-1}$$

动量方程为

$$\frac{\partial u}{\partial t}+u\frac{\partial u}{\partial x}+v\frac{\partial u}{\partial y}=f_x-\frac{1}{\rho}\frac{\partial p}{\partial x}+\frac{\partial}{\partial x}\left(v_t\frac{\partial u}{\partial x}\right)+\frac{\partial}{\partial y}\left(v_t\frac{\partial u}{\partial y}\right)+S_u \tag{5.3-2}$$

$$\frac{\partial v}{\partial t}+u\frac{\partial v}{\partial x}+v\frac{\partial v}{\partial y}=f_y-\frac{1}{\rho}\frac{\partial p}{\partial y}+\frac{\partial}{\partial x}\left(v_t\frac{\partial v}{\partial x}\right)+\frac{\partial}{\partial y}\left(v_t\frac{\partial v}{\partial y}\right)+g\frac{\rho-\rho_r}{\rho}+S_v \tag{5.3-3}$$

式中，x，y 为沉淀池的纵向和垂向；t 为时间；u，v 分别是 x 和 y 方向的流速分量；p 为压力；v_t 为紊动黏性系数；f_x，f_y 为单位体积质量力；ρ 为混合液的密度；ρ_r 为清水的密度。S_u，S_v 是源项，表示如下：

$$S_u=\frac{\partial}{\partial x}\left(v_t\frac{\partial u}{\partial x}\right)+\frac{\partial}{\partial y}\left(v_t\frac{\partial v}{\partial x}\right)$$

$$S_v=\frac{\partial}{\partial y}\left(v_t\frac{\partial v}{\partial y}\right)+\frac{\partial}{\partial x}\left(v_t\frac{\partial u}{\partial y}\right)$$

一般在平流式沉淀池中，污水密度和清水密度差别不大，忽略密度差别的影响，并将质量力合并到压力项中，最终使用的动量方程如下：

$$\frac{\partial u}{\partial t}+u\frac{\partial u}{\partial x}+v\frac{\partial u}{\partial y}=-\frac{1}{\rho}\frac{\partial p}{\partial x}+\frac{\partial}{\partial x}\left(v_t\frac{\partial u}{\partial x}\right)+\frac{\partial}{\partial y}\left(v_t\frac{\partial u}{\partial y}\right)+S_u \tag{5.3-4}$$

$$\frac{\partial v}{\partial t}+u\frac{\partial v}{\partial x}+v\frac{\partial v}{\partial y}=-\frac{1}{\rho}\frac{\partial p}{\partial y}+\frac{\partial}{\partial x}\left(v_t\frac{\partial v}{\partial x}\right)+\frac{\partial}{\partial y}\left(v_t\frac{\partial v}{\partial y}\right)+S_v \tag{5.3-5}$$

(2) 紊流模型

紊流模型的基本内容是采用一些经验性的假设，把紊动输运过程中的各种物理量与时均流场联系起来。$k-\varepsilon$ 紊流模型建立了紊动黏性系数 v_t 与紊动动能 k 和紊动耗散率 ε 的关系，即

$$v_t=C_\mu\frac{k^2}{\varepsilon} \tag{5.3-6}$$

其中，k 和 ε 由其半经验输运方程确定。

k—输运方程：

$$\frac{\partial k}{\partial t}+u\frac{\partial k}{\partial x}+v\frac{\partial k}{\partial y}=\frac{\partial}{\partial x}\left(\frac{v_t}{\sigma_k}\frac{\partial k}{\partial x}\right)+\frac{\partial}{\partial y}\left(\frac{v_t}{\sigma_k}\frac{\partial k}{\partial y}\right)+P-\varepsilon \tag{5.3-7}$$

ε—输运方程：

$$\frac{\partial \varepsilon}{\partial t}+u\frac{\partial \varepsilon}{\partial x}+v\frac{\partial \varepsilon}{\partial y}=\frac{\partial}{\partial x}\left(\frac{v_t}{\sigma_\varepsilon}\frac{\partial \varepsilon}{\partial x}\right)+\frac{\partial}{\partial y}\left(\frac{v_t}{\sigma_\varepsilon}\frac{\partial \varepsilon}{\partial y}\right)+c_1P\frac{\varepsilon}{k}-c_2\frac{\varepsilon^2}{k}$$

(5.3-8)

式(5.3-8)中 P 为紊动动能产生项，即

$$P=v_t\left[2\left(\frac{\partial u}{\partial x}\right)^2+2\left(\frac{\partial v}{\partial y}\right)^2+\left(\frac{\partial u}{\partial y}+\frac{\partial v}{\partial x}\right)^2\right] \tag{5.3-9}$$

C_μ、c_1、c_2、σ_k、σ_ε 为经验常数，具体数值如表 5.3.2-1 所示。

表 5.3.2-1　k—ε 模型中常数数值

C_μ	c_1	c_2	σ_k	σ_ε
0.09	1.41	1.92	1.0	1.22

5.3.2.2　悬浮物输移模型的建立

(1) 悬浮物输移模型

在沉淀池中悬浮颗粒除了受水流运动的影响外，颗粒自身也有相对于水流的垂向沉降速度 V_s，其浓度 C 的控制方程为

$$\frac{\partial C}{\partial t}+u\frac{\partial C}{\partial x}+v\frac{\partial C}{\partial y}=\frac{\partial}{\partial x}\left(V_{sx}\frac{\partial C}{\partial x}\right)+\frac{\partial}{\partial y}\left(V_{sy}\frac{\partial C}{\partial y}+V_sC\right) \tag{5.3-10}$$

其中，V_{sx}、V_{sy} 为 x 和 y 方向的紊动物质扩散系数；V_s 为悬浮颗粒的沉降速度。

① 紊动物质扩散系数

不考虑分子扩散，并假设紊动物质扩散系数与涡旋扩散系数成比例，即

$$V_{sx}=\frac{v_t}{\sigma_{sx}},\ V_{sy}=\frac{v_t}{\sigma_{sy}}$$

其中，σ_{sx}、σ_{sy} 为 x 和 y 方向紊动斯密特数(Schmit)；v_t 为涡旋扩散系数。

② 沉降速度

悬浮颗粒的沉降速度对沉淀效果的好坏有着重要影响。因此，许多学者对沉降速度都进行过研究，并提出了一些经验性的公式，比较有代表性的是早期的单指数公式和 Takaces 提出的双指数公式。

单指数公式：

$$V_s = V_0 e^{-kC} \tag{5.3-11}$$

双指数公式：

$$V_s = V_0 [e^{-k(C-C_{min})} - e^{-k_1(C-C_{min})}] \tag{5.3-12}$$

其中，k 为经验系数，一般取 0.000 5；k_1 为难以沉降颗粒的沉降指数；C_{min} 为不能沉降的悬浮物浓度，一般取 $0.02C_0$（其中，C_0 是进水悬浮物浓度）；V_0 为单个颗粒在静水中的自由沉降速度。

1992 年，Zhou 和 McCorquodale 对这两个公式做了研究，并绘制出颗粒浓度与沉降速度的关系曲线。经实际检验，采用双指数公式能够更好地说明悬浮颗粒的沉降特性。

(2) 计算条件

① 初始条件

开始时，池中无示踪剂，池中任意处含量均为零，即 $C_i = 0 \quad (t = 0)$。

② 边界条件

自由面和壁面都满足质量通量为零的条件，即法向梯度为零：$\frac{\partial C}{\partial n} = 0$。

③ 进水口

连续投加示踪剂，假定进水口示踪剂浓度均匀分布，即 $C_{in} = C_0$。

④ 沉淀效果

在求出悬浮颗粒浓度分布后，用去除率 η 来表示沉淀池的沉淀效果，即

$$\eta = \frac{C_{进} - C_{出}}{C_{进}} \times 100\% \tag{5.3-13}$$

其中，η 为去除率，%；$C_{进}$ 为进水口悬浮颗粒浓度，mg/L；$C_{出}$ 为出水口悬浮颗粒浓度，mg/L。

5.3.2.3　模型的离散和求解

N-S 方程的数值离散方法主要有有限差分法（FDM）、有限元法（FEM）和有限体积法（FVM）3 种[13]。采用三角形有限单元的离散方法，同时为了避免求解压力场的困难，引入剖开算子法。剖开算子法的基本思路是将所求的方程用另一个可收敛于原方程的替代方程来表示。根据方程的特性将其剖分为对流算子、扩散算子、反应算子（源汇作用项）和波动算子方程，并针对算子性质采用各自合适的计算方法求解：对流方程采用特征线法求解；扩散方程采用有限元法；反应方程（源汇作用项）采用解析解；纯波动方程采用 Galerkin

隐式有限元法求解。计算时，将上一步的计算结果作为下一步的初始值代入，依次运算，直至四步完成后，得到一个满足连续方程的近似解，再通过迭代计算，获得满足收敛准则的解[15]。

5.3.3 平流式沉淀池结构参数优化反演模型的构建

5.3.3.1 优化方法的选择

1）优化反演法原理

形状反问题原则上可转化为系统优化问题，主要是因为环境水力学形状控制反问题有以下几个方面的特点：反问题本质上类同于控制系统的优化问题；反问题的控制目标可以看作优化问题的目标函数；反问题的控制手段（参数、源项、边界条件、区域的形状）可视作优化问题的变量；反问题的系统控制方程和已知的初始条件、边界条件可看作优化问题的约束条件。

用优化方法求解反问题时，通常会遇到优化问题含有无限多个变量而无法求解的情况。运用空间离散将连续空间中的无限多个变量减少为有限个变量，把控制方程和边界条件转化为有限个约束，使得用优化方法求解反问题成为可能。优化法的主要优点在于概念清晰、容易理解，且易于实施，因此，在反问题研究领域中得到较为广泛的应用。

利用优化反演方法求解环境水力学反问题的步骤如下[16-17]：

① 将环境水力学反问题转化为极值优化问题，确定优化目标和约束条件。

② 给定初始信息。

③ 建立水环境正演模型。

④ 给定反演变量的初值。

⑤ 根据当前的反演变量值利用水环境正演模型计算变量值。

⑥ 根据所得的计算值，判断目标泛函是否满足反演精度的要求。

⑦ 如不满足，自动修改反演变量，转入第⑤步。

⑧ 如此反复迭代，直到满足要求为止；或者设定最大迭代步数，达到该迭代步数后终止。

⑨ 输出当前反演变量值作为最终反演结果。

其中选择和建立合适的水环境正演模型和自动修改反演变量是优化反演算法中的最重要的步骤。

2）优化方法的选择

（1）一维搜索的概念[17]

一维搜索是指在确定初始点 $x^{(k)}$ 后，按某种规则确定一个方向(通常是目标函数的下降方向)$d^{(k)}$，再从 $x^{(k)}$ 出发，沿方向 $d^{(k)}$ 在直线(或射线)上求目标函数的极小值点，从而得到 $x^{(k)}$ 的后继点 $x^{(k+1)}$。重复以上做法，产生一个点列 $\{x^{(k+i)}\}$，在适当的条件下，可趋于极小值点 x^*。见图 5.3.3-1。

一维搜索可归结为单变量函数的极小值问题。假设目标函数为 $f(x)$，过点 $x^{(k)}$ 沿方向 $d^{(k)}$ 的直线用点集表示，记 $L=\{x|x=x^{(k)}+\lambda d^{(k)},x\in(-\infty,\infty)\}$。求 $f(x)$ 在直线 L 上的极小点转化为求一元函数 $\phi(\lambda)=f(x^{(k)}+\lambda d^{(k)})$ 的极小点。如果 $\phi(\lambda)$ 的极小点为 λ_k，则函数 $f(x)$ 在直线 L 上的极小点为 $x^{(k+1)}=x^{(k)}+\lambda d^{(k)}$。

一维搜索的主要结构一般分为两部分：先确定包含问题最优解的搜索区间，再采用某种分割技术或插值方法缩小这个区间，进行搜索求解。

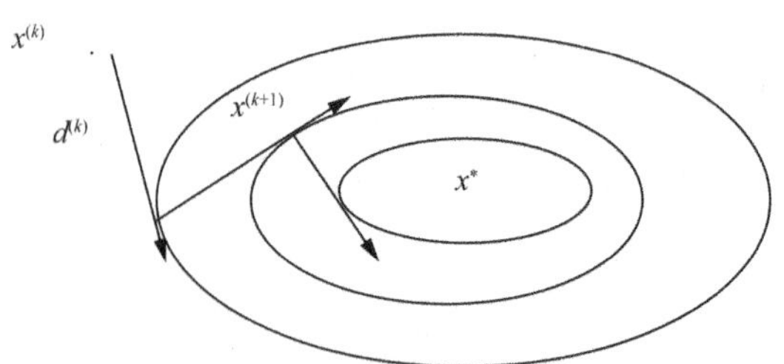

图 5.3.3-1　一维搜索算法步骤示意图

（2）不用导数的布伦特法计算步骤[18-19]

这里采用不用导数的布伦特法(brent)来求解。不用导数的布伦特法是联合使用反抛物内插法和黄金分割法来求解一维优化问题的，其优点是能以较少的计算量确定一个区间，并能保证函数的极小值点在这个区间内。它主要通过取试探点使包含极小值点的区间不断缩短，当区间长度小到一定程度，区间上各点的函数值均接近极小值，任意一点均可作为极小值点的近似。

所求一维优化问题记为 $\min f(x),x\in[a,b]$，且假设 $[a,b]$ 中有 $f(x)$ 的局部极小值点，点 $x\in(a,b)$，$f(x)<a$，$f(x)<b$。具体计算步骤如下：

① $k=0,v=w=x,f(v)=f(w)=f(x)$。

② 计算当前区间的中点 $x_m=\dfrac{a+b}{2}$。若 $|b-a|<\varepsilon$，则 x 可作为近似

极小值点,否则转为③。

③ 分以下几种情况讨论:

a. 若点$(x,f(x))$,$(w,f(w))$,$(v,f(v))$共线,转④。

b. 若新找的近似点 u 与当前函数的最小值点 x 之间满足$|u-x|\leqslant \frac{1}{2}\max\{|a-x|,|b-x|\}$时,用点$(x,f(x))$,$(w,f(w))$,$(v,f(v))$作为抛物插值,求出极小值点 u,用它作为函数极小值点的新的近似,但是若上面的极小值点 u 距当前包含极小值的区间的任意一个端点很近,则上面求出的 u 无用,将 x 做微小变化作为新的 u 来代替上面计算出的抛物插值的极小值点 u,转⑤。

④ 按黄金分割选取点 u,且 u 选在两区间$[a,x]$和$[x,b]$长度较大的一个之中。若用黄金分割选取的 u 相对于 x 的改变量小于$\varepsilon|x|$,则用$\varepsilon|x|$代替前面的改变量。

⑤ 计算 $f(u)$,由 u,x,a,b,w,v 和 $f(u),f(x),f(w),f(v)$将当前的 x,a,b,w,v 按其定义做相应改变,得到一组新的 $x,a,b,w,v,k\Leftarrow k+1$,进行下一次迭代,即转到②。

其中,点 a,b,x,w,v,u 定义如下:(a,b)为去掉对应的极小值点最远点后得到的新的包含极小值点的区间;x 为其函数值 $f(x)$是当前求出的几个函数值中的最小值;w 为其函数值 $f(w)$是当前求出的几个函数值中的第二小函数值,即 $f(w)>f(x)$,但比其他算出的函数值小;v 为前一次 w 的值;u 为最新求函数值的点。

⑥ 结束标志

a. 如果可以确定的极小值点,一定在一个长度小于指定要求的区间,迭代停止。

b. 迭代次数超过指定的最大允许值时,停止迭代,表示迭代失败。

5.3.3.2 反演模型构建

沉淀池正演问题可表示为

$$C_{\text{out}}=F(x)$$

其中,x 为挡板的水平距离;C_{out} 为出口浓度;F 为正演模型。

对于沉淀池结构优化来说,一般正演问题的求解主要是通过不断改变 x 的值来寻求 C_{out} 的相对较小值。

反演问题就是运用适当的优化反演方法来确定 x 的值，使

$$\min C_{out} = F(x), \; x \in (0, 36.8)$$

这里是利用不用导数的布伦特法来求解的。以挡板水平位置优化为例，沉淀池结构优化反演模型的计算流程如图 5.3.3-2 所示。

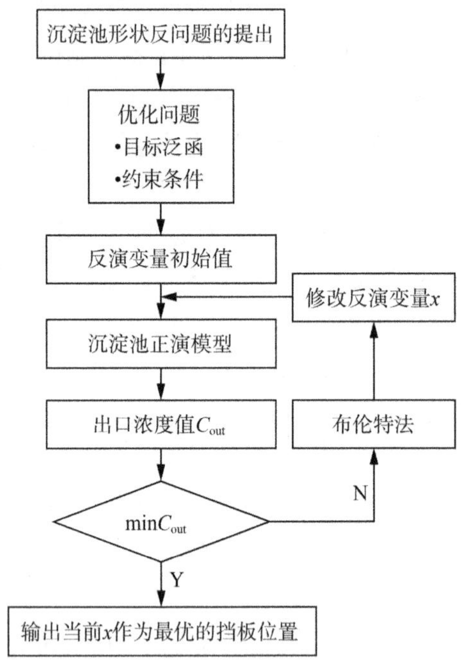

图 5.3.3-2　沉淀池结构优化反演模型计算流程图

5.3.4　平流式沉淀池结构参数优化计算案例

5.3.4.1　算例

利用前面建立的沉淀池数值正反演模型，对平流式沉淀池进行模拟计算。基本计算参数如下。

(1) 沉淀池参数[20]

平流式沉淀池长 $L=36.8$ m，宽 6 m，水深 $H=3.1$ m，进水流量 $Q=0.09\ m^3/s$，进水单宽流量 $q=0.015\ m^2/s$，进口处水深 $h_i=1.0$ m，理论停留时间 $T_0=\frac{HL}{q}=2.11$ h。

(2) 网格剖分

对沉淀池做了简化处理：假定沉淀池池底水平(坡度 $i=0$)，并且污泥无累积，对水流没有影响，结构简图见图 5.3.4-1。网格划分采用三角形网格，因为在挡板附近、沉淀池出口处流速变化比较大，故这两部分网格划分相对较密；在沉淀池中间部分流速分布变化不大，网格较粗。整个沉淀池共布置 3 524 个单元、1 901 个节点，具体网格布置见图 5.3.4-2。

(3) 沉淀池流场的初始条件

除进水端以外，整个流场流速为 0。

(4) 边界条件确定

假设进水口处的参数(进口流速，进水口断面的紊动动能 k_{in} 及其耗散率 ε_{in}、浓度 C_{in})为均匀分布，并且由下式确定：水平流速 $U_{in}=\dfrac{q}{h_i}$，垂向流速 $V=0$，$k_{in}=aU_{in}^2$，$\varepsilon_n=C_u^{\frac{3}{4}}\dfrac{k_{in}^{\frac{3}{2}}}{l_m}$，$C_{in}=C_0=2\ 000\ \text{mg/L}$。

(5) 计算精度及控制条件

流场迭代收敛准则为 $\sum\limits_{i=1}^{N}\Delta P_i\leqslant 10^{-5}$；浓度场控制标准为 $\max\left(\dfrac{C_{\mathrm{I}}^{n+1}-C_{\mathrm{I}}^{n}}{C_{in}}\right)\leqslant 10^{-6}$。

式中，N 为沉淀池剖分节点数；C_{I}^{n+1} 为第 I 个节点$(n+1)\Delta t$ 时刻的浓度值；ΔP_i 为第 i 个节点的压力校正值。

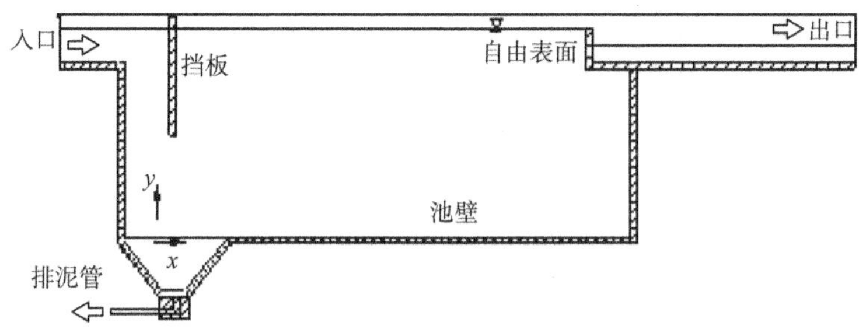

图 5.3.4-1 沉淀池计算简图

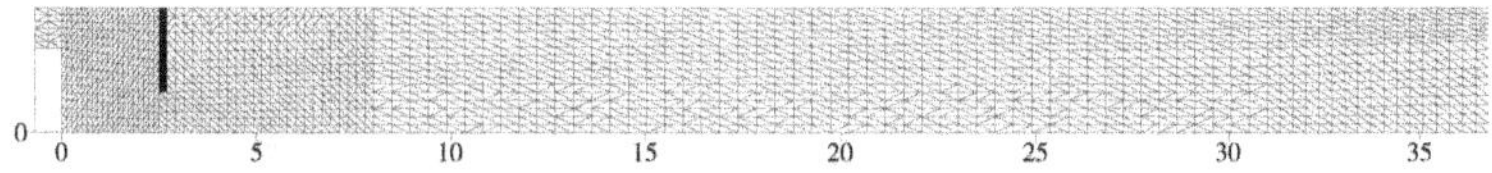

图 5.3.4-2 网格剖分图

5.3.4.2 沉淀池中挡板作用的计算分析

沉淀池中一般设有挡板用来消能和均匀布水，但是，挡板在池中的具体位置目前在工程设计中仍缺乏比较成熟的理论依据，因而，在实际工程设计中挡板的位置只能凭经验确定，难以充分发挥挡板的作用，同时影响了沉淀池的沉淀效果。

下面将通过数值模拟着重研究挡板位置对沉淀池运行效果的影响。

(1) 挡板作用的影响分析

在一定的入流条件下，改变进口挡板的位置，比较挡板位置对水流及悬浮物的影响。取挡板下过水深度 h 的值：$h=0.8$ m，改变进口挡板水平位置 X(分别取 $X=0.5$、1.0、1.5、2.0、2.5、3.0、4.0 m)，比较挡板位置对水流流态及悬浮物出口浓度的影响。出水口浓度计算结果见表 5.3.4-1、图 5.3.4-3、图 5.3.4-4。

表 5.3.4-1 不同工况沉淀池去除率的比较

挡板位置 X(m)	过水深度 h(m)	出口浓度 C_{ck}(mg/L)	去除率(%)
0.5	0.8	909	54.6
1.0	0.8	869	57.6
1.5	0.8	776	61.2
2	0.8	735	63
2.5	0.8	852	57.4
3	0.8	939	53
4	0.8	943	52.8

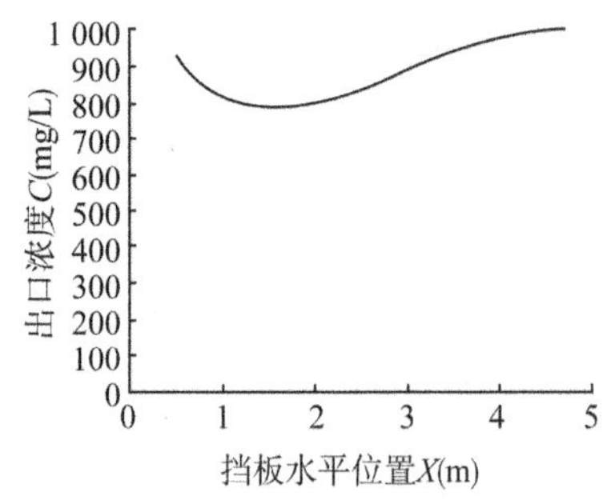

图 5.3.4-3 挡板位置与出水浓度关系图

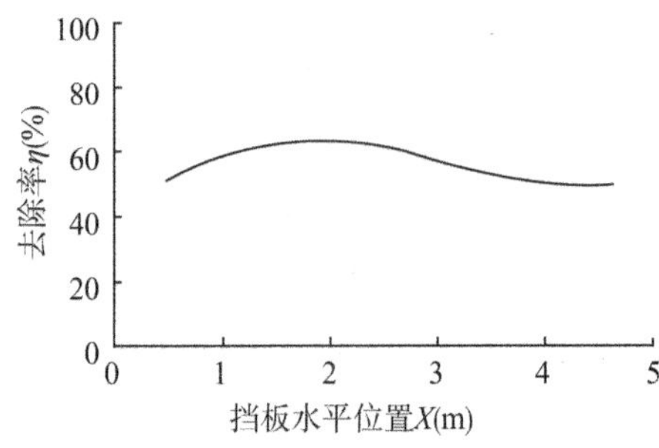

图 5.3.4-4 进口挡板位置与去除率关系图

从图 5.3.4-3 和图 5.3.4-4 中可以看出，随着进口挡板位置的改变，沉淀池的出水浓度和去除率都有一定的变化。如图 5.3.4-3 所示，挡板在距离进水口较近时(0～1.0 m)，出水口的悬浮物浓度呈下降趋势；挡板处在距进水口 1.5～2 m 附近是出水浓度值最小区域，而后随着挡板的后移，沉淀池出水口浓度也在不断增大，特别是挡板位置大于 3 m 时，出水口浓度增加的幅度较大，污水处理效果明显下降，相应去除率如图 5.3.4-4 所示。去除率随着挡板水平距离的增加，只在开始阶段(0～1.0 m)发生比较明显的变化，而后去除率的变化趋势就显得比较微弱，增加和降低的幅度较小。随着挡板水平距离的继续增加，去除率不断下降，特别是在大于 4.0 m 时，去除率一次下降就可达到 10%(较之 $X=2$ m 时)。由此可见，挡板的水平位置只有在一定的范围内才会使沉淀池保持较为理想的去除效果。一旦挡板的水平距离超出这个范围就会使挡板前后的死区增大，同时减小了沉淀区域的长度，缩短了水流的停留时间，造成去除率下降。

(2) 挡板水平位置优化

入流条件不变，具体为进口浓度 $C_0=2\ 000$ mg/L；取挡板下过水深度 $h=0.8$ m。只考虑挡板水平位置与出水浓度的函数关系，运用反演模型来求解，得出挡板水平距离为 $X=1.8$ m 时，出水浓度有极小值，$\min C_{out}=616$ mg/L。

下面对没有挡板和优化挡板位置两种情况进行对比分析，两者的流场分布如图 5.3.4-5 和图 5.3.4-6 所示。

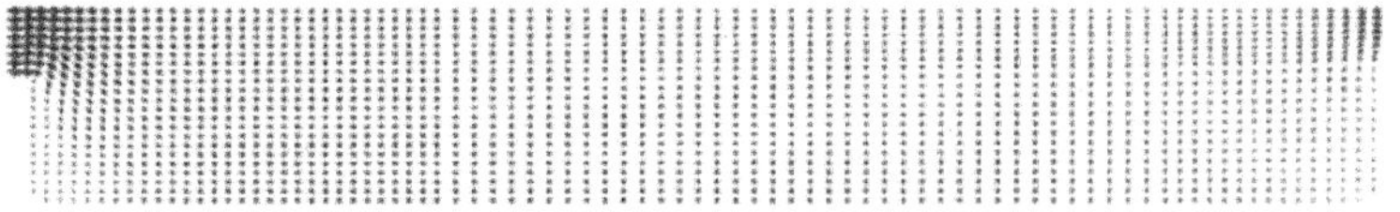

图 5.3.4-5　无挡板时的流场图

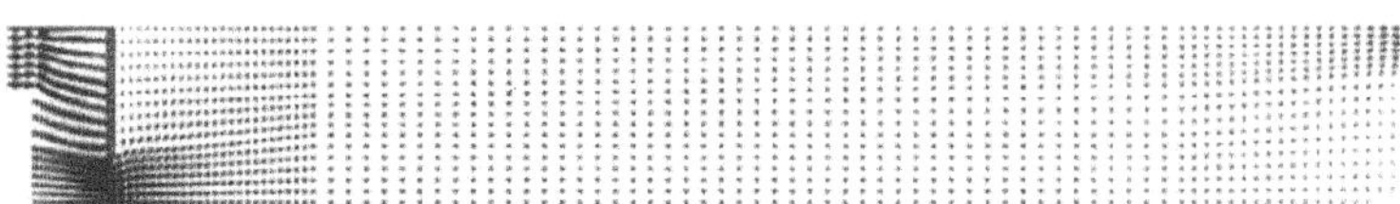

图 5.3.4-6　$X=1.8$ m，$h=0.8$ m 时的流场图

由流场图可知，无挡板时沉淀池内流速变化不大；有挡板时，水流遇到挡板后迅速往下流动，从挡板底向后出流流速较大，挡板前的流速也明显大于其后的流速，且在挡板后面出现了回流区，池内水流流速分布是不均匀的。

无挡板和优化挡板位置两种情况的出水节点处浓度与时间关系如图 5.3.4-7 和图 5.3.4-8 所示。

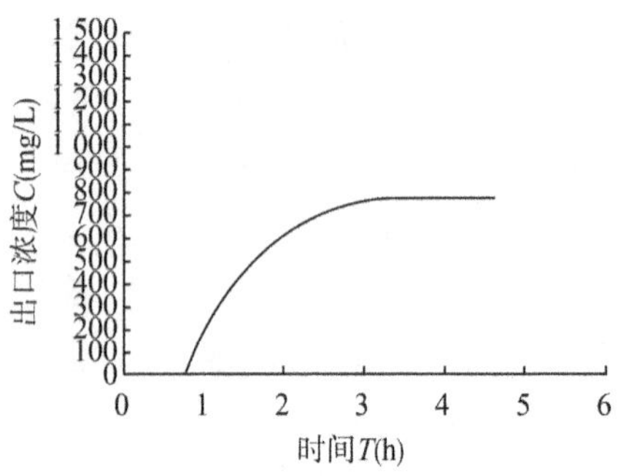

图 5.3.4-7　无挡板时出水浓度与时间关系图

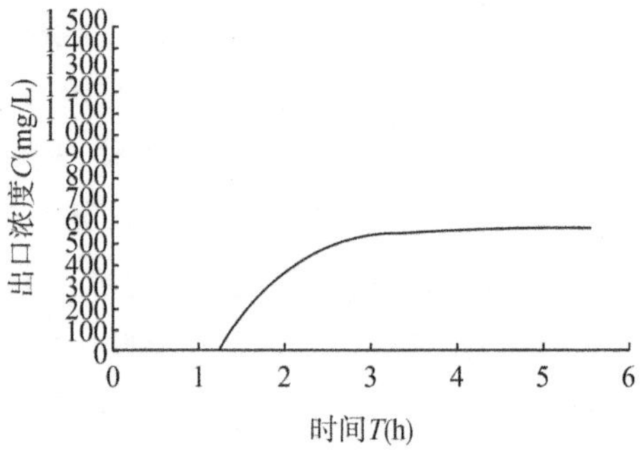

图 5.3.4-8　挡板位于 $X=1.8$ m 时出水浓度与时间关系图

由浓度-时间关系图可以发现，无挡板时，在出口处示踪剂出现时间较早，且出水浓度也比较大，表明示踪剂在池内停留的时间短，沉淀池内可能发生短流现象；有挡板时出口处示踪剂出现时间晚，且出水浓度较无挡板时小。

通过对两种情况的流场图和浓度-时间关系图比较分析可知，挡板在沉淀池中的作用是减小水流的流速，改变并延长水流在池内的流程，使水流的紊动混合均匀，从而减小水流发生短流现象的程度，延长水流在池内的实际停留时间，增强悬浮物的去除效果。因此，挡板对沉淀池而言是不可或缺的。

5.4　本章小结

（1）基于反问题的理念，首次将水源水质过渡区长度确定问题提为环境水力学形状控制反问题开展研究。推导得出基于水质过渡控制一维恒定均匀流态下水质过渡区长度计算公式。

（2）在恒定非均匀水流环境下，将有限差分数值离散方法与微分进化算法相结合，提出了一维形状反问题求解的 FDM-DEA 法，利用动网格和定网格两种技术手段处理动边界问题，通过算例验证了方法的可靠性。在此基础上发展了单向非恒定和感潮河流水质过渡区长度的计算方法。

（3）基于剖开算子理论，利用有限元方法建立了沉淀池水流数学模型和悬浮物输移模型，并在模型中引入标准的 $k-\varepsilon$ 紊流模型，避免了选择涡旋黏滞系数和物质扩散系数的不确定因素。

(4) 构建了基于形状反问题的沉淀池结构优化反演模型,在此基础上对挡板水平位置与悬浮物出口浓度之间的数学关系进行了初步研究,并利用布伦特优化方法来求解,得到了函数的极小值,获得了最佳挡板位置,提升了出水效果。

参考文献

[1] 郑毅,崔健国. 划分地下水水源地保护区方法浅析[J]. 科技情报开发与经济,2006,16(8):140-141.

[2] 郑晓东,厚春华,张瑞兰. 朝阳市区集中式饮用水水源保护区的研究[J]. 水资源保护,2004(2):64-65.

[3] 高斌,葛岩. 浏园水厂水源保护区的划分[J]. 黑龙江环境通报,2002,26(l):21-22.

[4] 李建新. 我国生活饮用水水源保护区问题的探讨[J]. 水资源保护,2000(3):12-14.

[5] 杨松茂,薛迎春,洪发鑫. 洛阳市饮用水地下水源保护区划分研究[J]. 环境科学研究,1997,10(2):28-31.

[6] VASSOLO S,KINZELBACH W,SCHAEFER W. Determination of a well head protection zone by stochastic inverse modelling[J]. Journal of Hydrology,1998, 206(3-4): 268-280.

[7] CHEVALIER S,BUES M A, TOURNEBIZE J,et al. Stochastic delineation of wellhead protection area in fractured aquifers and parametric sensitivity study[J]. Stochastic Environmental Research and Risk Assessment,2001,15: 205-227.

[8] VIEUX B E,MUBARAKI M A,BROWN D. Wellhead protection area delineation using a coupled GIS and groundwater model[J]. Jounral of Environmental Management,1998,54(3):205-214.

[9] 钟琼. 废水处理技术及设施运行[M]. 北京:中国环境科学出版社,2008.

[10] 钟淳昌. 净水厂设计[M]. 北京:中国建筑工业出版社,1986.

[11] 王洪臣. 城市污水处理厂运行控制与维护管理[M]. 北京:科学出版

社，1997.

[12] Hadamard J. Lectures on the cauchy problems in linear partial differential equations[M]. New Haven: Yale University Press, 1923.

[13] 金忠青. N－S 方程的数值解和紊流模型[M]. 南京：河海大学出版社，1989.

[14] 汪德爟. 计算水力学理论与应用[M]. 南京：河海大学出版社，1989.

[15] 陈玉璞. 流体动力学[M]. 南京：河海大学出版社，1990.

[16] 闫欣荣，史忠科. 反演-遗传算法在河流水质 BOD－DO 耦合模型参数识别中的应用[J]. 水资源与水工程学报，2007，18(2)：41-43.

[17] TIKHONOV A N. Ill-posed problems in natural science[C]//Proceedings of the International Conference Held in Moscow, 1991 :19-25.

[18] TSIEN D S, CHEN Y M. A numerical method for nonlinear inverse problems in fluid dynamics[C]//Proc. Int. Conf. Comput. Methods in Nonlinear Mechs. Austin: University of Taxas Press, 1974: 935-943.

[19] MCKINNEY D C, LIN M. Genetic algorithm solution of groundwater management models[J]. Water Resources Research, 1994, 30(6): 1897-1906.

[20] 蔡金傍. 沉淀池水流流态的数值模拟及结构优化研究[D]. 南京：河海大学，2002.